食と農のいま

池上甲一
原山浩介 編

ナカニシヤ出版

序——食べ物を捨てる国・日本の「餓死問題」

池上甲一

日本にはいろいろな統計がある。そのなかに、食品ロス統計という聞きなれない統計がある。その目的は、家庭や事業者が「消費」する食品のうちどれくらいが廃棄されているのかを知り、その無駄をできるだけ減らそうというところにある。この統計は食品の廃棄を扱っているので、厚生労働省か環境省が調査をしていると考えるかもしれない。ところが意外なことに、主務官庁は農林水産省である。日本には「食料省」がないので、農林水産省が食品の生産や表示に責任をもち、食品の衛生（添加物や残留農薬の濃度など）は厚生労働省が、さらにウシのＢＳＥ問題やクローン牛のリスク評価などは食品安全委員会が担当している。このように、食はその機能別にかなりばらばらに管理されており、一体的にとらえにくくなっている。

そうはいっても、農林水産省が食品の廃棄を調査するというのは一般的な感覚となじみにくいかもしれない。しかし、食品ロスを減らすと食料自給率が増えるということを理解すれば得心がいくのではないだろうか。食料自給率は国内の消費仕向量（国産プラス輸入）に占める国産供給量（国産マイナス輸出）

の割合である。消費仕向量には食品ロスが含まれているから、食品ロスを減らすとその減少分だけ分母の国内消費仕向量が小さくなり、結果的に食料自給率が増大する。だから、食料自給率の向上を政策目標に掲げる農林水産省にとって、食料自給率に影響する食品ロスの推移は政策的な関心とならざるをえないのである。けっして「もったいない」とか「生産者に申しわけない」とかいった倫理的な理由によるものではない。

ともあれ、この統計によると、食品ロスの割合は調査世帯の平均で二〇〇九年度に三・七％だった。最初に調査が行われた二〇〇二年には五・六％、二〇〇三年には五・五％だったので多少改善の傾向にある。外食産業のなかでは結婚披露宴や宴会、宿泊施設の食品ロス率が大きい。二〇〇九年に食堂・レストランでは世帯平均と同じ程度の三・二％だったが、披露宴はなんと一九・六％にも及び、宴会と宿泊施設でもそれぞれ一四・〇％、一四・六％という水準にある。世帯の類型別では、単身世帯が四・八％、二人世帯が四・二％という結果だった。[1] これらの数字をどう評価するかは人によって判断が分かれるだろうが、廃棄量に直してみると、二〇〇九年度に一人一日当たり四一グラムの廃棄量だったので、年間に直すと一五キログラムにもなることは知っておいてよいだろう。日本全体では、およそ一九一万トンになる。この量は、二〇〇八年度におけるサブサハラ・アフリカのどの国の穀物輸入量よりも多い。この例だけをみても、日本は世界中からいろいろな食料を集める一方で、大量の食べ物を捨てている国だということがわかる。

これだけ大量の食べ物を捨てているのだから、日本に住む人たちは、誰でも飢えなど知らずに暮らしているものと考えてよいのだろうか。答えは否である。もちろん、日本には餓死者数を把握できる統計はないから、正確なところはよくわからない。しかし、厚生労働省の「人口動態調査」の「死因別死者数（その他）」から類推すると、このところ毎年数十人～一〇〇人弱に及ぶ人たちが餓死している。さらに、二〇〇〇年代後半から社会的な関心を集めるようになった「孤独死」は餓死によるものが多いといわれていることを考慮すると、実際の餓死者数はもっと多数にのぼる可能性が高い。

日本でも餓死が日常的なものだということを印象づけたのは、二〇〇七年七月に北九州市で発生した衝撃的な餓死事件である。餓死したAさんは日記をつけており、公開されたその日記には「おにぎり食べたい」と何回も書き綴っていた。コンビニに行けば一個一〇〇円強で買うことのできるおにぎりさえ、食べることができなかったところに現代社会の非情な特質をみてとることができる。[3]

それればかりではなく、二〇〇九年四月にも再び北九州市で三九歳の若い男性（Bさん）の孤独死が「発見」された。死因はやはり餓死だとみられている。Bさんは便箋に「たすけて」という言葉を書き残していた。しかし実際には、誰にもこの便箋が送られることはなかった。NHK北九州放送局はこの「事件」について、追跡取材を行ってその背景に迫ろうとした。雇用の自由化・規制緩和による非正規雇用の増大と二〇〇七、二〇〇八年の世界金融危機のなかで進んだ「派遣切り」が、Bさんの「孤独死」の背景にあることは間違いがない。だがそれだけにとどまらず、どれほど困窮しても「たすけて」といえず、社会的に孤立して暮らす三〇歳代の人たちが無視しえないほどのまとまりとして存在していることを明らかにした点に、NHK取材チームの貢献がある。[4]

しかし、社会的な孤立は「たすけて」といえない三〇歳代だけでなく、日本の社会全体を広く覆いはじめているように思われる。二〇一〇年一月には、NHKスペシャル「無縁社会」が報道され、実に年間三万二〇〇〇人もの人が一人きりで「無縁死」していることが明らかになった。[5] また同年の夏以降は、住民登録や戸籍があっても実際にはすでに死亡していたり、所在がわからなくなったりしている高齢者の存在が次々と判明するという、「所在不明」問題が社会的に強い関心を呼んだ。この「所在不明」問題は単なる手続き上の問題ではなく、「無縁社会」やそこから生じる「孤独死」が社会の周縁部において「負の移動」を繰り返さざるをえない貧困・排除の問題と深く関連していることを認識しないと、その実相を理解できないだろう。なおここで、「負の移動」とは社会経済的地位の上昇を目指すための「正の移動」と異なって、不安定な職や地位へ下降し、それにともなってアテのないままに次々と居所も仕事も代わっていく移動のことである。[6] こうした「負の移動」にともなって、食べるという基本的な機能さえ確保できなくなった場合、餓死という悲劇的な結末を迎えることになる。

ここまで述べてきたように、日本の餓死は、生活保護の取り消しなど「食への権利」が侵害されたり、いわゆる「老老介護」のなかで介護者が急死したり、肉親にさえ助けを求めようとしない人たちの出現によって発生している。大量の食糧を廃棄する一方で、いわゆる「社会的弱者」のなかに餓死者が頻発するようないびつな社会構造が生まれているのである。このような事態の背後には、効率主義や生産力主義に立脚する人間観が潜んでいるように思う。それは、生産活動に従事できないような人間は社会から排除されても仕方がないという冷たい人間観としてくることができる。この人間観は、地球規模のメガ・コンペティション（大競争）に勝ち抜くことが至上命題であり、そのためには調整弁として使うことのできる労働者が必要だという見方と共通している。さらに付言すれば、このような人間観と、国民経済に貢献できないような競争力のない農業あるいは過疎地域は「退場すべき」だとする考えとは類似のフレームワークに依拠しているといってもよいだろう。

ここで眼を世界に転じてみよう。わたしたちの暮らしは好むと好まざるとにかかわらず世界とつながっている。スーパーマーケットに行けば世界中の農水産物や加工食品が信じられぬほどの安い価格で売られているし、ショッピングモールのフードコートにはアメリカ発のファストフードだけでなく、中国、イタリア、タイ、トルコ、メキシコとほぼ全世界の料理がこれまた安価に提供されている。そうした安い価格の背後には何があるのだろうか。その安さは、輸出向け農産物を「効率的」に生産している大規模農場か、非常に安い価格で食糧を提供している途上国の生産者かのいずれかを抜きにありえない。

大規模農場は、先進国、途上国を問わず、環境コストを負担しなかったり、移民労働者を低賃金で雇用したりすることで「効率的」に農業生産を行っているところが少なくない。途上国の農民は、大多数が貧困のなかで暮らしており、しばしば飢餓の危険にさらされている。二〇〇九年には、こうした農民を含めて、栄養不足人口は世界全体で一〇億人以上いると推定されている。[7]

このように考えると、わたしたちの食は世界の貧しい人びとによって支えられているといわざるをえない。それでは、このことを非難すればことは済むのだろうか。困ったことに、日本の側でもこうした安い食料なしには生活が成り立ちにくい人たちがたくさん存在している。この痛み＝負い目と生活するためのジレンマをわたしたちはどのように解きほぐしたらいいのだろうか。そう簡単に解ける問題ではないが、最低限、現実がどうなっているのかを知ろうとすること、そこから考える姿勢を育てることが不可欠なのだと思う。

ここで、これまでの議論を少しだけ一般化しておこう。一番強調したいことは、生命と食の保障は人間にとって何よりも重要な領域として位置づけるべきだということである。食への権利は、優先順位のきわめて高い基本的人権だという認識[8]がないと、先に提起した問題は解きようがない。その際に、食への権利は農業と密接不可分の関係にあるということを忘れてはならない。食と農の間には、思いもつかないような複雑なつながりや重層的な関係性、空間的な広がりと構造的な類似性が存在している。

ところが実際には、食べることにかかわる基本機能は行政的に分割され、食べることの前提である農との距離は空間上も認識上も大きく離れてしまっている。また経済的に成り立つ機能は市場化されてしまい、残った部分だけが家庭に残されている。このために、食べることをめぐって取り結ばれているさまざまなつながりが非常にみえにくくなっている。食べ物の廃棄と「餓死」という一見相反する現象から本書をはじめたのは、このみえにくいつながりを象徴的に示すものとして取り上げたかったからである。本書の最大のねらいは、食と農をめぐるさまざまな局面のなかに隠れている、あるいは潜んでいるつながりをできるかぎり明るみのもとにさらけ出し、その意味を自覚的に考えるための材料を提供したいという点にある。

もちろん、本書で取り上げたつながりは一部にすぎない。いま存在しているさまざまなつながりをみずから「発見」してほしい。そのうえで、どのようなつながりが望ましいのか、そのつながりを実現するためには何が必要なのかを考えようとする姿勢を養ってほしい。こうした地道な取り組みに、本書が少しでも役立つとすれば幸いである。

(1) 農林水産省「平成21年度食品ロス統計調査」(世帯調査および外食産業調査の結果)。ただし二〇〇二年度は同「食品廃棄物等の発生状況及び食品循環資源の再生利用等の状況」による。

(2) この事件では異例なことにAさんの日記の一部が公開された。それはこの餓死が一個人の特異な事情によるものではなく、誰にでも起こりうる構造的な問題をはらんでおり、生活保護行政のあり方に一石を投じるものだとみなされたからだろう。

(3) この点については、すでに池上甲一・岩崎正弥・原山浩介・藤原辰史『食の共同体——動員から連帯へ』ナカニシヤ出版、二〇〇八年でふれている。

(4) NHKクローズアップ現代取材班『助けてと言えない』文藝春秋、二〇一〇年。

(5) 『週刊ダイヤモンド』特大号(「無縁社会　おひとりさまの行く末」)、二〇一〇年四月三日号、およびNHK「無縁社会プロジェクト」取材班『無縁社会』文藝春秋、二〇一〇年。

(6) 岩田正美「生きるための移動「負の移動」とその中継場所」『世界』二〇一〇年一一月号。

(7) 二〇〇七年までは少しずつ減少してきたが、二〇〇八年には八億人弱から九億人以上へ逆転し、ついに二〇〇九年には一〇億人の大台を超えてしまった。

(8) この認識は、早くも一九四八年の「世界人権宣言」に現れており、その後一九九六年の世界食料サミット「ローマ宣言」、二〇〇八年の国連総会における「食料への権利決議」などに引き継がれている。

食と農のいま　＊　目　次

目次

序――食べ物を捨てる国・日本の「餓死問題」……池上甲一 i

第Ⅰ部 食卓から考える「食と農のいま」

1. 食の空間論――フードコートで考える……藤原辰史 6

一 食を場所から考える 6
二 フードコート曼荼羅 9
三 フードコートとは何か 12
四 財布で投票する公共空間 16
五 フードコートで読書会を 22

2. ペットボトルのお茶からみえる世界……池上甲一 25

一 清涼飲料として伸びるペットボトル茶 25
二 商品開発・販売・消費からみるペットボトル茶の特性 29
三 リーフ茶の種類と加工・流通 38
四 緑茶の生産・消費構造の変化がもたらすもの 41
五 日本のお茶は再生できるか 48

第Ⅱ部　グローバル化のなかの食と農

3．世界食料市場のフード・ポリティクス……久野秀二　58
一　世界食料危機からみえてきたもの　58
二　多国籍アグリビジネスの農業・食料支配　62
三　米国市場の寡占化とフード・ポリティクス　68
四　対抗運動としてのフード・ポリティクス　70
コラム①　フェアトレードの現実　76
コラム②　フードマイルで環境負荷を計ってみると　79
4．GMOをめぐるポリティクス……久野秀二　81
一　GM（遺伝子組換え）作物の生産と規制　81
二　バイオメジャーに囲い込まれる種子・技術・資源　87
三　GM技術はどこまで有効な技術なのか？　90
四　GMO推進論に対抗するポリティクスの可能性　92
コラム③　マーカー遺伝子とは　99

コラム④　ファッションマルシェ　101

5．バイオ燃料の落とし穴……稲泉博己　103
一　バイオ燃料ブームはホンモノか　103
二　バイオ燃料とは　105
三　バイオ燃料推進の背景　106
四　バイオ燃料の落とし穴　112
五　世界のバイオ燃料生産と日本とのつながり　115
六　わたしたちは「夢」を語ることができるだろうか　123

コラム⑤　ゴミは誰のもの　126
コラム⑥　農夫の知恵　128

6．グローバル化する水産業と東アジア水産物貿易……山尾政博　131
一　水産資源の持続的利用に対する危機感　131
二　水産物貿易をめぐる変動要因　133
三　東アジア水産物貿易の構造変動　137

四　水産食品製造業の拠点化による貿易の拡大　146
五　東アジア水産物貿易と「食の安全環境」　153
コラム⑦　食文化を守るシェフたち　158

7. 中国農業の現実――「賎農主義」の形成……張　玉林　160
一　「賎農主義」とは何か　160
二　革命イデオロギーによる農民否定と農民抑制　162
三　知識人の言説にみる農民の否定　166
四　発展主義信仰と農業放棄・農村「消滅」へ　171
五　「賎農主義」の内面化と農業・農村危機　177
コラム⑧　日本社会とコメ　182

8. 国民経済と農業――食料自給率を起点に考える……原山浩介　185
一　食料自給率とは　186
二　自給率低下の歴史　191

三　国民経済の解体　196
四　食と農業のゆくえ　201
コラム⑨　TPP参加、FTA・EPAの締結と農業　205
コラム⑩　えさ米と米粉　210
9．作物遺伝資源をめぐる管理の多様性……須田文明　213
一　資本主義の現代的変容と農業・食品部門　214
二　「品質の経済」体制下での育種研究　218
三　農民による遺伝資源管理の復権　230
コラム⑪　種子の自給率　234
コラム⑫　エコダイエットで地球とつながる　235

第Ⅲ部　食と農の新しい局面

10．グローバルとローカルを結び直す——日本・アジア・世界の食と農を考える……古沢広祐　240
一　食と農のいまを問う　240

二　「フード・ウォーズ」の時代　242
三　「フード・ポリティクス」と食生活指針をめぐって　245
四　食と農からみたアジア的世界　247
五　持続可能なアジアと日本　250
六　ローカルの可能性をひらく――地域と世界が相互交流しあう視点　251
コラム⑬　仮想水とリアルウォーター　255
コラム⑭　日本の野菜品種と地方在来種　257

11. 結びつく医療・健康政策と食・農政策……池上甲一　259
一　健康という幻想――特定健康診査（メタボ検診）の背景にあるもの　260
二　健康増進法の論理と健康の義務化　265
三　食育で結びつく医療・健康政策と農業・食料政策　270
四　健康観をみずからの手に取り戻す　278
コラム⑮　食農教育と体験学習　283
コラム⑯　農地は誰が耕すのか　285

12 農業を支える労働と土地……原山浩介 289
一 身近にみえるようになった農業 289
二 戦後日本における農業 292
三 労働と土地の再編成？ 299
四 農業が開かれることの意味 306
コラム⑰ 「食と農」の現場を支える外国人研修・技能実習生 311
13 TEIKEIからAMAPへ
——互助のがまん較べか、きたえあう連帯か……アンベール－雨宮裕子 314
一 信頼関係のつくり方 314
二 無からの出発 319
三 提携からTEIKEIへ 324
四 広がるAMAP 329
コラム⑱ 子どもたちの食卓 338

14　食と農のステークホルダー……矢野晋吾　340
一　湖に浮かんだ田んぼ　340
二　水辺の農と暮らし　342
三　文化景観としての価値発見　346
四　守る会の結成と権座渡船プロジェクト　350
コラム⑲　NPO法人　田舎のヒロインわくわくネットワーク　356
おわりに　360
【資料】データからみる日本の農業のすがた　I

食と農のいま

第Ⅰ部

食卓から考える「食と農のいま」

食と農がどのようにつながっているのか、と問われたら、あなたはどのような道筋で考えようとするだろうか。たとえば、農畜産物や魚、あるいは加工食品などスーパーやコンビニで販売されている食料品を手掛かりにして、その仕入れ先や原産地をたどっていこうという人もいるだろう。あるいは、自分が日常食べている牛丼やハンバーガーの材料を分析し、その生産を調べるという人がいるかもしれない。さらには農漁村に出かけて、そこでの生産方法や販売ルートを追いかけるという人もいるだろう。いわば、モノの流れを通じたフード・システムあるいは農業・食料チェーンとして農と食のつながりをみようという発想である。こうした農と食のつながりは、そのあいだにさまざまな段階が介在するにしても、比較的ストレートに追跡することができるので実感しやすい。

だが、食と農は何もモノを通じて垂直的につながっているだけではない。食べることには、生存に必要な熱量や栄養素類を摂取し、生理的な欲求を満たすための「喰う」という機能的な行為に加え、誰がつくりどこで食べるのかとか、誰といつ食べるのかといった、場所、時間、主体などとかかわる食の「空間性」も重要な意味をもつ。この後者をさしあたり、「食卓」という言葉であらわすことにしよう。ここでの食卓は、家族が一緒に食べるテーブルや卓袱台《ちゃぶだい》のように家庭（単身世帯も含む）のなかに閉じ込められたものだけではなく、実際に食される空間そのものを対象としている。だから駅の立ち食いソバも新幹線の車内も、試食のできる「デパ地下」もフードコートも立派な食卓である。こう理解すると、食の「空間性」がずっと広がる。

第Ⅰ部では、こうした広がりのなかで食と農のつながりをとらえると、何がみえてくるのかという問いについて、フードコートとペットボトル茶という二つのトピックを取り上げて考えてみたい。というのは、いずれも現実の社会生活のなかでは、かなり大きな位置を占めているにもかかわらず、一般的な農業経済学や食料経済学のなかではほとんど無視されてきたからである。それだけではなく、それぞれ「食と農のいま」をまさに象徴している領域であり、食べること、飲むことの意味を考えるうえで興味深い見方を提供してくれるからでもある。

1. 食の空間論
――フードコートで考える

藤原辰史

一　食を場所から考える

硬直する「美」

最近、巷を賑わせている食や農をめぐる一連の議論は、固定した家族像を前提にしていることが少なくない。「愛情のこもった手料理」を推奨する食育は、朝から晩まで働くシングルの父や母にさえ手作りの料理をつくらせようとする。いや、そういった空気を醸成する。ひとりぼっちで食卓に座ってテレビを観ながらご飯を食べている小学生の絵を取り上げて家庭の崩壊を語ることは、働く時間を自由に選べない父や母に、その小学生がお腹をすかせているときに仕事をすることへの小さな罪悪感を毎日押しつけ、父や母を食卓に戻さない企業や工場や政府へのそれを軽減させている。

農村景観の自然の豊かさや美しさを唱える議論は、「田舎には何もない」とか「あの沿線は田舎っぽい」といった貧しい「田舎」観に対しては有効であるけれども、しばしば人間の美的感受性を矮小化する。夕日に照らされる里山はたしかに清らかな心安らぐ風景だが、そう感じる人たちは、たとえば、古い団地のペンキの剝げた白壁を街灯の光が照らす風景が美しいという人の感受性や、大都市の歓楽街の早朝の道路に積まれるゴミ袋の山に魅惑される人の感覚を、やはり排除しがちである。自然の美への偏向は「不自然」な存在への蔑視や軽視を生み出し、前衛芸術家たちが試みようとする不調和・不穏の美を排除しようとする。(1)

大地に根をはやし、ミミズを友とし、農村の景観を愛し、オタマジャクシや赤トンボとともに生きる人間に、故郷を失い、国境を越え、商いに邁進する人間を対置させることがしばしばみられるが、その図式を大量虐殺の根拠としたのはあのナチスであった。ナチスにとって農民性や土着性はドイツ人の特徴であり、根なし草の感覚はユダヤ人のそれであった。もちろん、農村や漁村で自然と対峙することの厳しさや豊かさは、何度強調してもしすぎることはない。しかし、それに「サラリーマン・ジプシー」(2)という言葉を対置させたり、「都市への逃亡」だとして農村軽視をなじってみたりすれば、未来を担うべき農の思想がナチズムの枠内に落ち着いてしまうことになりかねない。感傷と陶酔を排した強靱な農の思想が求められなければならない。

食の場所を求めて

ならば、そろそろ、単純な対立図式を捨てる必要があるだろう。都市と農村、土着と遊牧、伝統と近代といった枠組みを取り払って、もう一度地球の表面を眺めてみよう。すると、食べものが沈殿したり、滞ったり、腐敗したりしている「場所」を発見することができるだろう。その場所には、もちろん、棚田や里山、「コンビニ」や「ファミレス」など、これまで注目されてきた場所もある。だが、駅の売店、寝台列車の食堂車、病院や大学の食堂、公園の定期的な食料無料配布所、各家庭の台所や冷蔵庫、祭りの屋台、「買物難民」[3]のための移動販売車など、従来の議論からすれば幾分イレギュラーな空間も当然浮上してくる。こうした領域にも目を向けなければ、偏狭な価値観を変えることはできないだろう。画一的な価値の無批判な受容から自由になるために、ここではフードコートという「食の場所」に立ってみたい。

ただ、このフードコートは統計的に把握するのが難しい。外食産業総合調査研究センター発行の『外食産業統計資料集』や三冬社発行の『食生活データ総合統計年表』などの統計書には、ファミリーレストラン、ファストフード、そば・うどん屋といったカテゴリーは存在するが、フードコートという言葉はいっさい登場しない。それはフードコートが飲食店ではなく、ショッピングセンターや空港などの施設が提供する場所にすぎないからである。個人や集団が一定の場所に集まり、出入りが自由なフードコートという空間は、ショッピングセンター内にある休憩所と店舗の狭間にあり、提供者である企業の意図からも遊離しやすい、なんとも不思議な場所なのである。

二　フードコート曼荼羅

品川区の大型ショッピングセンター地下一階のコンクリートに囲まれた薄暗い自転車置き場に自転車をとめる。ここからフードコートへ直接行くことができる。入口付近には、ハンバーガー店のゴミ袋が山積みされている。自動ドアが開く。白色蛍光灯ですみずみまで照らされたフードコートは、水晶宮のようにまぶしい。出店しているのは一〇店舗。どれも安価なファストフード店で、フードコートのメニューを一五〇〇円程度にまで引き上げた高級フードコートや、ラーメンやたこ焼きなどコンセプトのはっきりしたテーマパーク型フードコートのような流行形態よりも、旧態依然としたオーソドックスなものである。とはいえ、人気はなお根強い。

一七時過ぎなので混雑はしていないが、それでも客席は七割が埋まっている(4)。清掃係のスタッフがフードコートの柱に設置されている手洗い場で雑巾を洗う。二人の男の子が小型電子ゲームに熱中し、それを祖父が見守っている。サリーを身にまとった女性たちが、フードコートの一角に陣取り談笑している。

ここのテーブルはすべて同じ規格である。一本の支柱を四本の足が支えており、固い肌触りのプラスチック製である。横五〇センチメートル縦六〇センチメートル、板の厚さは二センチメートル。さきほどの女性たちの井戸端会議は、これを五つ連続でつなげ、二・五メートルの横幅のテーブルをつくり使用している。それほど重くないから、各々自由に分離結合が可能である。

たこ焼き屋では、中国人の女性が爽やかな笑顔でレジを叩いている（名札の名前から判断できる）。ドーナッツ屋にはアジア系の男性二人がレジ近くに立っている。外国人労働力がなければ、わたしたちは安価なフードコートの商品を享受できないのである。

「牛丼新時代　牛丼二八〇円」という赤い旗で装飾された牛丼屋は専用のイートインコーナーをもっており、そこでは二人のサラリーマンが肩を並べて座っている。牛丼に卵をかけて、それを大きな口に箸でカツカツと掻き込んでいる。

背後が急に騒がしくなってきた。ベビーカーを転がす「ママ友」の集団である。ベビーカーを巧みに操る五人のママたちは、いきなり二つの小隊に分かれる。第一小隊の任務は、テーブルのセッティング。第二小隊から預かった荷物と娘たちや息子たちの安全を確保しながら、テーブルを並べる。第二小隊は、すでに第一小隊から要請のあった注文へ。ハンバーガー屋とたこ焼き屋から戦利品を運んでくる。そのあいだに、第一小隊の母親は、第二小隊の赤ちゃんたちをあやしたり、談笑したり忙しい。第二小隊が帰還する。お会計の時間である。各々、財布から小銭を取り出し、第二小隊にわたす。美しい連係プレイである。インド人の井戸端会議やママ友軍団のおしゃべりが、子どもたちが走り回り床からホコリが次々に産出されるフードコートにモワモワと響く。

ママ友たちの向こうでは、日本酒の一升瓶をラッパ飲みする赤ら顔のおじさんが、別のおじさんと談笑している。よく観察すると、それは日本酒ではない。緑色のプラスチックの容器に入った料理酒である。すでに半分なくなっている。このテーブルにはフードコートに出店している食べものはいっさいない。話し相手もレモンチューハイのアルミ缶をぺろぺろなめている。ちなみに、別の日付のわたしのメモ帳には、同じフードコートでカップラーメンをすする男性がいたと記入されている。(5) 隣接する食料品売り場には電子レンジやお湯が設置されているから、簡単な調理も可能だ。

この近くにはオフィスビルが林立しているので、平日の昼は社員食堂化し、IDカードを首にぶら下げた人びとで溢れる。夕飯を過ぎるころになると、外国から来た奥様たちの社交場になる。子連れも多い。水を湛えたプラスチックコップを片手に突っ伏して寝ている老人もいる。休日は戦争である。家族が一一時半ごろから殺到し、一二時には満員になる。

喧嘩する夫婦の怒鳴り声、泣きわめく乳児、小型ゲーム機のボタンを叩く音、注文した品が完成したことを知らせる受信機のブザー音、女子高生の甲高い笑い声、これら複数の音が響き渡る光景に、ドーナッツやポテトを揚げる油の匂い、たこ焼きのソースの匂い、甘辛く煮た肉の匂い、消毒された飲料水の匂い、ウェットティッシュの匂いなどが加わって、フードコートはまさしく現代社会の曼荼羅の様相を呈している。

三　フードコートとは何か

誕生の地、アメリカ

では、フードコートとはいったい何なのか。発祥の地はアメリカである。雑誌『ショッピング・センターズ・トゥデイ』によると、都市開発を手がけてきたローズ・カンパニーという企業が、一九七一年のアメリカ東部のペンシルヴェニア州プリマス・ミーティングのショッピングモールでの失敗のあと、一九七四年三月に同じく東部のニュージャージー州にあるパラマス・パーク・ショッピングモールに、ファストフード店を並べて成功したのが起源だといわれている(6)。コート（中庭）という言葉に表されているように、もともとはショッピングの合間に野外で休憩したり食事したりする施設であったが、いまは屋内型が多い。日本では一九九〇年代後半から、ショッピングセンターの一角につくられるようになった。はじめは、来客が簡単な食事をとる場所で「地味で雑然とした空間(7)」だったが、次第に店も多様化し、より美味しく、より清潔になり、ショッピング客を引き寄せるマグネットの役割を果たすようになっていく。

シンガポールのホーカーセンター

東南アジアにもフードコートに似た食堂施設がある。有名なものは、シンガポールにあるホーカーセ

写真１　シンガポールのホーカーセンター
（2010 年 6 月 22 日、筆者撮影）

ンターである。ホーカーとは、もともとは翼を広げた鷹のように、総菜を入れた天秤を肩にかけ、それを売る行商人たちのことを指していた[8]。彼らや彼女らは、街を歩いたり、一角に座り込んだりして、ラクサ（ココナッツミルクスープのライスヌードル）やホッケミー（五目焼きそば）といった料理を売る。ホーカーが集まるある通りは、夜の九時までは貧しい労働者や家族が立ち寄る場所であったが、九時以降はバーガールをつれたイギリスの海兵たちが酒を飲む場所になった。高温多湿な気候なので室内より野外で食べたほうが快適であること、イギリスの植民地化で大量の男性労働者を必要としたため、隣国から来た労働者たちが、自宅ではなく外で食べるようになったことが、ホーカーたちの増えた主な理由である。戦後の慢性的な不況によって底辺労働であるホーカーがさらに急増し、街はいたるところホーカーでいっぱいになる。ホーカーはゴミを路上や排水路に捨てるため屋外の衛生環境が悪くなり、露天の屋台は交通渋滞を招くため社会問題化していた。そこで、イギリス植民地時代は都市清掃局《タウン・クレンジング・デパートメント》によって、一九五九年の自治権獲得後は保健省《ミニストリー・オブ・ヘルス》によって法的に営業方法を管理する政策がとられたが状況を大きく変えることはできなかった。だが、一九六五年八月のマレーシア連邦からの独立後、リー・クアンユーの開発独裁のなかで、市内に複数設置されたホーカーセンターにすべてのホーカーを強制的にまとめる政策がとられたのである。一九八六年には、一万五〇〇〇人にも及ぶすべてのホーカーの再配置を完了させ、海外資本を誘致する輸出志向型の国家に必要不可欠なインフラと公衆衛生を整えた。こうして「世界一清潔な国」と称される国に生まれ変わったのである。

このホーカーセンターに行ってみた。巨大な屋根が太陽の光と雨を防ぐ。通常の店では酒税が高いため高価なビールもここでは幾分安い。タイガービールとラクサを注文する。日本円で五〇〇円程度。中華料理や寿司、サトウキビジュースの店もある。作業服の労働者からスーツ姿のサラリーマンまで大にぎわいだ。また、国立博物館の近くにはガラス張りの最新型フードコートもあり、二四時間営業でプリペイドカードも発行している。韓国、インド、マレーシア、日本、中国、メキシコ、ヴェトナムなどさまざまな国の店が軒を連ね、客層もサラリーマン、学生、子どもなど多様であった。ここのテーブルも自由に動かせ、透明なプラスチックの椅子は清潔感があった。どちらも食器は清掃スタッフが片づけてくれる。

いずれにせよ、ホーカーセンターで、強権的に空間を再配置してインフラを整備し社会問題を解決しようとしたシンガポールの開発主義を垣間見ることができた。

開発者のフードコート観

では、民間によって開発されたフードコートはどうだろうか。不動産業者やその企画者の側のとらえ方は実際にどのようなものか。日本の外食産業やスーパーマーケットの業界誌から情報を集めてみた。

基本的には、フードコートは低迷するショッピングセンター業界のなかで元気の良い優等生である、という意識をどの開発者ももっている。開発者側の意図は大きく分けて三つある。すなわち、食の嗜好および食の形態の多様化への対応、レストランにはない敷居の低さ、そして、ショッピングセンターへの集客装置である。

ある商業コンサルタントは次のように述べる。「個食の時代といわれています。家族でありながら食事時間もバラバラ、食べたいものもバラバラな時代。ひと昔前は、食は家族が一堂に会して同じ卓を囲むのが当たり前だったものですが、近頃はその家族体験そのものが希薄な子供まで出現する時代になっています。だからこそその外食というチャンスに、家族で、友達で、という語らいの時間を持とうとするわけなのですが、食の好みはバラバラでも利用できる食の場は？　という時代ニーズにピッタリのレストラン形態が〝フードコート〟であり、個食（個人の好みの食）で衆食（親しい人の語らいの場）を実現できるのがフードコートの支持力の強さではないでしょうか[9]」。

また、フードコートの開発を手がけている大手不動産会社の幹部は、「フードコートがコミュニティの場になっている」という指摘を受けて、次のように述べている。「店でもないし、パブリックスペースでもない。多分、お客さまにとって敷居がとても低いのだろうと思います。例えばレストランですと、何か注文しなければならないですし、列ができると席に座っていても落ち着きません。ですが極端な話し《ママ》、フードコートでは何も注文しなくても、また自分は何か食べていても、連れの人は水だけだとか。おまけにフードコートでは各世代のいろいろなニーズに対応しています。ギャザリングスペースとして非常に微妙な位置づけの場所だと思います」。ショッピングセンターは「フードコートでお客様をお出迎えし、客導線の起点として捉えている」のである。[10] 駅ビルや郊外型ショッピングセンターを開発した不動産業者も、ショッピングセンター内の「客の滞留時間のアップによる、他の物販店での買上率向上には欠かせない〝装置〟」だと述べている。[11]

以上のような企画者側の意図のなかでもとりわけ興味深いのは、「個食」と「衆食」の同時実現、という見方である。この商業コンサルタントは、家族という共同体にすでに亀裂が入っていることを前提にしたうえで、家族がコミュニケーションをとるとすれば、それはフードコートのような場所になるだろう、という。なぜなら、「バラバラ」な価値観、「バラバラ」な生活が、とにかく集合することができるほど敷居の低い「ギャザリングスペース」であるからだ。文脈はいらない。フードコートが、きわめて現代的な食事の形態であるのは、「集まっている」という事実以外は何も必要としない場所だからである。

四　財布で投票する公共空間

自由と平等のフードコート

ところで、客はそれほど意識していないだろうが、フードコートは自由な空間である。おしゃべりの自由、水を無限に飲む自由、手を洗う自由、商品選択の自由、テーブルセッティングの自由、子連れの自由、睡眠の自由、食卓に参考書を広げる自由。タバコ、宿泊、ペット連れ込み以外は、ほぼすべてが可能である。一方で、都市の食空間のなかにはこれらを禁止する施設が多い。子連れ禁止の高級レストラン、おしゃべり禁止のジャズ喫茶、メニューが表に出ていない料亭、水が有料なカフェ、ベビーカーが入れない喫茶店。これらのコードを一気に破ってくれる個人主義の極致が、フードコートにはある。食器を返すという最低限のルールさえ守れば、食卓マナーを守る必要はほとんどない。

さらに、フードコートは、主婦たちや主夫たちや一人暮らしの学生などを、日々の献立の決定、食品の購入、保存、調理、さらには食器洗いから解放する。各店舗が提供する食べものは、老いも若きも、男も女もそのどちらにも属さない性の人も、貧しい人も富める人も、何十種類の食べもののなかから、一つあるいは複数の組み合わせをし、一定の金銭さえ払えば、店員の笑顔つきで購入し、すぐに食べることができる。すべてのテーブルと椅子は同じ品質である。平等主義の極致もフードコートには存在する。

はっきりと自覚している客や開発者は少ないだろうが、いうまでもなく、自由と平等は市民社会の理念の中核にある。実は、アメリカで最初にフードコートを生み出したローズ・カンパニーはそのことを自覚していた。創業者のジェイムズ・W・ローズの側近はこんなことをいっている。創業者はコミュニティー・ピクニックのようなものをつくりたかった。フードコートは公共空間《オープン・スペース》であり、ここでは「客はその財布で投票する」のだ、と。[12] ローズは福祉事業にも関心をもち、退職後は慈善基金を創設し、貧民救済事業や子どもの養育事業に熱心に取り組んだという。こうした業績が認められて、一九九五年には当時の大統領ビル・クリントンから市民の賞として最高の賞である「自由の大統領メダル」を授与されている。市民に開かれた自由で平等な空間としてフードコートを発明したのは、政治家でも市民運動家でもなく不動産業者兼慈善家であった。これは、福祉が民間に委ねられる時代の到来を意味するばかりでなく、「食べる」という人間の本源的な生命および社会行為までも、経済活動が印象よく円滑に回転する空間のなかに組み込まれつつあることを意味する。自由と平等と、不完全ではあるがセイフティネットまでも事実上実現しているフードコートは、しかし本当に市民社会の空間なのであろうか(13)。

そもそも市民社会とそれを支える公共空間は飲食とともにあった。カフェやサロンは、知識人たちが討論する場であった。彼らが発行した本や冊子を通じて情報を共有し、それをめぐって政治の議論が戦わされた。ここに、コーヒーや紅茶を飲みながら世論を形成する場所が確保されたのである。だが、労働者の公共空間も存在した。居酒屋である(14)。労働忌避者の逃げ場であり、喧嘩の温床であった居酒屋は都市にも農村にもあった。労働者たちはこの居酒屋に集まり、歌をうたい、踊った。そればかりでなく、市当局への不満をぶつけあい、議論し、ここから街へ繰り出し、暴動を起こし、それが革命へとつながっていくこともあった。当局は、労働者を怠けさせないために、あるいは治安維持の理由から居酒屋の営業時間を制限した。労働者の党を自称した国民社会主義ドイツ労働者党(ナチ党)もまた、飲食の場を政治空間としてとらえていた。ミュンヒェンのビヤホール、ホーフブロイケラーはナチ党の誕生の場所であった。労働者たちが日々鬱憤を晴らす場所は、必然的に現体制への不満のはけ口となり、それを吸収した演説家の劇場であった。ナチズムは、ビールとたばこの匂いが立ちこめる労働者の政治空間から生まれたのである。

では、フードコートはどうだろう。ここで政治演説をぶつ猛者はいない。新聞を読んだり、政治談義に花を咲かせたりする会社員もいないではないが、それも珍しい。自由と平等に満ちたこの空間にはしかし、政治が存在しない。そもそも、長居をする客は少ない。不動産業者の思惑通り、個人客は商品を食べるとすぐに去っていく。となりの席の人間の顔をすぐに忘れてしまう。不動産業者はこのようなスピーディーな集客装置を開発したのである。一方で、混雑していなければ長居は基本的に自由なので、都市社会に疲れた人びとの貴重な休憩所にもなっている。外国人が気軽に集まったり、ベビーカー集団がくつろげたりする数少ない場所であり、タオル一枚あればそれを枕に睡眠もできる。政治空間と飲食空間の分離と後者の膨張の果てに、財布の金が投票用紙＝市民社会の入場券になり、かくしてフードコートが完成するのである。

群集の時代の憩いの場所

「どの店の前にも「サービスセット」や「今週のお薦め」の立看板や旗が並べられていて、生暖かい食べ物のにおいが満ちている。絶えず人がせわしげに行き来している感じが、由加さんは好きだという。ここに来るとほっとする。だってみんな、何も考えてないように見えるもの。食べ物って人を能天気にするひとつだよね。食べているとき、頭の中は空っぽ。その感じが好きなのと由加さんは言った」[15]――稲葉真弓の短編小説「フードコートで会いましょう」の一節である。精神安定剤を服用している由加さんは、夫と一年別居中。主人公である帽子作家の女性は、末期ガンに冒された叔母が住む郊外の家に都心から引っ越してきて、そこで帽子をつくっている。その家の近くの竹林で偶然、主人公は石を抱えてしゃがみ込んでいる女、つまり由加さんをみつける。その後、産婦人科で堕胎をした同じ女と再会、その後の交流を描いた小品である。由加さんは、「杏里」という小さな人形をいつももっている。あまりにも軽いので、ビー玉をその人形の腹部あたりに入れており、それを指で転がすのが癖になっている。子宮から出てきた小さな胎児も、自分の分身である杏里も、そして何より由加さん自身が重石を抱えないと人間社会から吹き飛ばされるような存在である。その由加さんがほっとする場所が、フードコートなのである。

フードコートは抽象的で、つかみどころのない非政治的空間、そして均質な空間である。多様なメニューを擁し、融通の利く営業時間の「レストラン」がパリで誕生したのは一七六七年三月で、市民社会の成熟とともにレストランは普及しはじめる。(16) だとすれば、フードコートは、呆然と街を歩き、感動なくモノを買い、味わうことなく食べものを胃袋に入れるだけの群衆が君臨する時代を象徴する「食の場所」であるといえるだろう。

フードコートで世界と出会う

ならば、フードコートは孤立した人間や家族の、つまり、プライベートな空間の集合体にすぎないのか。そうではない。フードコートは、世界中の人間、組織、社会のつながりの末端に位置する。フードコートを中心に線を結んでいくと、その線は、生産、流通、販売を経て、世界中のさまざまな人間をつなげ、やがて地球を覆う。うどん店のうどん粉はアメリカ、天ぷらのエビはインドネシア[17]、牛丼の牛肉はオーストラリア、ドーナッツの植物性油はコーン油とパーム油で構成されているが、前者はアメリカやブラジル、後者はマレーシアやインドネシアからの輸入であり、フードコートの自由を保障する食品は、コメと一部の野菜をのぞけばほぼ輸入品である。巨大な農業機械が動き廻るアメリカの巨大な農場や、マングローブ林を切り開いてつくられたエビの漁場や、熱帯雨林を切り開いてつくられたアブラヤシのプランテーション[18]や、そこで働く児童労働者たちからフードコートまでの距離はそれほど遠くない。

世界とつながっているのは食品だけではない。繰り返すが、フードコートの接客には外国人労働者も雇われている。中国、インドをはじめ東南アジア各国から来た労働者や留学生が、たこ焼きをつくり、ハンバーガーを売り、フライドポテトを揚げる。彼らや彼女たちは、接客用の日本語を話すことができるので、コミュニケーションに客の言語能力は問われない。フードコートの通常の客単価は七〇〇円弱であるが、ということは、入場料七〇〇円で自由と平等を享受したうえで、世界とつながることができるのだ。フラットな非政治的空間のなかで、客は、世界の無限の欲望に向けて放置されているのである。

「頭を空っぽ」にしている場合ではないのだ。

五　フードコートで読書会を

以上で述べたように、フードコートには現在のみならず過去から延々と続く食の問題が濃縮して存在している。考えようによっては、フードコートほど食について学ぶことのできるスペースはない。「食べる」ことの意味を広く深く考えさせられる空間である。

最後に、読者に提案したい。フードコートで読書会をやってみてはどうだろうか。料理酒を飲むおじさんからサリー姿の奥様まで、これほど開放されているにもかかわらず討論も世論も生まれない空間に、あえて議論を持ち込む。文化産業によって文化がグロテスクに均質化され続けるこの世界の、均質な照明と均質な机と均質な椅子に囲まれた均質な空間の、世界中に張りめぐらされた網の目の結節点で、無料の水をなめながらたこ焼きでもほおばり、友人たちと食とは何かについて討論するなんて、なかなか粋だと思うのだが。

(1)　エドワード・O・ウィルソン『創造——生物多様性を守るためのアピール』岸由二訳、紀伊國屋書店、二〇一〇年。昆虫学者でエコロジストである彼は、精神障害者は抽象画よりも美しい自然を描いた絵画を好むとしつつ、前衛芸術家の目的もまた心の平静であることを理解している、といっている。だが、前衛芸術とは、いつもある日常の風景に安住する心を掻き乱し、その不安から生まれるかもしれない見慣れない風景をとらえようとすることではないか。

（2）篠原孝『［新版］農的小日本主義の勧め』柏書房、一九八七年。石橋湛山の思想を手がかりに、戦前の日本における軍事的なものや大きいもののかわりに、農的なるものや小さいものを対置させたこの論考は興味深いが、それだけに「農耕定着民族からサラリーマン・ジプシーへ」（一九三頁）という表現は安易すぎるだろう。

（3）いまはほとんどみられなくなった特急列車の食堂車に関する考察は、加藤秀俊が『食の社会学』文藝春秋、一九七八年で試みている。

（4）以下の記述は、二〇一〇年四月一〇日（土）一七時一〇分ごろの様子である。

（5）二〇一〇年七月四日午前九時三〇分ごろの様子である。

（6）"Rouse Left Mark on All Malls, Not Just His Own," *Shopping Centers Today*, May 2004.

（7）大輪烈「集客の柱にフードコート」『Venture Link: New Business Creator』一五巻一八号、二〇〇一年、一八頁。

（8）以下、ホーカーセンターに関しては、大塚一哉ほか「シンガポールにおけるホーカー（行商人）に対する政策の変遷に関する研究」『日本建築学会大会学術講演梗概集』二〇〇七年八月、大塚一哉・木下光・丸茂弘幸「シンガポールにおけるホーカーセンターの歴史的変遷に関する研究」『日本建築学会計画系論文集』七三巻六二七号、二〇〇八年を参考にした。

（9）島村美由紀「個食と衆食のコラボを実現する〝フードコート〟という旬な食業態」『月刊不動産フォーラム二一』不動産流通近代化センター編、二〇六巻、二〇〇七年、二九－三一頁。

（10）若林瑞穂「ＳＣのコンセプトを表現する場となった「フードコート」」『SC Japan today』日本ショッピングセンター協会、二〇〇四年、一四頁。

（11）早乙女和穂「ＳＣにおける「フードコートテナント」の必要性」『FRANJA』六号、二〇〇一年、五四頁。

（12）とくに野外で、テーブルと椅子を並べ、安価な食事を購入し、食べることのできる簡易食事スペースのこと。

（13）以下の議論は、篠原雅武『公共空間の政治理論』人文書院、二〇〇七年を参照にした。ここでは、均質化する空間

（本章の文脈に引きつけていえば、フードコートもその一例である）に抗う公共空間のあり方が、ハンナ・アーレントとアンリ・ルフェーブルの議論を参考にしながら議論されている。

(14) 喜安朗『パリの聖月曜日――一九世紀都市騒乱の舞台裏』岩波書店、二〇〇八年。下田淳『ドイツの民衆文化――祭り・巡礼・居酒屋』昭和堂、二〇〇九年。

(15) 稲葉真弓「フードコートで会いましょう」『群像』六一巻一〇号、二〇〇六年。同『砂の肖像』講談社、二〇〇七年に所収。

(16) もともと「レストラン」とは、滋養に満ちたコンソメスープのこと。「元気を復活させるrestaurer」と同源の言葉である。これを売り出した店がレストランのはじまり。これが普通名詞化し、現在の用法となる。レベッカ・J・スパング『レストランの誕生――パリと現代グルメ文化』小林正巳訳、青土社、二〇〇一年を参照。

(17)「東京でエビを食べることが、三〇〇〇キロ近く離れた海の色と海底の地形に直結している」。エビのトロール船の往来が激しく海底がツルツルになったアラフラ海で村井吉敬が抱いた感想に注目（村井吉敬『エビと日本人』岩波書店、一九八八年）。

(18) 岡本幸江（編）『アブラヤシ・プランテーション　開発の影――インドネシアとマレーシアで何が起こっているのか』日本インドネシアNGOネットワーク、二〇〇二年。「植物性」をうたう洗剤、チョコレート、アイスクリーム、コーヒー用クリーム、化粧品などなど、わたしたちの生活のまわりにはアブラヤシ原料の商品であふれている。その生産の現場で、どれほど危険な農薬が使われているかについて、このレポートは教えてくれる。

2. ペットボトルのお茶からみえる世界

池上甲一

一　清涼飲料として伸びるペットボトル茶

ある日のこと、新幹線のホームにあるキオスクで若い男性がサンドイッチを手に取るところに出くわした。飲み物はきっとコーヒーかジュースでも買うのだろうと思いつつ、見るとはなしに眺めていたら、なんとこの男性はペットボトル入りの緑茶（以下、ペットボトル茶とする）を購入したのである(1)。いまではそれは当たり前の光景かもしれないが、筆者には新鮮な驚きだった。サンドイッチとペットボトル茶という組み合わせは、どうみてもミスマッチに思えたからである。しかしその後、少し注意してみると、ペットボトル茶でパンを「流し込んで」いる人が少なくないことに気づいた。パンにはコーヒーか紅茶、あるいはジュースと組み合わせるものだというのは、もはや古い固定観念なのだろう。同時に新幹線ホームの光景は、パンのような「洋食」の世界でもペットボトル茶がコーヒーや果実飲料にとってかわるほどに受容されていることを暗示するのかもしれない。しかし、それは日本の茶にとってほんとうに望ましいことなのだろうか。ペットボトル茶の隆盛のかげで何が進展しているのかを、この章では考えてみたい。

意外なことに、ペットボトル茶は清涼飲料に区分される。清涼飲料の種類は実に多様である。大きくは炭酸飲料、果実飲料、コーヒー飲料、茶系飲料、ミネラルウォーター、スポーツドリンクなどに分類されている。茶系飲料はさらに、ウーロン茶飲料、紅茶飲料、緑茶飲料などに細分される。ペットボトル茶はこの茶系飲料に含まれる。

そこで、ペットボトル茶が清涼飲料水全体のなかでどのような位置にあるのかを確認するために、まずは清涼飲料水の小史を振り返ることにしよう(2)。

よく知られているように、もっとも早くに市販された清涼飲料水はラムネ(レモネード)で、一八六五(慶応元)年に長崎で「レモン水」として売り出された。一八八七(明治二〇)年には懐かしい玉入りの瓶ラムネが販売を開始した。二〇世紀に近づくと、一九〇〇(明治三三)年に「清涼飲料水営業取締規則」が公布されたことに示されるように、サイダーやジンジャエールなどさまざまの清涼飲料水が登場して、早くも清涼飲料水が生活に入ってきた。

第二次世界大戦後の一九五一年には朝日麦酒がバヤリースオレンジを発売しはじめた。果実飲料のはじまりである。このころには、粉末ジュースも商品化されていた。高度経済成長の段階に入った一九五

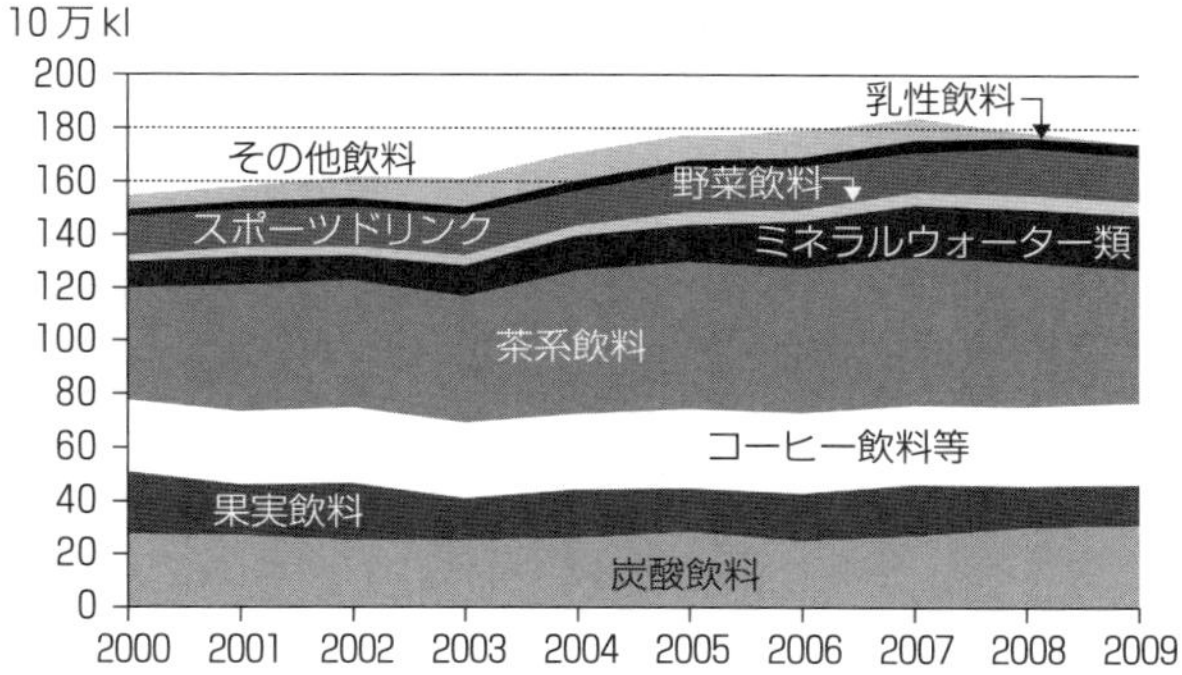

図１　清涼飲料の類別生産量

出所）　全国清涼飲料工業会『清涼飲料関係統計資料』2005年、2010年から作成。

〇年代後半以降、外国産飲料や飲料原料の段階的な輸入自由化とあわせ、さまざまな飲料や関連機器の開発が進んでくる。五五年には、明治製菓から日本で最初の缶入り飲料が売り出されたし、五七年には東京飲料がコカコーラの販売をはじめた。いまでは炭酸系清涼飲料の代表格としてすっかり定着しているコカコーラであるが、当初は原液の輸入反対運動が繰り広げられ、完全自由化（六一年）まで数年を要したことも特筆しておくべきかもしれない[3]。清涼飲料の商品ラインナップは、果肉飲料ネクター（六一年、明治製菓）、ドリンク剤・オロナミンC（六五年、大塚製薬）、スポーツドリンク・ポカリスエット（八〇年、大塚製薬）などを経て、八〇年代になってようやく茶系飲料が加わった。口火を切ったのは伊藤園のウーロン茶（八一年）であり、次いで八五年には同じく伊藤園から缶入り緑茶が発売された。この段階で、現在のような清涼飲料のラインナップはほぼ出そろったといってよい[4]。

　図1に、二〇〇〇年以降の清涼飲料の類別生産量の推移をまとめた。この図からわかるように、類別の伸長をともないなが

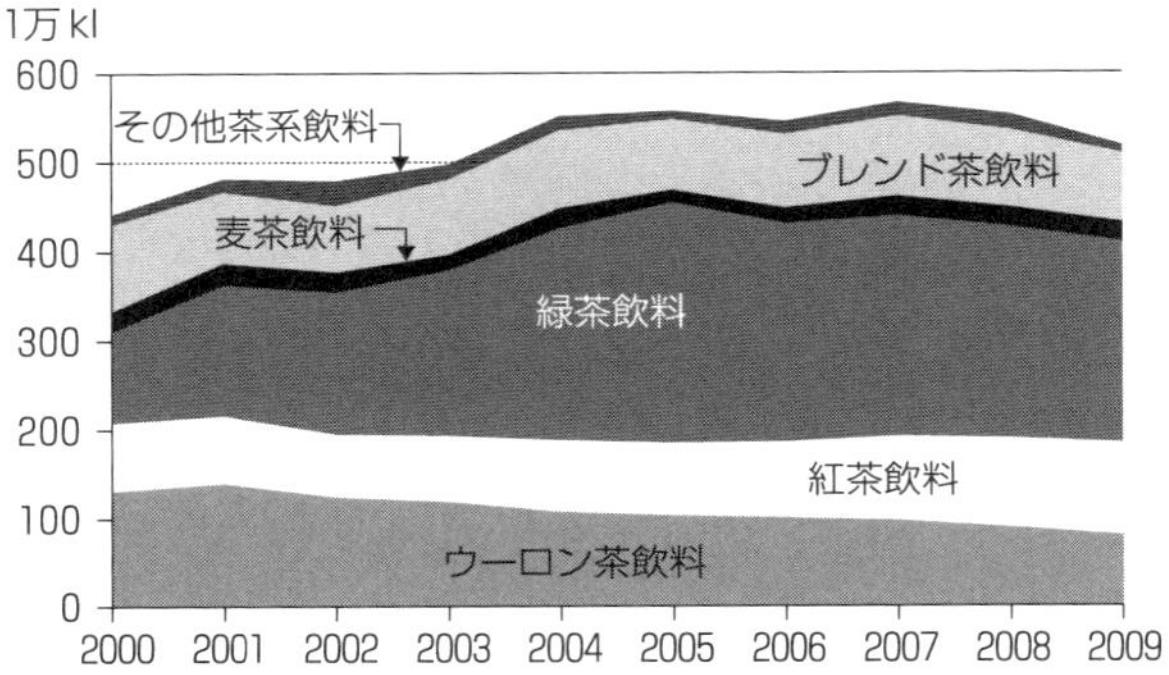

図2　茶系飲料の内訳別生産量の推移

出所）　全国清涼飲料工業会『清涼飲料関係統計資料』2005年、2010年から作成。

らも、清涼飲料水の合計生産量は二〇〇〇年代に入っても伸び続けた。生産量のピークは二〇〇七年で約一八五〇万キロリットルに達し、その後微減に転じて〇九年には一八〇〇万キロリットルを少し割り込んだ。とはいえ、〇九年でも一九九〇年の合計生産量一〇八〇万キロリットル強を大きく上回っていることには違いがない。

種類別には、日本の清涼飲料をリードしてきた炭酸飲料とコーヒー飲料はほぼ横ばいで、市場はすでに飽和しているとみることができる。果実飲料は、一九八〇年代に進んだ「甘さ離れ」の影響から抜け出ることができずに、低迷を続けている。一方で、「何か体に良さそうなものが入っている」[5]スポーツドリンク、あるいは健康に良さそうな茶系飲料、さらにはカロリーがゼロのミネラルウォーター類が消費者の性向にマッチして大きく伸びてきた。いまでは、清涼飲料に占める茶系飲料のシェアは三割前後に達しており、十数％の炭酸飲料やコーヒー飲料を大きくしのいでいて、茶系飲料が清涼飲料の増勢を支えてきたといっても過言ではない。

図2は、そのような増勢の著しい茶系飲料についてその内訳別の生産量を示している。茶系飲料は、ウーロン茶、紅茶、緑茶、ブレンド茶などに区分される。そのうち、ウーロン茶、緑茶、ブレンド茶は糖分無添加の無糖茶として一括されることもある。茶系飲料が清涼飲料のなかで大きな割合を占めるようになったのは、ウーロン茶飲料の大ヒット以降のことである。また九〇年代半ばになると、日本コカコーラによる爽健美茶の投入がきっかけで、八三年に販売がはじまっていたアサヒ飲料の十六茶などのブレンド茶に対する需要が急増する。さらに二〇〇〇年代に入ると、次の節で詳しく述べるように新しいタイプの緑茶飲料が開発されて、緑茶飲料が一挙に市場の主役に躍り出た。二〇〇四年以降は緑茶飲料の茶系飲料に占める割合は四割を大きく超えている。

このように、ペットボトル茶は短期間のうちに清涼飲料の主役としての地位を獲得し、大きな発展を経験してきた。だがはたしてそれは喜ぶべきことなのだろうか。以下では、ペット茶が伸びることで、何が起こっているのかという問題意識を念頭におきながら、ふつうは意識しにくいいくつかのつながりを解明してみたい。

二　商品開発・販売・消費からみるペットボトル茶の特性

ペットボトル茶の消費が急増した背景には、どのような事情があるのだろうか。そのことを考えるためには、ペットボトル茶にかかわる多様な主体のそれぞれに目を配る必要がある。ペットボトル茶には、原料の茶葉や荒茶の生産者よりも、飲料メーカーが積極的に関与してきたし、また市場の拡大には流通業者の販売形態と消費者の購買パターンが大きく影響してきたと考えられる。そこでここでは、ペットボトル茶の開発、販売形態、消費者の嗜好に絞ってペットボトル茶急増の理由を確認し、そこからペットボトル茶がどのような特質をもつのかを検討しよう。

ペットボトル茶の開発

ペットボトル茶が生まれる前、日本茶は家庭や飲食店で座って飲むものであり、外出して飲む場合には水筒や薬缶《やかん》が必要で、モバイル性が非常に低いうえに味も悪くなってしまった。一九七〇年代ころまでは、旅行の際に駅弁を買うと、素焼きの小さい急須《きゅうす》[6]に茶葉とお湯を注いでもらって飲むのが一般的だった。だから飲みきらないといけないし、置いておくとこぼれやすく、冷めてしまうという欠点があった。その後急須は塩ビ製になり、茶葉はパック入りの粉茶に変わったが、利便性の改善にはほど遠く、かえってパックの匂いが日本茶のおいしさを損なってしまうという問題を生んだ。

そういう状況のなかで、一九八一年に茶業が本職の伊藤園が缶入りウーロン茶を発売し、その製造ノウハウを生かして八五年に缶入りの緑茶飲料（缶煎茶）が誕生した。酸化を防ぐための「緑茶浸出液の長期品質保持技術を確立し」、「従来型の日本茶と同じ香味を引き出す」[7]ことができたからである。八二年には、ペットボトルが飲料用に利用できるようになり、飲み切りではなくても再度キャップをして保存できる可能性も増大した。実際、飲料メーカーや伊藤園は一九九〇年ごろからペットボトル茶を市場に投入しはじめた。また九六年には飲料業界がそれまで行っていた五〇〇ミリリットル用小型ペットボトルの自主規制を廃止したので、このこともペットボトル茶の市場を拡大するうえでの好機ととらえられた。[8]

しかしながら、初期のペットボトル茶は殺菌のために、ホットパック方式と呼ばれる高温の加熱殺菌方式で生産されていた。それは、緑茶を一四〇度の高温に三〇秒間さらし、ペットボトルに充填後、八五度で三〇分間殺菌するという方法である。高温に茶葉をさらすので、味は著しく損なわれてしまう。そのために香料の添加や着色を行ったり、殺菌効果の高い茶葉を選定したりしていたようだ。殺菌効果の高い茶葉はカテキンの含有量が多いので、渋みが強くなってしまうという弱点をもつ。[9]

そこで、サントリーは一九九七年に無菌充填方式による「のほほん茶」を開発し、翌年からも続けざまに「続のほほん茶」、「しみじみ緑茶」、「和茶」などを発売した。二〇〇〇年にはキリンが投入した「生茶」が大ヒットしたことで、ペットボトル茶の生産が一〇〇万キロリットルを超えて、市場が本格的に展開しはじめた。そこでサントリーはさらに、京都の老舗茶商である福寿園との提携によって、二〇〇四年から「伊右衛門」を市場に投入した。現在では、伊右衛門は年間五〇〇〇万ケースを販売するナショナル・ブランドとなっている。老舗の茶商と飲料メーカーが共同開発する方式は、宇治茶を代表する老舗の上林春松本店と日本コカコーラによる「綾鷹」でも採用されている。伊右衛門も綾鷹も、茶商のもっている茶葉の特質やブレンドに関する知識、あるいは茶葉の調達ルートが活用できることが強みとなっているのだろう。

しかし、伊右衛門や綾鷹のように、消費者受けをする商品コンセプト（品質、デザイン、名称など）を備えた大ヒット商品は非常にまれである。よくいわれるように、清涼飲料は「一〇〇〇に三つ」（新商品一〇〇〇のうち三品目しか売れないという意味）の世界である。いくら商品コンセプトが良くても、品質が良くても売れるとはかぎらない。開発現場の浮き沈みは非常に激しいものがあるようだ。『なぜ、伊右衛門は売れたのか。』によると、大ヒットを飛ばした開発チームでさえ、二〇〇一年に発売された「熟茶」（プーアール茶ベース）では大失敗を経験し、サントリーの社内で酷評されたようである。それだけに、新商品がどれだけ消費者の目に触れるのかが勝負の分かれ目になる。そこで、ＰＲ費や試供品提供、コンビニでの棚どりなどに多額の販売促進費が投入されることになる。それはもちろん、製品の価格に反映されている。

ペットボトル茶の販売

消費者はペットボトル茶をどこで買っているのだろうか。ここでは、サンプル調査という限界はあるが、いちおう全国全世帯の継時的な変化のわかる「全国消費実態調査」にもとづいて作成した表1をみよう。この表には参考のために、緑茶（リーフ茶）も掲載している。この表からは、茶類の支出はこの一〇年間にやや増えたが、リーフ茶は大きく減少し、かわって茶飲料（ペットボトル茶が中心）が増大したこと、ただし、ペットボトル茶も二〇〇四年と〇九年とではほとんど変わっていないこと、リーフ茶はスーパーか小売店（茶専門店）で購買しているが、茶飲料はスーパーかコンビニが中心であること、

表１　緑茶と茶飲料の購入先別購入金額（円）

	1999年			2004年			2009年		
	茶類	緑茶	茶飲料	茶類	緑茶	茶飲料	茶類	緑茶	茶飲料
平均	818	480	176	910	398	375	859	344	372
一般小売店	218	173	17	200	140	33	156	107	27
スーパー	307	138	99	321	114	154	332	108	164
CVストア	31	5	24	109	5	102	97	4	91
百貨店	64	45	4	63	43	5	51	29	3
生協・購買	58	32	10	48	20	16	49	19	18
ディスカウントストア	20	5	8	45	12	24	48	11	28
通信販売	58	44	1	56	43	2	60	44	3
その他	62	37	13	67	22	39	62	20	36

出所）　総務省「全国消費実態調査」。

コンビニでの茶飲料購入は一九九九年から二〇〇四年に四倍以上へ急増したが、〇九年には微減に転じたことなどが読み取れる。

このような変化には、ペットボトル茶の販売形態が大きく影響していると考えられる。ペットボトル茶は世帯消費（個人を含む）が中心で、業務用需要はあまり期待できない。だから、生活スタイルの変化に対応できるような販売形態でないと需要の伸びが期待できない。この点では、営業時間の制約されている酒屋やスーパーの販売よりも二四時間対応のコンビニのほうが有利である。また容器容量の多彩化も、消費スタイルの変化と対応している。重量のある大型容器（一・五リットル、二リットル）は、家族全員の消費用として、他の食品などともまとめ買いのできるスーパーで購入し、小型容器については携帯用として個々人がいつでもどこでも買えるコンビニを選ぶということなのだろう。

この点で、忘れてはいけないのが自動販売機の重要性である。日本は、外国と比べると異常なほどに自動販売機が普及している。どんな農村部や山間部でも、道路わきには自動販売機が設置され、自動販売機のないところを探すほうが難しいくらいだ。しかし、その歴史は割合新しい。日本では、一九五六年に国産初のカップ式噴水型の自動販売機が開発され、翌年から実用に供された。現在のような自動販売機は、一九六二年にコカコーラ・ボトラーによって導入された。当時の容器は瓶入りが一般的で、缶入り飲料が導入されるのは六五年になってからのことである。茶系飲料の先駆けをなした伊藤園の缶入りウーロン茶や缶入り緑茶も自動販売機による販売を念頭においていたと推察される。さらに、一九八二年にペットボトルが飲料容器として認可されたことも自動販売機への依存を高めるように作用した。

そこで、容器別にペットボトル茶の生産量がどう変わったのかを、表2で確認しておこう。二〇〇〇年段階ではまだ缶入りとペットボトル（通常）とはそれほど大きな差があるわけではなく、ペットボトル茶の生産量は全体の五割強程度にとどまっていた。しかし、二〇〇一年には早くもペットボトルが缶の三倍に達し、〇五年には二〇〇万キロリットルを大きく超えた。〇九年には二〇〇万キロリットルを割り込んだが、〇三年から投入されたホット対応のペットボトル茶をあわせるとやはり二〇〇万キロリットル水準を維持している。最近ではアルミ製のボトル缶が登場したり、リターナブル瓶が復活したりするなどの動きがあるけれども、ペットボトルは緑茶系飲料の九割強を占めており、緑茶系飲料といえばペットボトルという関係は変わっていない。

表 2　容器種類別の緑茶系飲料の生産量（kl）

	2000	2001	2002	2003	2004	2005	2006	2007	2008	2009
アルミ SOT 缶	7540	59682	133266	115787	53369	24456	33224	43063	27478	21047
アルミボトル缶	—	—	—	39189	55565	95600	95043	74684	68056	62327
スティール SOT 缶	358430	325409	216361	135381	148901	117631	67999	49786	49901	38014
スティールボトル缶	—	—	—	—	1421	191	0	1239	0	91
ワンウェイびん	—	—	—	—	0	0	32	0	9	381
リターナブルびん	—	—	—	—	33	32	0	26	29	28
PET〈通常〉	585580	969122	1141379	1314626	1896255	2187377	2031901	2071509	2013405	1907804
PET〈ホット〉	—	—	—	101536	114726	141251	122975	132613	129770	124415
紙	58100	66787	76824	74816	93267	78179	83611	87630	67519	81174
その他容器	350	—	—	6	3	0	0	0	0	0
容器計	1010000	1421000	1567830	1782230	2363540	2644717	2434785	2460550	2356167	2235281
シロップ	—	—	170	770	1460	3283	5215	6450	6433	5919
緑茶飲料合計	1010000	1421000	1568000	1783000	2365000	2648000	2440000	2467000	2362600	2241200

出所）　全国清涼飲料工業会『清涼飲料関係統計資料』2005 年、2010 年から作成。

ペットボトル茶の特性

ごく最近まで、日本では食事のたびにお茶を飲み、それだけではなくて合間合間の休憩にもお茶を飲むことが当たり前だった。それほどに、日本茶は暮らしのなかに根づいていた。そのときの茶とは煎茶だったといってよいが、いまではペットボトル茶がその地位に座っている。現代消費者の嗜好をうまくとらえたことは確かだろう。一般に、ペットボトル茶に抱く商品イメージの特徴は手軽に飲める簡便性、たくさん飲んでも安くすむ価格設定、すっきりしているだけでなく健康だと感じる機能性に集約されるといえるだろう。

第一の簡便性はペットボトル茶の最大の特徴だろう。リーフ茶であればお湯を沸かし、急須を出して茶葉を入れ、湧いたお湯を少し冷ましてから急須に注ぎ、それから湯呑に移して、やっと飲むことができる。飲み終わったあとも、急須から茶葉を出し、湯呑と一緒に洗わないといけない。準備から片付けまで入れるとかなりの手間がかかる。それに比べるとはるかに簡単で、飲みたいと思ったときにキャップを開け、飲み終わればまたキャップをすればよい。この手軽さは、何といってもペットボトル茶の強みである。

次に、第二の特徴である安さについて検討しよう。コンビニ企業のプライベート・ブランドには、国産の茶葉を利用していながら、九八円という信じられぬほどの安い価格のついているものがある。その安さは、なぜ実現されているのだろうか。コストダウンのためには、原材料の単価を安く抑えるか、生産量を増やしてスケールメリットを出す必要がある。初期のころには原材料コストを下げるために、中国産の輸入茶葉を利用していたが、中国産農産物の残留農薬問題をきっかけに国産茶葉への回帰が起こっている(10)。

それにもかかわらず、ペットボトル茶が安く供給できている秘密は、工業製品でしばしばみられるOEM生産（相手先ブランドによる生産）にある。実際に自社工場でペットボトルの「緑茶をつくっている会社は四、五社しかないといわれて」おり、OEMで大量生産してコストを大幅に下げた緑茶を「各飲料メーカーにタンクローリーで運搬し、ブレンドして味を独自のものにしたうえで、別の社の製品として販売している」のが実状である(11)。

最後に、ペットボトル茶は機能性を付け加えやすいという特徴がある。二〇〇三年には特定保健用食品としての緑茶飲料がヒット商品となった。このジャンルでは、カテキン緑茶やヘルシア緑茶などが知られているが、いずれもコレステロール値の低下や体脂肪の抑制などの効果を期待できるということで特保食品の認可を受けている。なかには、血圧の抑制をうたうものもある。こうした緑茶飲料は、低価格のペットボトル茶とは違って、付加価値の高い飲料として高価格帯の商品群を形成している。

しかし、ペットボトル茶の武器はやはり手軽さと安さにあるといってよいだろう。だから同じく茶葉をベースにしていても、リーフ茶とペットボトル茶とは根本的に性格が異なるとみるほうがいいだろう。そこで、次の節ではリーフ茶の動向を確認することにしよう。

三　リーフ茶の種類と加工・流通

茶の種類と生産・流通過程

ここまで日本茶を区別せずに一括して説明してきた。たしかに、日本茶はチャの木の葉を発酵させずにつくる（不発酵茶）という点では、同じくチャの木の葉を使う半発酵茶のウーロン茶や発酵茶の紅茶と一線を画している[12]。しかし、日本茶はその製造方法によって性質が異なり、いろいろな種類に分けられている。まず、生葉を蒸してつくる日本式と釜で炒る中国式に大別されるが[13]、日本茶の大半は蒸し製である。日本茶のなかで釜炒製は匂玉のような形をした釜炒り玉緑茶だけであるが、それ以外にも日本の各地にはいわゆる山茶や茶に類似の木の葉を炒って日常的に利用する「自家用茶」がたくさん存在していた[14]。

蒸すという製法は世界的に例がなく、「日本でのみ行われている方法[15]」である。蒸し製の日本茶には、煎茶、玉露、かぶせ茶、番茶、蒸し製玉緑茶、碾茶《てんちゃ》というように日本人が慣れ親しんできた六種類がある。そのほかに、番茶や煎茶を再加工したほうじ茶や玄米茶もある。このうち、玉露、かぶせ茶、碾茶は、うまみを増すためにヨシズや寒冷紗という被覆資材で茶園全体を覆い、直射日光を避ける栽培方法によって生産された高級茶である。京都の宇治茶の産地に行くと、ヨシズや黒い被覆資材で覆われた茶園が広がっている。碾茶は蒸した葉を揉まずにそのまま乾燥したもので、石臼で挽いて粉末状の抹茶に加工する。

碾茶以外の蒸し茶はすべて葉を揉むという作業が追加される。蒸しから揉み、乾燥までの工程は何段階にも及ぶ、きわめて労働集約的な作業である。大正期になって機械揉みが普及しはじめ、現在ではコンピュータ管理された製茶機械に移行しているが、それでも手揉みによる微妙な風味と職人的な勘所にこだわる茶商も存在している。

煎茶はもっとも一般的な日本茶で、日常的に飲まれているものである。煎茶は蒸し時間が標準的な普通煎茶と、それよりも二〜三倍ほど長い時間をかける深蒸し煎茶に分けられる。深蒸し煎茶の開発は比較的新しく、一九七七年に静岡県の牧《まき》の原《はら》台地周辺ではじまったといわれている。(16) 深蒸しをすると、渋みの強い茶葉でもそのえぐみを抑え、甘味を増すことができる。しかし、香りが弱くなると同時に、「新鮮な爽快感は少なくな(17)」ってしまう。そのうえ、長時間蒸すと、茶葉がもろくなって細かくなってしまい、粉っぽくなるという特性がある。それでも、機械化が可能で生産性の高い平場の茶園がそのような渋みの強い茶葉をたくさん生産するので、これに適合する深蒸しが主流の地位に昇ってきたのである。茶本来の香りと甘みに欠ける茶葉を生産しても、火入れによって香りをコントロールし、深蒸しによって甘みを増せば立派な煎茶として通用するのだ。

商品としての茶の生産は、以上のように種類が多様であるうえに、それぞれが非常に複雑であるし、また専門的な技術が必要とされる。さらに、商品としての茶は茶葉の産地や品種を組み合わせて、独特の味や色合いを引き出していることが多い。つまり、ブレンドのノウハウが茶の格付けや品質に大きく

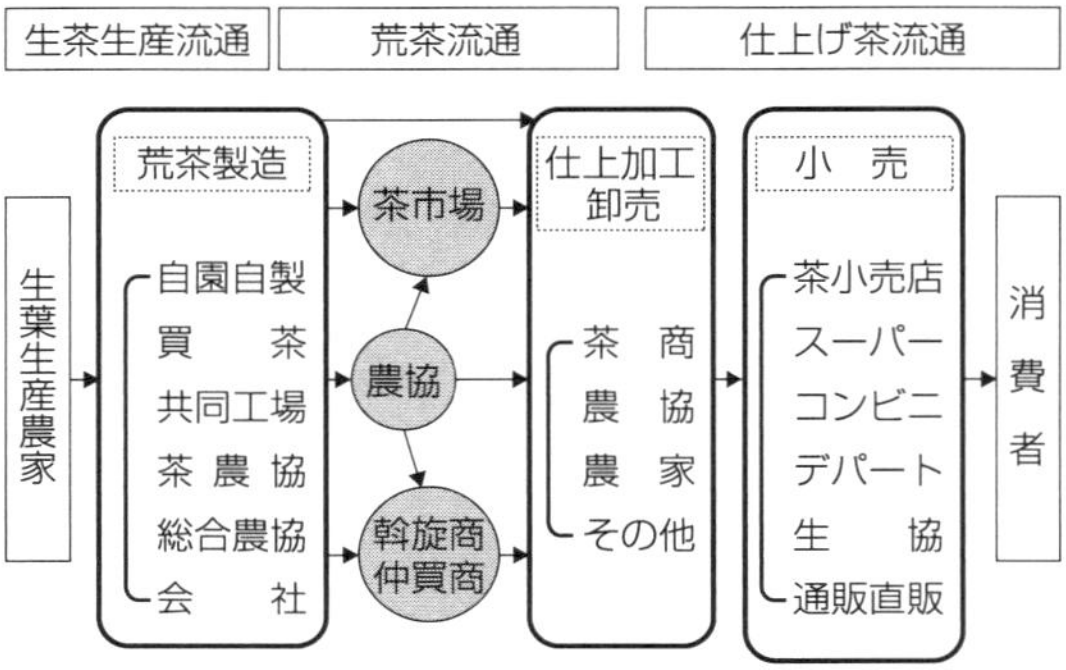

図 3　日本茶の流通構造

出所）NPO 法人日本茶インストラクター協会企画・編集、日本茶検定委員会監修『日本茶のすべてがわかる本』（日本茶検定公式テキスト）農文協、2008 年、109 頁をもとに、一部改編。

かかわってくるのである。製茶機械も高度化しているし、茶の品質を評価・検査する機械システムも複雑になっている。

そうすると、茶葉を生産する農家や小規模な農協がこうした最終商品としての茶の製造にかかわることはなかなか難しい。このために、図3のように、茶の加工段階に応じた多段階の流通システムがつくられている。一番加工度の低い段階では、山間の小規模な農家を中心に、摘んだあとの生葉のまま販売する形態が多い。蒸しや揉み、乾燥をするための設備投資に耐えられるだけの生産量がないからである。

しかし、茶葉は摘んだあとできるだけ早く加工しないと、鮮度が落ちて価格が大幅に低下してしまう。だから、産地に一次加工工場をおく必要がある。いわゆる荒茶工場である。かつては、茶農家が共同で経営したり、農協が設置したりすることが多かったが、荒茶工場の大型化や経営難によって大きく減少してしまった。かわりに、会社経営の荒茶工場が主体になっている。その結果、「農業としての茶生産は荒茶加工の段階までであ」[18]ったものが、生茶の生産だけに縮小してしまった。そのことは、荒茶加工の付加価値が農業内にとどまらず、外部に流出していることを意味している。

とはいえ、荒茶のままでは最終商品として販売できるわけではない。荒茶を最終商品としての茶に仕上げる段階が必要である。この作業は、資本力とノウハウのある茶業者（茶商）か茶生産地帯の農協が担っている。仕上加工は、大量の荒茶を各産地から加工地に集めて、火入れ（香りづけ）やブレンド（合組《ごうぐみ》）などの過程を経て終了する。荒茶は茶市場や斡旋商などを経由して買いつけられる。茶商は同時に卸を兼ねることが多い。仕上加工された日本茶は専門店（お茶屋）やスーパーなどを経て消費者に届けられ、茶の長い旅路が終わるのである。

四　緑茶の生産・消費構造の変化がもたらすもの

これまで述べてきたようなペットボトル茶の急増に代表される消費構造の変化や、リーフ茶の生産における深蒸し煎茶の主流化、茶商と飲料メーカーとの提携など緑茶の生産構造の変化は、日本の喫茶にどのような事態を生み出しているのだろうか。ここではまず、茶葉を生産する農業への影響、次に喫茶を支える焼き物産地（とくに急須産地）への影響を取り上げてみたい。

茶生産農業への影響

緑茶の需要量（供給ベース）は一九七五年に一一万トンに達し、その後漸減傾向をたどったが、九二年から増加傾向に転じて二〇〇四年に過去最高の一一万六〇〇〇トンを記録した。その後は一〇万トン台に低下し、〇九年には急減して、九万トンを下回った。この数字は供給量ベースなので、総務省の家計調査で消費動向を確認すると、二〇〇〇年に一二一三グラムの緑茶を消費し、六八二〇円を支出していたが、二〇〇九年には九三七グラム、四七八〇円へと大きく減少した。消費量よりも、支出金額の落ち込みのほうが激しく、より安い緑茶への志向が強いことをうかがわせる。ちなみに、茶飲料への支出は同じ期間に三六六二円から五七〇〇円へと大きく伸びている。[19] 家計レベルでは、緑茶（リーフ茶）からペットボトル茶を代表とする茶飲料へのシフトが進んでいるといえよう。

このような消費傾向のもとで、緑茶をめぐるフードシステムの上流に位置する茶葉の生産はどのように変わってきたのだろうか。

まず、茶園面積は一九八〇年代に六万ヘクタールという高い水準を維持していたが、[20] 八〇年代末から漸減傾向に転じて、二〇〇二年にはついに五万ヘクタールを下回ってしまい、その後も減少傾向に歯止めがかかっていない。[21] これに対し、生葉の生産量は一九八三年の四五万五〇〇〇トン、二〇〇四年の四六万五〇〇〇トンを山にして、ほぼ四〇万トン前後を保っている（二〇〇九年は三九万八〇〇〇トン）。[22] 茶園面積の減少ほどには生産量は落ち込んでいない。生産性の低い山間部や傾斜地の茶園が放棄され、生産量も多く機械化も可能な平地に茶の生産が集中しているからである。このことは、中山間地域におけ

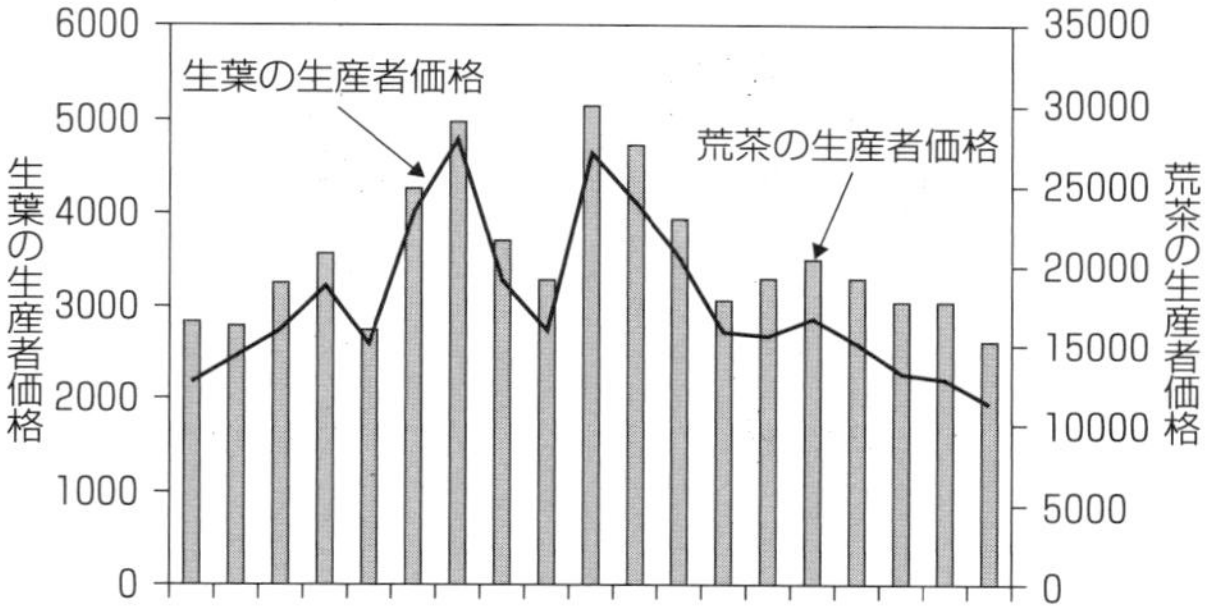

図４　緑茶の生産者価格の推移（円/10 kg）

出所）　日本茶業中央会『平成 22 年版　茶関係資料』2010 年より作成。

る荒廃茶園の増加を意味するだけでなく、前述のように、平地の茶園では気象や土壌の条件によって渋味の強い茶葉を生産しているから、中山間地域の茶園が減ると渋味の強い茶葉への集中が進むことも意味している。また茶の産出額は一九九九年に過去最高の一七〇五億円を記録したが、その後は大きく減少して二〇〇七年には一三一一億円となってしまった。図４のように、生葉も荒茶も価格が全般的に低迷しているからである。

しかし茶種別にみると、生産量も価格ももう少し複雑な動きを示している。最初に摘採される一番茶は一九八三年の二三万五〇〇〇トンがピークで、その後は一九万トンから二一万トンの間を推移（二〇〇九年は一八万五〇〇〇に低下）しており、あまり大きな落ち込みをみせていない。しかし、一九八三年に四万五〇〇〇トンあった三番茶は二〇〇九年に二万八〇〇〇トンへと四割程度の減少をみた。このことは、一番茶の摘採面積が同期間に約五万四〇〇〇ヘクタールから約四万二〇〇〇ヘクタールへと二割強程度の減少にとどまっているのに対して、三番茶は一万六〇〇〇ヘクタールから六五〇〇ヘクタールへと四割程度にまで急減したこと対応している。

そのことは単価の高い一番茶、二番茶に生産を集中させ、安い三番茶、四番茶は手を抜くという茶生産農家の経営対応の結果である。茶の価格は、茶種によって大きく異なっている。玉露に使われる一番茶であれば一キログラム当たり四八七七円（二〇〇九年）であるが、同じ栽培法のかぶせ茶であれば二〇八二円と半分以下だし、普通煎茶でも二二五〇円にすぎない。もっとも、玉露にしても一九八三年には七五〇〇円を超えていたから、玉露だからといって安泰だというわけではない。つまり、茶生産農家は単価の高い高級茶にシフトして、摘採するのは一番茶かせいぜい二番茶までで、三番茶や四番茶は放置しているのである。

ところが、ペットボトル茶のメーカー、とくに、ＯＥＭ生産の受け手はそういう安い国産茶葉を求めている。とにかくスケールメリットが発揮できるように、最終製品は、販売メーカーが多少の手を加えて「独自性」を演出してくれるから、高級茶葉は必要ではない。実際、当初は安い中国産の茶葉を利用していたが、残留農薬問題などによる消費者の中国離れのために、国産葉一〇〇％へと回帰せざるをえなくなっている。しかし一番茶では、採算があわない。むしろ三番茶や四番茶でかまわないから、規格の統一された低価格の茶葉を大量に欲しいのである。

他方で、茶葉の生産農家は中山間地域の傾斜地にある農園を利用していることが多く、高齢化の進展とともにきつい作業は一番茶や二番茶で終わりにしたいと考えている。ただでさえ、茶葉の生産販売農家数は年々減少を続け、一九八九年には一〇万戸を割り込んで、(23) 二〇〇〇年にはわずか五万三六八七戸にまで減少している。[24]

このように、茶葉生産農家の生産状況とペットボトル茶メーカーの需要とのあいだにはミスマッチが存在している。このミスマッチを解消すれば、ペットボトル茶の増加は茶葉生産農家にとってプラスになるのだろうか。そこで、問題になるのはペットボトル茶の増加が、どの程度の原料需要を茶生産農家に生み出しているのかということである。実際には、ペットボトル用の茶葉需要がどれくらいあるのか、正確な数字はなかなかわからない。一つの試算を示すと、緑茶系飲料二六五万キロリットルの生産量で、小売額が六〇〇〇億円に達した二〇〇五年に、そのための生産に要した原料は推定で二万六〇〇〇トンだった。[25] 約一％である。同年の生葉の生産量は四五万トンだったから、軽視できるほどの量ではないが、茶生産農家の生活を支えるにはほど遠いというのが現状のように思われる。

リーフ茶の喫茶を支える茶器——急須産地のいま

日本語には「日常茶飯事」という表現がある。毎日毎回ご飯を食べたり茶を飲んだりするように、ごく当たり前のことだという意味である。この場合の茶はけっしてペットボトル茶ではない。急須で淹れた茶のことである。そう考えると、ずっと昔から日本人は茶を日常的に飲んでいたかのように思いがちである。しかし、もともと茶は高価な薬として利用されていたものであり、茶が一定普及した江戸期にあっても、一般の人びとが気安く飲めるようなものではなかった。茶道や茶室はあっても、それは日常生活とはほど遠いもので、通常は山茶を自家用茶として飲むのが精いっぱいだった。近代になっても、煎茶を飲むことはまだまだまれなことだった。一九六〇年代半ばくらいまでは、茶の行商人が農村を回り、米と物々交換する光景が各地でみられたが、それほど茶は貴重だったのである。

それが大きく変わるのは、高度経済成長によってである。その過程で、「日本家屋の台所とちゃぶ台と布団の生活に、公団住宅とステンレス流し台、ベッドが登場し、にわか仕込みの洋風生活が[26]」はじまった。奇妙なことに、洋風生活とマッチングすることで、はじめて急須で日本茶を淹れるというささやかな贅沢が可能となったのである。

こうして、くつろぎ、やすらぎ、リラックスといった、消費者のあいだで広く共有されている緑茶の価値が確立されてくる。いまでは、ペットボトル茶の人気銘柄である伊右衛門にしても、それを凌ぎかねないほどの人気を集めている綾鷹にしても、「急須で淹れたようなうまみ、あじわい」をセールス・ポイントにしているほどだ。本物の急須でお茶を淹れなくても、急須みたいな味わいを楽しめるのなら、わざわざ急須を用意する必要はない。だから「急須みたいな味わい」といいながら、その実、急須をますます不要のものにしていきかねない。急須を見たことも使ったこともないのに、急須で淹れたお茶の味わいだけはわかるという何とも皮肉な状況が生まれかねない。

実際、急須の生産者はたいへん厳しい状況にあるといわれている。急須の生産状況を示す全国的な統計はないが、どこの焼き物産地に行っても同じような声を聞く。いうまでもなく、喫茶は茶器なしに成り立たない。その茶器の産地が窮状に陥っているのに、茶のことについて考える文献の多くは、茶道関連のものを除くと茶器を考慮の外においてきた。むしろ、茶器は工芸品や芸術文化としてみなされてい

写真1　急須を作成中の小西洋平氏
(2011年1月12日、筆者撮影)

るのかもしれない。しかし、それは日用の品々に美を認めた民芸運動とも異なる見方で、喫茶という日々の暮らしから急須を切り離してしまう危険性もある。

茶器としての焼き物産地は信楽《しがらき》や瀬戸、備前など日本の各地にあるが、急須の産地としては常滑《とこなめ》市が有名である。常滑は平安時代につくられた日本六古窯の一つで、そのなかでも一番古い歴史をもっている。しかしその常滑でも、陶磁器組合に加入する茶器製造者は二〇一〇年に四六名を数えるだけとなり、食卓用・厨房用陶磁器の出荷額（従業者四人以上の事業所）は二〇〇〇年の一二億四八一四万円から二〇〇七年の七億三六三〇万円へと大幅に減少している[27]。

それでも、常滑急須にこだわりをもち続けている生産者も消費者も少なくない。そうした生産者のひとりに、作陶家・急須作家の小西洋平氏がいる（写真1）。小西氏は常滑市の無形文化財の指定保持者であり、作陶だけでなく、陶器に対する思いと文化を次世代につなぐことにも熱心にかかわっている。氏の作品を掲載している『急須こそわがふるさと』によれば、常滑急須のポイントは材料の土にある。常滑急須は釉薬をかけずに、土と火の加減でできあがる素焼きの肌に味わいがある。だから土を見極めることが重要で、小西氏は三〇年あまりの「土と生活を続けながら、ようやく土の言葉がわかるようにな」り、「足元にある土と対話」が可能になったという[28]。

常滑の粘土は酸化鉄が多いために、茶のタンニンと結合してまろやかさが増すといわれている。その意味で、常滑の粘土は急須と合っていたのである。常滑急須としては、本朱泥と呼ばれる希少な粘土を使う朱泥急須がよく知られているが、それ以外にも種類の違う粘土をブレンドする練込急須も色合いや模様が独特の風味を出すとして人気を集めている。そのほかにも、海藻を使う藻焼きや、木くずなどでいぶす「イブシ」などの工夫がされている。

そうした工夫の一つとして、深蒸し煎茶の主流化にともなう対応がある。深蒸し煎茶は前に述べたように、長く加熱するので茶葉が細かく砕けやすくなり、陶製茶漉《ちゃこ》しの急須だとすぐに詰まってしまう。ペットボトル茶に使うのならば問題ないが、急須で淹れるとなると使いにくいという難点がある。もちろん、深蒸し煎茶のような細かい茶葉でも金網の茶漉しを使うと詰まることなく、また茶殻の掃除も簡単にできる。しかし、金網は微妙な煎茶の味わいを損ないかねない。そこで開発されたのが、「細目《ささめ》」と呼ばれる目の細かい陶製茶漉しのついた急須である。細目の急須は、深蒸し煎茶という茶の製法の変化が急須文化に与えた典型的な影響の好例である。しかしそれは、ただでさえ手間暇のかかる急須づくりにいっそうの労働負担を要求するものでもある。

五　日本のお茶は再生できるか

コンビニに行っても自動販売機をみても、ペットボトル茶がかなりの割合を占めており、しかもその内容は非常に多彩である。ここだけみると、日本の「お茶は、いま流行傾向にある」といえそうであるが、しかしその背後にはさまざまな問題が存在している。熊倉功夫のいうように「今、日本のお茶は岐路に立って」おり、「ファーストとスローの二極分化が進行して、家庭料理にあたる家庭のお茶が空洞化している(29)」。最近では台所のない家庭が生まれていて、レンジと冷蔵庫だけあれば事足りるともいわれている。このような事態がどこまで進展しているのかははっきりしないが、ペットボトル茶の普及にともなって急須のない家庭はかなり増えているのではないだろうか。

それでも、茶についてのイメージを聞くと、多くの人たちは、茶は「日本の心であって、茶を飲むと落ち着く」、「ゆったりとした感じをもつことができる」といったように答えるだろう。そしてそれにはペットボトル茶ではなく、急須で淹れたリーフ茶がふさわしいと感じるだろう。こうした理解はまだまだ広がりをもっているのに、現実にはリーフ茶の消費は減退の一途をたどっている。イメージよりは、たいへん忙しくなっている日々の暮らしを優先せざるをえないからだろう。このことは、手っ取り早く「健康」や機能性を満たすことができそうなペットボトル茶と親和性が高い。とすれば、空洞化している日本のお茶を再生しようとすれば、「ほっこり感」や「ゆとり」のある暮らしを取り戻せるかどうかが分かれ目になりそうである。

しかし、茶葉の生産農家や急須の産地にとってはそんな悠長なことはいっていられない。いろいろと新しい取り組みをしないと、自分たちの生計が成り立っていかない。山間地の急峻な茶園をもつ農家のなかには、大量生産型の茶葉生産に見切りをつけ、人工的な資材投入を止めて、香りの高い有機農業の茶葉生産に生き残りをかけている人たちがいる。その心意気を受けて、深蒸しや機械製茶ではなく、歴史のなかで形成されてきた蒸しと手揉みにこだわる茶商も頑張っている[30]。そうしたリーフ茶には、常滑焼のようなちゃんとした急須と湯ざましがふさわしい。少数派ではあるが、そうした原点への回帰が一つの動きとして力強く生まれている。

他方では、茶葉の新しい用途の開発にかける例もある。健康食品や特定保健用品の開発はいろいろな例があるが、最近人気を集めているのが日本茶を使った紅茶生産である。紅茶は明治以降盛んに輸出され、日本の近代化を支えただけでなく、第二次世界大戦後も経済復興を支えるための外貨獲得の手段として重要な役割を果たした。しかし、一九五五年に年間八〇〇〇トンを記録した国内紅茶生産は、一九七一年の輸入自由化でほぼ壊滅してしまった。最近は「べにふうき」のような紅茶に向く品種も開発され、国産紅茶としてじわじわと人気を集め、二〇〇九年には二一都府県で八一トンが生産されている[31]。

ブランドを確立し、他産地と比べるとかなり高い価格を実現している宇治茶の産地でも、宇治茶ブランドによる紅茶開発に取り組みはじめた[32]。京都府の南山城村は宇治茶の主産地であるが、煎茶の平均単価がここ五年間で一割以上も低下する事態のなかで、「和紅茶」を開発し、茶葉の消費拡大を目指しているという。南山城村は、宇都宮市の茶販売卸の「Y'S tea」に委託して地元産一〇〇％の南山城紅茶や、外国産とブレンドし、バラを加えた「恋志谷紅茶」などの試作に成功したと伝えられている。

その成果は別として、この取り組みが示唆するところは、日本茶のよさや茶文化の伝統を尊重しつつも、偏狭な日本主義に陥るのではなく、日本茶を紅茶として加工することで異なった世界とつながる可能性が開けるかもしれないということである。世界には、同じ茶葉を使うさまざまな茶文化が存在している。世界市場を獲得している紅茶やウーロン茶だけでなく、ミャンマーの少数民族やラオスの山岳民族の自家用茶のようにその地域の民俗文化や生活と結びついた喫茶文化は多様な広がりをもっている。山間地で育った有機栽培の茶葉に、湯ざましで適温にしたお湯を常滑産の朱泥急須に注ぎ、温かい陶器の湯呑茶碗の口触りを楽しみながら、世界の喫茶文化に思いを馳せる。そうした時間を取り戻すために、何をしなければいけないのか。じっくりと考えたいものである。

(1) 日本の茶には、後述するようにもともと「緑茶」という分類はない。しかし、日本茶全体が「緑茶」(グリーンティー)と呼びならわされることが多いので、ここでもさしあたりは緑茶と表現しておくことにする。また緑茶飲料には缶入りや紙パック入りもあるが、ペットボトル入りが圧倒的に多いので、ペットボトル茶と表記することにしたい。

(2) 以下の年次別出来事は、全国清涼飲料工業会『清涼飲料の50年』二〇〇五年、を参照した。

(3) 一九五五年九月には参議院でコーラ問題の質疑が行われている。コーラ原液に輸入用の外貨が本格的に割り当てられたのは五六年一一月のことである。

(4) もちろん、その後もいわゆるニア・ウォーターや酢飲料などの新商品も開発されているが、一時的なブームにとどまることが多く、必ずしも定着しているとはいいがたい。

(5) 長沢伸也・川栄聡史『キリン「生茶」・明治製菓「フラン」の商品戦略――大ヒット商品誕生までのこだわり』日本出版サービス、二〇〇三年、七頁。

(6) 急須を茶注と書くこともあるが、ここでは慣例にならっておく。

(7) 森泰男「ペット緑茶ものがたり」『季刊ヴェスタ』五一号、味の素食の文化センター、二〇〇三年。

(8) 荒井昌彦「茶系飲料と飲料以外の利用」、農山漁村文化協会編『茶大百科I 歴史・文化/品質・機能性/品種/

製茶』農山漁村文化協会、二〇〇八年、三一七頁。

(9) 峰如之介『なぜ、伊右衛門は売れたのか。』〈日経ビジネス人文庫〉、日本経済新聞出版社、二〇〇九年、五三頁。

(10) 荒井、前掲論文、三一九頁。

(11) 金子哲雄『「激安」のからくり』〈中公新書ラクレ〉、中央公論新社、二〇一〇年、七〇頁。

(12) 発酵という言葉を使っているが、茶の場合には微生物ではなく、酸化酵素(ポリフェノールオキシダーゼ)の作用を利用している。

(13) 酵素のはたらきを止める(殺青または失活)ために、加熱する。発酵の早い段階で加熱すると、生葉の緑が残るので、日本茶独特の色調を得ることができる。

(14) 谷阪智佳子『自家用茶の民俗』大河書房、二〇〇四年。

(15) 木村泰子「茶の効能と特質」、京都ふるさとセンター編集/池上甲一編集責任『京の旬』昭和堂、二〇〇四年、一三五頁。

(16) NPO法人日本茶インストラクター協会企画・編集、日本茶検定委員会監修『日本茶のすべてがわかる本』(日本茶検定公式テキスト)農文協、二〇〇八年、一三頁、全国茶生産団体連合会・全国茶主産府県農協連連絡協議会のホームページ(最終アクセス日二〇一〇年一二月一八日、URL:http://www.zennoh.or.jp/bu/nousan/tea/dekiru01.htm)

(17) 前掲『日本茶のすべてがわかる本』(日本茶検定公式テキスト)、農文協、二〇〇八年、一四頁。

(18) 片岡義晴「緑茶飲料メーカーの展開と茶産地」、高柳長直・川久保篤志・中川秀一・宮地忠幸『グローバル化に対抗する農林水産業』農林統計出版、二〇一〇年、一二一頁。

(19) 総務省『家計調査年報』各年次。

(20) 一八九二(明治二五)年の茶園面積は、青森以外の全都道府県で栽培されていたこともあって、六万三六四八ヘクタールを記録した。この記録はその後も破られていないという(小泊重洋「日本のお茶・茶業の現状——今、なぜ岐路に立っているか」『季刊ヴェスタ』五一号、味の素食の文化センター、二〇〇三年、一三頁)。

(21) 農林水産省『耕地及び作付面積統計』『茶栽培面積累年統計』。

(22) 以下の数字はとくに注記しないかぎり、日本茶業中央会『平成22年版　茶関係資料』二〇一〇年にもとづいている。

(23) 前掲『平成22年版　茶関係資料』。

(24) 農林水産省『農林業センサス』。

(25) 前掲『日本茶のすべてがわかる本』一一六頁。

(26) 峰、前掲書、二五頁。

(27) とこなめ焼協同組合提供資料(元資料は「工業統計調査」)。

(28) 小西洋平『急須こそわがふるさと』非売品(発行年不詳)、六八頁。

(29) 熊倉功夫「特集によせて　岐路に立つ日本のお茶」『季刊ヴェスタ』五一号、味の素食の文化センター、二〇〇三年、一一頁。

(30) 全国各地にそうした気概をもつ手揉み茶保存会が結成されている。

(31) 「宇治ブランドの紅茶」『毎日新聞』二〇一一年一月一八日付夕刊。

(32) 同上。

第Ⅱ部　グローバル化のなかの食と農

日本にかぎらず、世界全体がいわゆるグローバル化のうねりのなかにいる。ロビンソン・クルーソーのように、絶海の孤島に漂着しないかぎり、グローバル化の外に出ることはできない。ところが、農業は自然や大地を相手にするから、地域に固着的で、地域固有の発展過程をたどってきた。食も大地の恵みを摂取しているかぎりでは地域性と歴史性をもっていたが、それが商品として取引されるようになると、その場所では収穫できないようなものまでが流通するようになる。日本のスーパーやフードコートには、いまや世界中の食が集まっている。

物の動きという面からみたグローバル化はもはや止めようもなく進展しており、わたしたちはそうした世界のただなかで生きている。だから、その事実をまずは受け止めておかなければいけない。それでは、食と農の世界はこのグローバル化によってどのようなつながり方を獲得し、逆に失っているのだろうか。日本国内とは違ったレベルや位相のつながりが存在しているに違いない。カーボン・ニュートラルなので環境にいいといわれるバイオ燃料も、穀物由来であれば食料価格の高騰や途上国で農地の争奪戦が生じることはよく知られている。こうした場面でも、多国籍の穀物メジャーや遺伝子組換え技術をもつ農薬メーカーなどが活発に動いている。それはどのような論理にもとづいているのか、その活動がわたしたちの食と農にどう影響しているのだろうか。デフレ基調にある日本では安い食品に人気が集まっているが、その代表だった中国産は残留農薬問題などで嫌われている。しかし、そもそも中国の農業はどうなっており、今後どうなっていくのだろうか。その将来はわたしたちの食と農にどう影響するのだろうか。

グローバル化のなかで、食と農のつながりを考えるといろいろな問いかけが生まれてくる。この部では、そうした多様で広がりをもつつながりを世界の視野から明らかにしてみたい。もちろん、ここで取り上げる例はごく一部にすぎない。読者はこの部の論考を参考にして、ぜひとも自分なりの問いかけと答えを探してほしい。

3. 世界食料市場のフード・ポリティクス

久野秀二

一　世界食料危機からみえてきたもの

世界食料危機、その後

二〇〇七年頃から続いていた穀物・油糧作物価格の世界的高騰が翌年春には記録的な水準に達し、暴動を含む混乱が世界各地で頻発した。国際機関による相次ぐ緊急支援や各種イニシアチブの発表、二〇〇八年六月にローマで開催された「ＦＡＯ食料サミット（世界の食料安全保障に関するハイレベル会合）」などの動きをみるかぎり、国際社会の対応は早かったようにも思われる。だが、その直後に襲った米国発の世界金融危機によって国際食料価格は下落に向かったものの、以前の水準に戻ったわけではなく、むしろ世界的な景気後退が貧困層の生計と食料アクセスの悪化をもたらした。各国とも国内経済対策を優先するあまり、緊急援助の履行すら危ぶまれた。二〇〇九年一一月、FAOはあらためて「世界食料安全保障サミット」を開催し、「世界食料安全保障サミット宣言」を満場一致で採択した。そこでは、二〇一五年までの飢餓半減を目指す「ミレニアム開発目標」の達成、そのために「開発途上国における農業、食料安全保障および農村開発への国内および国際的資金投入の減少傾向を逆転させ」、「貧困を削減し、すべての人に食料安全保障を達成するために、途上国における農業生産への新たな投資を促す」ことが公約された。二〇〇九年に一〇億二三〇〇万人に達した世界の飢餓（栄養不足）人口は、二〇一〇年には一五年ぶりに減少に転じて九億二五〇〇万人になる見通しとはいえ、国連ミレニアム開発目標の達成からはなお程遠い状況にある。FAOとOECDが毎年発表している中期見通しでも、一九九七〜二〇〇六年の平均と比較した二〇一〇〜一九年の農産物価格（実質ベース）は、小麦・粗粒穀物で一五〜四〇%、植物油で四〇%以上、乳製品で一六〜四五%高くなると予測されている。

このように明るい展望がみいだせないなかで追い打ちをかけるように発生したロシアの穀物輸出禁止措置（二〇一〇年八月）は、近年「ランドラッシュ」[1]とも呼ばれ国際的規制の必要が叫ばれている大規模な外国農地取得の動きとともに、自国の食料安全保障を確保・強化するために輸出国も輸入国もなりふりかまわぬ対応策に乗り出してきたことを印象づけた。他方で、食と農をめぐる国際政治の主要舞台であるWTO農業交渉（ドーハ・ラウンド）は、二〇〇八年七月の主要国閣僚会合で途上国の緊急輸入制限措置や米国の農業補助金削減をめぐって決裂して以来、遅々として進んでいない。

フード・ポリティクスの所在

一般に、国際政治といえば外交や安全保障上のルールをめぐる国家間の権力闘争を指し、国際経済もそうした国家間関係の政治力学に支配されるとする考え方がある。国際政治経済学ではこれをリアリズムと呼んでいる。これに対し、経済的取引の増大を通じて相互依存関係を深めてきた国際社会の整序システムに注目するのがリベラリズムである。そこでは国家・政府組織だけでなく、政府間組織や非政府組織（市民社会組織）、多国籍企業も国際関係の重要なアクターととらえられる。もちろん、これら主体間関係に内在する諸矛盾を析出し、規範的な課題を積極的に提示するのは批判的政治経済学の役割である。グローバル化が進み、国際的なルールや規範を形成する場が国家から相対的に離れつつある。かわって存在感を高めてきたのがＷＴＯやＩＭＦ（国際通貨基金）などの国際経済機関であり、いまや国家（ＧＤＰ）をも凌ぐ規模にまで成長した巨大多国籍企業である。経済主体である多国籍企業が政治主体として政策形成過程で直接・間接に影響力を行使すると同時に、新たな市場環境や政策展開にフレキシブルに対応しながら一貫して強大な存在感を示している様子は、国内的にも国際的にもさまざまな利害が対立ないし錯綜し、それらを調整しながらグローバルな市場制度と商品価値連鎖の構築が進められている農業・食料分野ではとくに顕著であるように思われる。

二〇〇二年のドイツ議会資料を参照したドリス・フックスによると、主要農作物の世界貿易に占める上位三～六社の多国籍企業のシェアは、小麦八〇～九〇％、トウモロコシ八五～九〇％、砂糖六〇％、コーヒー八五～九〇％、コメ七〇％、カカオ八五％、茶葉八〇％、バナナ七〇～七五％、綿花八五～九〇%などとなっている。[2] 別の資料によれば、世界全体の豚肉生産の半分以上、食鳥・鶏卵生産の三分の二が多国籍企業と契約する工業的大規模経営によって担われている。[3] 世界最大の食品企業であるネスレは一〇〇カ国以上に所在する工場や事業所、研究センターで二八万人近くを雇用し、約六〇〇〇ブランドの商品を生産、二〇〇九年の売上高は一〇七六億スイスフラン（約九・三兆円）にのぼる。同社はまた、世界中の約六〇万もの農業生産者と契約して原料を調達している。ネスレをはじめ上位一〇社が世界の加工食品市場に占める割合は二八%、小売段階でも上位一五社の巨大スーパーマーケットの市場占有率は三〇%に達する。[4] 国や地域別にみれば、その占有率はさらに高くなる。農業食料関連産業は農家経営だけでなく農村社会、地域経済、食文化、自然環境、健康・栄養、途上国の貧困と開発、食料安全保障などあらゆる問題領域にかかわり、それゆえに国内的にも国際的にも保護や規制のあり方がつねに政治問題化してきたのである。その意思決定が巨大多国籍企業の利害に左右されるとすれば、地球市民として、わたしたちはそれを黙ってみすごすわけにはいかない。

マリオン・ネスルは専門の栄養学をふまえ、『フード・ポリティクス』[5]というタイトルの著作のなかで米国の食品・栄養政策形成過程における食品企業の政治的・規範的な影響力を論じているが、立川雅司はこれを農業政策にも広げて「食料の生産から消費に至るさまざまな社会経済活動に関与しようとする政治的過程」という定義をフード・ポリティクスに与えている。[6] 本章はこれにならい、フード・ポリティクスを「食料の生産から消費にいたる価値連鎖と市場制度を調整（regulation for business）ないし規制（regulation of business）するための政策形成過程に関与する利害主体間の関係」としてとらえ、それをグローバルな視点から考えたいと思う。

二　多国籍アグリビジネスの農業・食料支配

多国籍アグリビジネスの顔ぶれ

農業・食料分野の多国籍企業を多国籍アグリビジネス（あるいはアグリフードビジネス）と一括りに表現することが多いが、農業食料関連産業は商品価値連鎖を通じて相互に連関しながらもそれぞれ別個の論理にもとづく産業部門によって構成される。ここでは農業生産資材部門、農産物取引部門、食品加工部門、食品小売・サービス部門の四段階に分けて、それぞれの主な顔ぶれを確認しておこう。

農業生産資材産業はさらに農薬、種子、肥料、農機などに分けられる。機械化・化学化・装置化・バイテク化などと表現されるように、農業技術のイノベーションと商品化を通じて農業生産力の増進に大きく貢献してきた産業部門である。研究開発力とマーケティング力がものをいう農薬産業では、シンジエンタ、バイエル、ＢＡＳＦ、モンサント、ダウアグロ、デュポンの上位六社が農業バイオテクノロジー分野の研究開発と商品化にも力を入れ、とくにモンサント、デュポン、シンジェンタの三社は種子市場でも寡占化を強めている。彼らがバイオメジャーと称されるゆえんである（詳しくは次章）。化学肥料産業の場合は資源の賦存状況に大きな偏りがあるため産出国企業ないし資源独占企業による市場影響力が強く、とくにヤラ・インターナショナル、カーギル合弁子会社モザイク、ポタッシュ・コープの三社のシェアが高い。農業機械産業では技術力に加えてブランド力が重視され、ブランド企業間の吸収合併を通じた業界再編が続いている。ディーアやCNHグローバル、AGCOなど上位企業の寡占化が強まっている。(7)

農産物取引部門では、カーギルやブンゲ（バンギ）、ADMに代表される穀物メジャー、タイソン・フーズやスミスフィールド、カーギル子会社エクセル、JBSに代表される食肉パッカー、ドール・フードやチキータ、デルモンテに代表される青果物メジャーが主導権を握っている。いずれも川上方向（農業生産の組織化）と川下方向（一次加工、多用途利用）への事業展開、いわゆる垂直的統合が大きな特徴となっている。とくに穀物メジャーは製粉、飼料、搾油といった伝統的な一次加工や飼料を使った畜産・食肉加工にとどまらず、異性化糖やレシチン、スターチ、健康機能性成分などの加工食品原料、ポリ乳酸やスターチなどの工業用原料、さらにエタノールやディーゼルなどのバイオ燃料への高付加価値化をはかっている。

食品加工部門では、各国・各地域で長年親しまれてきたナショナルブランドやリージョナルブランドの競争力が強く、多国籍企業のブランドがそのままグローバルに通用するわけではない。コカコーラのように、統一ブランドが世界のすみずみにまで浸透する例はかぎられており、多国籍食品企業の多くは既存のブランド企業を買収しながら事業を拡大し、また海外進出を果たしてきた。その典型が、ネスレやユニリーバ、クラフト・フーズ、コナグラ・フーズである。

食品小売部門では、ウォルマート、カルフール、テスコなどの巨大スーパーマーケット・チェーンの影響力、いわゆるバイイング・パワーが急速に強まっており、アグリビジネス内の力関係が川上主導から川下主導へとシフトしてきたことが近年の大きな特徴となっている。部門をまたいだ企業間の過当競争に加え、高品質化による商品差別化、とくに食品安全性や倫理的調達の確保など消費者ニーズに対応するために規格認証制度の導入を主導し、川下からサプライチェーン管理を強化してきたことの結果である。

国際政治過程での影響力

ＧＡＴＴウルグアイ・ラウンド以来、自由貿易交渉に取り入れられ大きな利害衝突の舞台となってきた問題領域として、農産物貿易交渉のほかにサービスの自由化、投資の自由化、知的所有権保護の強化がある。ウルグアイ・ラウンドが難航していた一九九〇～九四年、自由貿易交渉の再開と推進をはたらきかけるために、米国元通商代表を議長に主要多国籍企業を含む多数の米国企業群が多角的貿易交渉連合（ＭＴＮＣ）を組織した。一九九九年には、生産者団体や主要アグリビジネス企業、業界団体で構成する農業貿易連合（AgTrade Coalition）が設立され、ＷＴＯ農業交渉でいっそうの貿易自由化を主導するよう米国政府を促した。さらに二〇〇五年、米国の産業横断的な利害をドーハ・ラウンドに反映させるため、ドーハのための米国ビジネス連合（ABCDoha）が組織され、主なアグリビジネス・業界団体もこれに加わった。他方、ＥＵでは欧州産業経営者連盟（ＵＮＩＣＥ）や欧州産業家円卓会議（ＥＲＴ）などの恒常的な産業団体が政策形成過程で重要な役割を果たしている。国際的な産業団体としては、一九八七年に設立された国際食料農業貿易政策委員会（ＩＰＣ）がＧＡＴＴ・ＷＴＯ交渉をめぐって、各国政府関係者やＯＥＣＤ、ＦＡＯ、世界銀行などの国際機関に対するロビー活動を展開し、政策提言やニュースレターの発行などシンクタンク機能も発揮している。国際商工会議所（ＩＣＣ）やＯＥＣＤ経済産業諮問委員会（ＢＩＡＣ）などの常設機関の役割も無視できない。

サービスの自由化は、金融・保険、卸小売、旅行、運輸や水道・公衆衛生などの公益事業の国際展開に対する政府規制の削減を要求するものであり、近年の水ビジネスの展開やスーパーマーケット・チェーンの多国籍化など、農業食料関連産業にも深くかかわる領域である。米国では一九八二年に米国サービス産業連合（ＵＳＣＳＩ）が組織され、米国政府にはたらきかけてウルグアイ・ラウンド交渉の議題に取り上げさせることに成功、一九九五年のＷＴＯ「サービス貿易に関する一般協定」（ＧＡＴＳ）に結実した。二〇〇〇年の改訂時には、国際ロビー活動のため、グローバル・サービス・ネットワーク（ＧＳＮ）が設立された。また、知的所有権交渉でも産業界のロビー活動は顕著だった。一九八一年にファイザーとＩＢＭが知的所有権問題をウルグアイ・ラウンド交渉の議題に取り上げるよう米国政府にはたらきかけたのを契機に、一九八六年には知的所有権委員会（ＩＰＣ）を結成、ワシントンとジュネーブを拠点に国際的なロビー活動を展開した。これは一九九四年の「貿易関連の知的所有権に関する協定」（ＴＲＩＰＳ）に結実した。

ＷＴＯ以外でも、たとえば生物多様性条約バイオセーフティ（カルタヘナ）議定書の交渉過程で、バイオ産業ロビー団体（Global Industry Coalition）が存在感を誇示していたことが報告されている。(8) 食品の国際規格を設定するため一九六二年に設立されたＦＡＯ・ＷＨＯ合同食品規格委員会、いわゆるコーデックス委員会も、多国籍アグリビジネスにとっては重要な政治舞台である。多国籍企業はコーデックス委員会にオブザーバー参加が認められており、ときに政府代表団の一員として参加し、恒常的なロビー団体（Food Industry Codex Coalition）も組織しながら、その圧倒的な動員力と資金力で専門的な議論にも影響を及ぼしてきた。一九八九〜九一年のコーデックス会合に参加した一〇五カ国二五七八名の所属を分析したナタリー・アヴェリーらによると、産業界から一四〇社六六〇名の参加に対して、消費者団体は八団体二六名にとどまった[9]。農薬残留委員会では三三％にあたる一二七名が多国籍企業関係者で、途上国政府関係者八〇名を大きく上回っていた。米国代表二四三名のうち一一九名が産業団体からの参加で、政府機関一一二名より多かった。また、一九九九〜二〇〇一年の状況を調べたレスリー・スクレアによると、二〇〇〇年に開かれた食品表示部会の公式参加者約二〇〇名のうち四八名、オブザーバー参加者約六〇名のうち三五名が企業・産業団体関係者であった[10]。

前出のフックスは、多国籍企業が政治過程に影響を及ぼす方法を三つのカテゴリーに分けている。第一に、政府関係者や議員に対するロビー活動や政治資金の拠出によって影響を及ぼすやり方で、フックスは「道具的権力」と名付けている。直接的な利害と結果が目にみえるのでわかりやすい反面、それを具体的に実証するのは難しい。第二に、政策の方向性を大枠で規定し、政策選択の幅をあらかじめ狭めてしまうやり方で、「構造的権力」と呼ばれている。新自由主義的なグローバリズムとそれを先導するＩＭＦや世界銀行、ＷＴＯなどの国際経済機関の影響力拡大が国家の公共政策能力や国家間の政策調整能力を収縮させ、その一方で、多国籍企業の直接投資を惹きつけるために投資規制や労働基準・環境基準の緩和を競い合い、社会保障システムと民主主義の空洞化を招いている国も少なくない。また、厳しい財政状況のなかで多様化・高度化する社会的ニーズに応えるためと称して、公的機関が民間企業と連携して事業を進める官民連携手法（ＰＰＰ）が増えているし、多国籍企業が主導する各種認証基準が事実上の国際標準規格になるケースも増えている。その結果、多国籍企業は議題設定（agenda-setting）にとどまらず、規則制定（rule-making）をも掌握するにいたっている。第三に、それだけの政治的影響力を行使するには、多国籍企業の関与が法的とまではいかなくても規範的に正当化されなければならない。そこで、政治的アクターとしての正当性をつくりだすためのイデオロギー戦略ないし「言説的権力」が重要となる。たとえば多国籍アグリビジネスは、食料安全保障を実現するためには貿易や投資を自由化・円滑化する必要がある、途上国農業開発のためにはバイオテクノロジーをはじめとする新技術の導入が不可欠である、遺伝子組換え（ＧＭ）作物の安全性評価や環境影響評価は「健全な科学」によって行われるべきであり、消費者や環境保護活動家の「非科学的」な懸念や過剰反応に左右されてはならない、といった言説を意識的につくりだしている。これらの分野で専門的技術や事業ノウハウを有する多国籍企業の積極的関与は、こうして正当化される。彼らのロビー活動が為政者だけでなく、専門的言説を通じて科学者や教育者、マスメディアにも向けられており、さらには一般市民にも向けられているのはそのためである。露骨な政治介入だけが「ポリティクス」ではない。

三　米国市場の寡占化とフード・ポリティクス

多国籍企業で注目されるのは、以上みてきたようにグローバルな次元で発揮される政治経済的な影響力であるが、事業活動の足場は各国・各地域の市場であり、各国・各地域の政策形成過程である。米国を事例に、市場占有率の高まりが農業構造に及ぼしている影響、それを可能にしているアグリビジネスの政治行動について次にみてみよう。

米国のブロイラー産業は過去二〇年間で集中・集積の度合いを高めてきた。鶏肉パッカー上位四社の市場占有率（CR４）は五九％で、この一〇年間で五割増、一九八〇年代から三倍増である。[11] ブロイラー産業は垂直的統合がもっとも進んでいる農業部門でもある。理論上、契約生産は生産者とインテグレーターの双方に利益をもたらすが、鶏肉パッカーの寡占化が進行しているもとではそのかぎりではない。[12] 約半数の養鶏農家が、近辺で契約可能なインテグレーターが一～二業者しかいない状況におかれている。農家の選択肢がかぎられているため不利な内容の契約でも飲まざるをえない。インテグレーターから契約更新の保証もなく、要求されるままに設備投資を重ねて借金漬けとなっているうえに、インテグレーターへの訴訟を禁ずる規定を受け入れざるをえなくなっている農家も少なくない。

酪農部門も事態は深刻である。[13] 一九九七～二〇〇七年に五万二〇〇〇戸、毎年五〇〇〇戸もの酪農家が姿を消す一方、平均飼養頭数は一九八〇年の三二頭から二〇〇四年の一一一頭へと大幅に増えた。二〇〇〇頭以上の経営規模をもつ酪農家の数は二〇〇〇～〇六年に二倍以上に増え、いまや集約的フィードロットで一万頭以上を飼養するメガファームも珍しくはない。乳業メーカーの寡占化も進み、CR4は一九九七～二〇〇二年の五年間で二一％から四三％に倍加した。[14] 通常、地域の酪農協が酪農家から生乳を集荷するが、過去二〇年間の吸収合併で酪農協の集中も進行した。一万七〇〇〇戸の酪農家を全国で組織し、集荷量全体の三割以上を占める酪農協ＤＦＡは、全国飲用乳市場の四割、有機乳市場の六割を支配する乳業最大手ディーン・フーズに対する筆頭納入業者となっている。また、ディーン・フーズの乳製品売上高の二割がウォルマートでの販売によるものである。寡占市場の影響は取引価格に端的に表れている。二〇〇七年七月から二〇〇九年九月までの約二年間で小売価格は全乳で二三％下落したが、飼料代が三五％増、燃料代が三〇％増だったにもかかわらず、農家の受取価格は一〇〇ポンド二一・六〇ドルから一一・三〇ドルに半減した。こうした窮状をふまえ、二〇〇九年一〇月には北東部の酪農家がＤＦＡとディーン・フーズを相手に集団訴訟を起こしている。

現在、司法省と農務省が共同で農業関連市場における不公正競争の調査を進めており、とくに酪農・畜産市場と次章で取り上げる種子市場に注意が向けられている。また、加工業者による垂直的統合や小売業者によるバイイング・パワーをめぐる問題も調査対象に含まれている。農務省ではまた、家畜・食鳥取引の公正性を高めるため、反競争的取引を規制するパッカー・ストックヤード法の改正が議論されている。今後の議論の行方が注目されるが、そもそも不公正取引の監視・指導を怠ってきたのは米国政府自身の責任であるし、とくに後者の法改正に対しては食肉パッカーを代表する米国食肉協会（ＡＭ

I）、大規模畜産経営を代表する全国肉用牛生産者協会（NCBA）や全国豚肉生産者協議会（NPPC）が新たな規制強化に反発しており、予断を許さない。「USDA株式会社」というタイトルの実態告発報告書[15]によれば、食品安全行政や公正取引行政などUSDAの規制政策がそもそも機能しておらず、その原因はUSDAとアグリビジネスとの癒着関係にある。USDAが家族経営や消費者の利益ではなくアグリビジネスの利益を優先するようになったのは、先にみたような農業生産・食品加工における寡占化の高まりと、それを背景に増大しているアグリビジネスの政治的影響力に起因している。不公正取引を規制するパッカー・ストックヤード法が十分に機能してこなかった問題に加え、水質保全法の二〇〇三年規則改正にもとづく大規模畜産経営の汚染物質排出規制が不十分で、それゆえに起こされた訴訟の判決に対応した修正規則の適用も先延ばしされてきた問題（二〇〇八年一一月に最終規則公示）、二〇〇二年農業法にもとづく原産地表示の義務づけが二度にわたり先送りされてきた問題（二〇〇八年一〇月から施行）などがある。そこでも、業界団体や大規模経営者団体によるロビー活動や世論形成[16]、さらには「回転ドア」とも揶揄される政府機関との人事交流の影響[17]が指摘されている。

四　対抗運動としてのフード・ポリティクス

フード・ポリティクスのもう一つの側面は、家族農業経営や農村地域社会の衰退をよそに肥大化を続ける農業食料関連産業と国内外アグリビジネス企業による農業・食料の支配、そのもとで進行する「農業の工業化」や「農と食の乖離」といった状況に対抗し、あるいはむしろそうした趨勢からみずからを遮断することによって、たとえば有機農業の実践、産消提携・CSAや農産物直売所、地産地消型学校給食などの実践にみられるように、生産者と消費者との関係性、人間と自然との関係性を取り戻そうとする取り組みが広がってきていることである。しかしながら、本章で考察してきたように、国内および国際的な農業・食料市場で多国籍企業が行使するヘゲモニーは政策形成過程に及んでおり、したがって法制度の修正・再構築への展望を抜きに、「点」や「線」だけの対抗運動がどこまで有効で持続的たりえるのだろうか。対抗運動としてのフード・ポリティクスは他方で、問題領域ごと、あるいは領域横断的にネットワークを形成しながら多国籍企業や国際経済機関のヘゲモニーを牽制し、国際社会で発言力を高めているグローバル市民社会組織やグローバル小農運動によっても担われている。こうしたグローバル市民社会による対抗運動が、ローカルな対抗運動とも接合しながら、国家・国際社会における法制度の修正・再構築へと踏み出すことができるかどうかが、いま問われているといえよう。換言すれば、農と食を取り戻すためのグローバル市民社会運動の可能性である。

近年、日本でも「食料主権」という考え方が急速に広がっている。食料主権とは、すべての民衆が自分たちの食料・農業のあり方を決定する権利（国民主権）と各国が自国民のための食料生産を最優先し、そのために必要な輸入規制や価格保障などの食料・農業政策を自主的に決定する権利（国家主権）の両方を含んだ概念である。もともとは一九九六年の食料サミットにあわせて国際的な農民運動組織であるビア・カンペシーナによって提唱されたもので、さらに二〇〇二年の食料サミット五年後会合に向けて五〇を超える非政府組織・市民社会組織が連帯して結成された国際食料主権実行委員会（ＩＰＣ）にも継承されるなど、小農運動にとどまらない分野横断的な広がりをともないながら発展してきた社会運動的概念である。[18] こうした流れと並行して、一九九九年末にシアトルで開かれたＷＴＯ閣僚会合を決裂に追い込んだ大規模な抗議行動「シアトルの闘い」は、その後、労働運動や農民運動、消費者運動、環境保護運動、フェミニズム運動などさまざまな分野の非政府組織・市民社会組織を結集させた世界社会フォーラム（ＷＳＦ）の誕生に結びついた。これは基本的に新自由主義的グローバリズムへの抵抗運動であるが、「反グローバリズム」というレッテルは誤りであり、世界各地のローカルやナショナルな運動が「もう一つの世界は可能だ」という標語のもとに国際的な連帯を模索するグローバルな社会運動である。[19]

他方、国連人権理事会を中心に議論されてきた「食料への権利」論もとみに注目を集めている。これは、すべての人が適切な食料またはその調達手段への物理的・経済的アクセスを有することを、人間に固有の尊厳と不可分な基本的人権の一つとして確認するものである。国際人権章典に根拠をもつこの概念がとくに重要なのは、それが権利主体と義務主体の規範的関係を含意したものであり、国家・国際機関の法的義務、さらには多国籍企業規制の必要性までもが国際法上の枠組みのなかで議論されているからである。[20] もちろん、こうした国連を中心とする農業・食料のグローバル・ガバナンスの展開は、ビア・カンペシーナやＩＰＣ、ＷＳＦなどのグローバル市民社会運動の今日的な到達点を反映したものである。国連人権理事会は二〇〇八年の決議で食料主権に言及し、さらに国連総会の決議でも食料主権の概念的検討の必要性が指摘されている。今後さらに両者のベクトルが相乗的に効果を発揮しながら、食料・農業資源の囲い込みを進める多国籍企業や新自由主義的グローバリズムを食料・農業政策にも持ち込もうとする国際経済機関が主導するフード・ポリティクスに対抗するカウンター・ヘゲモニーの趨勢を創り出せるかどうかが注目される。

（1）この呼び名は二〇一〇年二月に放映されたＮＨＫのドキュメンタリー『ランドラッシュ――世界農地争奪戦』（同年一〇月に同名書が新潮社から出版された）に由来するが、国際的には「land grabbing（農地収奪）」という表現が定着している。
（2）Doris Fuchs, *Business Power in Global Governance*, Lynne Rienner Publishers, 2007, p. 55.
（3）GRAIN, "Global Agribusiness: Two Decades of Plunder," *Seedling*, July 2010.
（4）3D, Exploring the Global Food Supply Chain: Markets, Companies, Systems, May 2010.
（5）Marion Nestle, *Food Politics: How the Food Industry Influences Nutrition and Health*, University of California Press, 2002.（三宅真季子・鈴木眞理子訳『フード・ポリティクス――肥満社会と食品産業』新曜社、二〇〇五年）
（6）立川雅司「フードポリティクスとアメリカ」『農業と経済』二〇〇六年四月臨時増刊号。
（7）久野秀二「農業資材産業における多国籍アグリビジネスのグローバル戦略」『農業市場研究』一九巻三号、二〇一〇年。
（8）Aarti Gupta, "Framing 'Biosafety' in an International Context: The Biosafety Protocol Negotiations," *ENRP Discussion Paper*, E-99-10, Kennedy School of Government, Harvard University, 1999.
（9）Natalie Avery, Martine Drake and Tim Lang, Cracking the Codex: A Report on the Codex Alimentarius

Commission, UK National Food Alliance, 1993; Natalie Avery, "How TNCs Influence Global Food Standards," *Third World Network Features*, October 24, 1995.

(10) Leslie Sklair, "The Transnational Capitalist Class and Global Politics: Deconstructing the Corporate-State Connection," *International Political Science Review*, vol. 33,. no. 2, , 2002.

(11) ピルグリム・プライド、タイソン・フーズ、パーデュー・ファーム、サンダーソンの四社。ただし、最大手ピルグリム・プライドは二〇〇六年末に業界三位のゴールドキストを買収した際の負債や先物取引の失敗で経営難に陥り、民事再生手続き中の二〇〇九年九月、牛肉と豚肉のそれぞれで米国三位の食肉パッカーであるＪＢＳスイフトが買収することで合意した。なお、牛肉パッカーはタイソン・フーズ、カーギル、ＪＢＳスイフトの三社で八五％、豚肉パッカーはスミスフィールド、タイソン・フーズ、ＪＢＳスイフト、カーギルの四社で六六％に達している。その一方で肉牛肥育農家の集中も進み、二〇〇八年には一万六〇〇〇頭以上規模層の一二％のフィードロットが七〇％を供給した。しかし、農家受取価格は一九八九〜九二年の一〇〇ポンド一一六ドルから二〇〇四〜〇八年の九五ドルへ二割近く下落し、経営は厳しくなっている（Food & Water Watch, "Horizontal Consolidation and Buyer Power in the Beef Industry," *Fact Sheet*, July 2010）。他方、養豚農家数は一九九六〜二〇〇六年の間に三割減少し、二〇〇七年には二〇〇〇頭以上規模層が九五％の生産能力を占めるにいたった。二割は直営農場、七割は生産契約、計九割がパッカーの影響下におかれている。平均取引価格は一九九三年の一〇〇ポンド七五ドルから二〇〇四〜〇八年の五二ドルまで三割の下落となっている（Food & Water Watch, "Pork Processing Highly Concentrated, Hog Production Vertically Integrated," *Fact Sheet*, March 2010）。

(12) Food & Water Watch, "Abusive Poultry Contracts Require Government Action," *Fact Sheet*, May 2010.

(13) Food & Water Watch, "Consolidation and Price Manipulation in the Dairy Industry," *Fact Sheet*, June 2010.

(14) ディーン・フーズ、クラフト・フーズ、ランド・オーレイク、サピュトの四社。

(15) Philip Mattera, USDA Inc.: How Agribusiness Has Hijacked Regulatory Policy at the U.S. Department of Agriculture, Corporate Research Project of Good Jobs First, July 2004.

(16) たとえば「政府による規制は市場の競争を制限する」といった言説は米国では受け入れられやすい。

(17) 米国における「回転ドア」の実態は、Revolving Door Working Group, A Matter of Trust: How the Revolving Door Undermines Public Confidence in Government - and What to Do about It, October 2005 に詳しい。

(18) Hannah Wittman, Annette Aurélie Desmarais, and Nettie Wiebe eds., *Food Sovereignty: Reconnecting Food, Nature and Community*, Fernwood Publishing, 2010.

(19) Boaventura De Sousa Santos, *The Rise of the Global Left: The World Social Forum and Beyond*, Zed Books, 2006.

(20) 久野秀二「国連「食料への権利」論と国際人権レジームの可能性」、村田武編『食料主権のグランドデザイン——自由貿易に抗する日本と世界の新たな潮流』農文協、二〇一一年、第五章所収。

コラム①
フェアトレードの現実

二一世紀に入ってから、欧米諸国を中心にいわゆるフェアトレードが急速に存在感を高めている。日本でも、フェアトレードという言葉をネットやマスコミの記事で眼にする機会が増えている。実態は別としても、テレビ東京の「ガイアの夜明け」でフェアトレードが取り上げられたり新聞紙上で囲み記事になったりして話題を集めているし、また二〇〇九年の大学入試センター試験の英語問題にフェアトレードが登場したこともある。それほど、言葉としては日本の社会にも定着しつつある。

それでは、フェアトレードとはなんだろうか。辞書的な定義としては、ヨーロッパの主要なフェアトレード団体のネットワーク組織であるFINEが次のように述べている。「フェアトレードは、対話、透明性、敬意を基盤とし、より公平な条件下で国際貿易を行うことを目指す貿易パートナーシップである。とくに「南」の弱い立場にある生産者や労働者に対し、より良い貿易条件を提供し、かつ彼らの権利を守ることにより、フェアトレードは持続可能な発展に貢献する」。

つまり、貿易パートナーシップ、国際貿易における衡平、限界的生産者・労働者の交易条件改善と生存権の保障、対話・透明性・相互尊重といった点がキーワードなのである。より具体的には、生産者の暮らしと生産が可能になるように最低価格を保証すること、市場価格にプラスした価格プレミアムの支払いと可能なかぎりの前払いを行うこと、長期安定契約を推奨すること、社会プレミアムとして生産者の集団に能力開発や生活環境の向上を目的とする支払いを行うことなどが原則とされている。

こうした理念と原則のもとで世界のフェアトレードは、運動としてもビジネスとしても急速な発展を示している。二〇〇二年度前後を境に、欧米の大手スーパーや多国籍食品企業がフェアトレード商品を扱うようになったからである。その結果、フェアトレード商品はニッチ市場からメインストリームへと転換したかにみえる。ルークFLO事務局長（当時）は、そのことを指して、このころにフェアトレードが「日常の活動」になったと評価している。いまでは、フェアトレードにとってみれば「糾弾の対象」だったネスレさえもこの市場に参入を果たしている。

企業の「フェアトレード」化を容易にしたのは、認証・ラベルという仕組みの考案である。流通業者や食品企業にとってみれば、認証・ラベルは「氏素性」の保証にほかならない。だから、いわゆる途上国の「貧しい」生産者支援よりも、むしろサプライチェーン・マネージメントの管理という側面が前面に出てくる可能性を捨てきれない。このような路線に適合的な仕組みとして、フェアトレード・ラベル機構(FLO)のラベルがある。このラベルは、前述のような理念にもとづいてつくられた一定の条件を満たすかどうかの認証を受け、それをクリアーした生産者や加工業者、販売者がその商品に付けることができる。認証料の支払いはもちろん、ラベルの使用料も必要となる。

他方、途上国の貧困削減や自立支援を使命として活動してきた、ことに日本のフェアトレード団体はおおむね商品単位の認証・ラベルに懐疑的である。やはり、その地域の人たちに直接コミットし、一緒に自立できる基盤をつくっていくことがフェアトレード本来の役割だと主張する。そうであれば、わざわざ「公正さ」を証明するような表示など不必要だということになる。ただこうした立場を原則としながらも、その組織がフェアトレードに従事していることを対外的に示すための世界フェアトレード機構(WFTO)によるラベルもある。

FLOもWFTOもともに、途上国の「貧しい」生産者の社会経済的な自立を目指している。だからフェアトレード商品市場が拡大しないと、その目標の達成は期待できないし、さりとてフェアトレード商品市場の拡大に役立つ認証・ラベルの仕組みは、「貧しい」生産者にとっては手に余る高いハードルであるだけでなく、地域社会のあり方を変えてしまうかもしれない。ある地域に対して地に着いた支援をするとしても、どの段階で支援を打ち切ればいいのだろうか。別の地域のもっと「貧しい」人たちから支援の要請があった場合にはどうすればいいのだろうか。

以上のように、フェアトレードはけっして一様ではなく、多様な形態と狙いが交錯している。しかも、フェアトレードの目標として共有できるはずの貧困削減ひとつを取り上げても、そこには多くのディレンマと問題が山積している。そのうえ、最近ではフェアトレード市場の世界的な拡大を受けてか、フェアトレード認証よりも簡単な仕組みでラベルを取得できることを売り物とするフェアトレードもどきの商品も参入してきている。認証・ラベルの仕組みを見分けることはなかなか難しいけれども、その本質を見極めるためにも「弱者」の立場から発想することが大事だろう。

＊本稿は、『アジ研　ワールド・トレンド』二〇〇九年四月号に執筆した巻頭言エッセーを加筆・修正したものである。

（池上甲一）

FLOラベル

WFTOラベル

コラム②
フードマイルで環境負荷を計ってみると

食材の運搬距離が遠くなることは、食の安全への不安のみならず移動にともなうエネルギー消費により二酸化炭素が放出して地球温暖化に多少なりと影響を与える側面がある。

日本のいまの姿を物資の運搬量でみてみると、世界の輸出入貨物量（船）のうちの全体の約二〇％近い物資（重さ）が日本一国に来ている。全陸地面積に占める割合でわずか〇・三％、人口比で二・三％にすぎない日本に大変な物資が流入しているのである。約八億トンの流入規模に対して、総輸出量（流出）は約一億トンにすぎず、焼却・減量部分や再利用を考慮しても、いわば過剰蓄積状態で、結果的には大量廃棄のゴミが貯まっている状態なのである。

日本という国を物質出入りのバランスでみた場合、その健康状態はきわめて歪んだ状態にあるといってよい。それは、食の面でもそのまま当てはまる。本来、食というものに関しては、「身土不二」（身体と土はつながったもの）を大切にして「四里四方」（近辺の地域）で「旬の味」が重視されてきた。実はこの思想は、自分自身の健康面のみならず環境への悪影響という点においても、現代的意味が加わってあらためて再認識されるべきだと思われる。

＊＊＊

ここで、ヘルシーな健康食メニューの一つ「カボチャの煮物」を例にとって、その環境への負担を考えてみよう。かつて、季節が正反対の南半球のニュージーランドのカボチャが輸入されるようになった時代から、最近では安いメキシコ産が日常的に店頭をかざるようになった。食材がどのくらいの距離を運ばれているかを表す言葉に「フードマイル」（重さ×距離）という計算方法があり、カボチャ（一〇〇グラム）のフードマイルをみてみよう。

東京を起点に、カボチャの産地が群馬県産、北海道産、メキシコ産の場合の距離を比較すると、それぞれ一一七・一キロメートル、八三一・一キロメートル、一万一三一九キロメートルとなり、距離間の比は一：七：九七の差がある（理科年表、都道府県庁間距離・首都間距離に

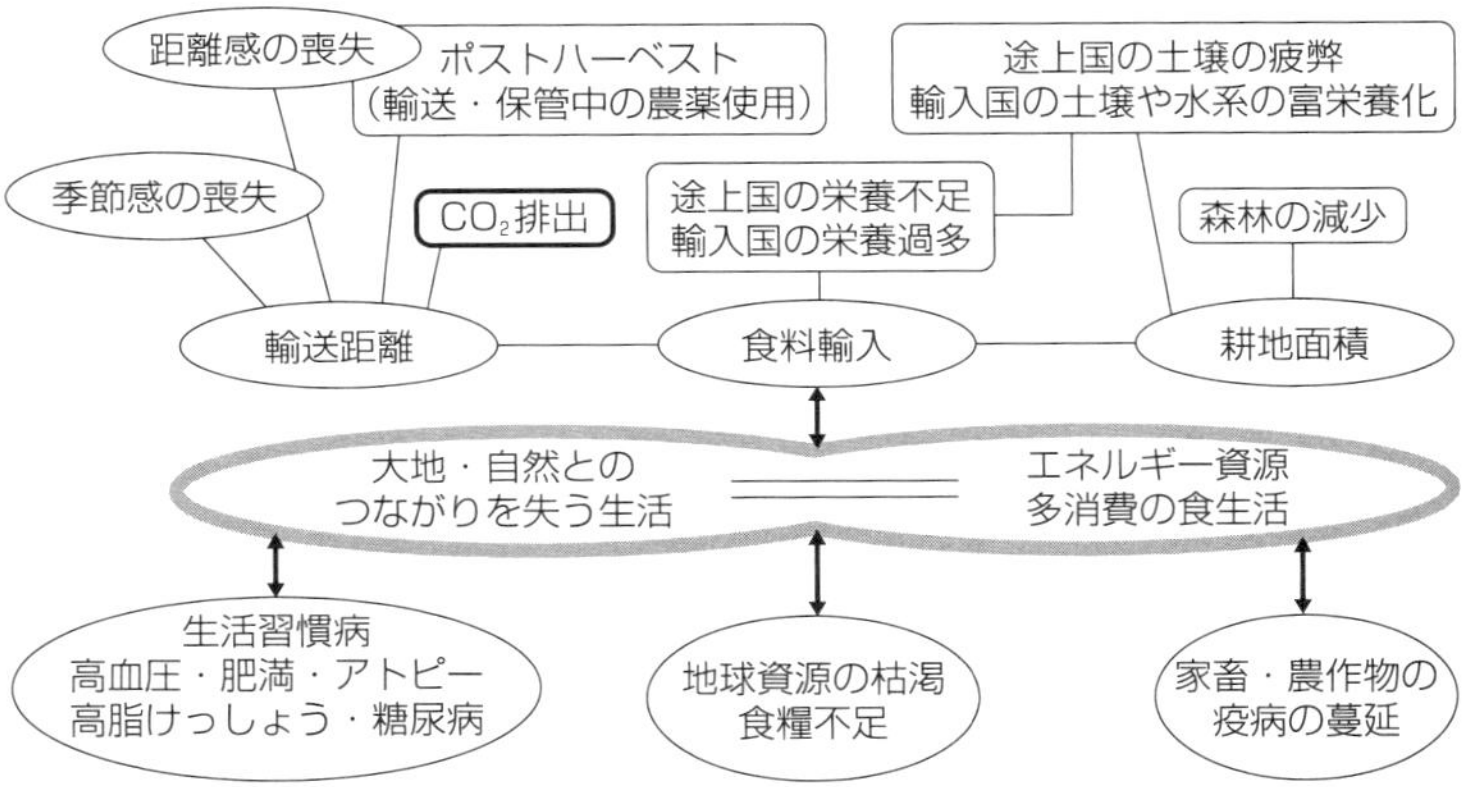

よる)。フードマイルは、距離に重さを掛け合わせたもので比率は同じになるが、移動・運搬にともなう二酸化炭素の排出量を計算してみると、各産地の順に二・五グラム（トラック輸送）、一七・四グラム（トラック輸送）、五七・七グラム（船輸送）となり、運搬手段で多少軽減されるがその比率は一：七：二三の差となる。同じ料理であっても、産地の違いによる移動距離ひとつで環境負荷に大きな差が出てしまうことがわかる。

（注）CO^2排出係数＝運搬手段による一トン当たり、一キロの移動で出てくるCO^2の重量。鉄道＝二五グラム、船＝五一グラム、トラック＝二一〇グラム。

（古沢広祐）

4．ＧＭＯをめぐるポリティクス

久野秀二

一　ＧＭ（遺伝子組換え）作物の生産と規制

拡大し続けるＧＭ作物栽培

一九九六年に本格的な商業栽培がはじまってから一五年が経過した。産業界との関係が深い民間シンクタンクＩＳＡＡＡのデータによると、世界のＧＭ（遺伝子組換え）作物栽培面積は拡大を続けており[1]、二〇〇九年には二五カ国で一億三四〇〇万ヘクタールに達した。世界全体の作物収穫面積の一割弱、穀物収穫面積の二割弱に相当する。しかし、実際には米国四七・八％、ブラジル一六・〇％、アルゼンチン一五・九％、これら主要三カ国だけで全体の八割を占め、品種特性は除草剤耐性品種六二・四％と害虫抵抗性一六・二％、もしくは両方を備えたスタック品種二一・四％にほぼかぎられる。対象作物についても、大豆五一・六%、トウモロコシ三一・一%、綿花一二・〇%、菜種四・八%の四作物に集中している。各作物の作付面積全体に占める割合をみると、大豆六九・二%、トウモロコシ二三・六%、綿花四六・八%、菜種一九・二%となっており、かなり普及していることがわかる。

開発途上国の農業開発と食料増産に貢献しているといった言説も一部で広められているが、ブラジルとアルゼンチンで栽培されているGM作物（大豆、トウモロコシ、綿花）の大半を、米国と遜色ない輸出志向型大規模経営が担っている。高い普及率を示すインド、南アフリカ、中国の害虫抵抗性綿花を除けば、発展途上国の農業問題、ましてや食料問題を解決するようなGM品種が開発され栽培されているわけではない。

GMO規制の国際的動向

二〇〇〇年に成立した生物多様性条約バイオセーフティ議定書（通称カルタヘナ議定書）では、遺伝子改変生物（LMO）の国境移動にかかわって事前通告と事前影響評価にもとづく合意ルールを定めることになっている。そこには予防原則の考え方と社会経済的影響への配慮が込められているが、交渉過程で米国を中心とするGMO生産輸出国連合（通称マイアミ・グループ）が抵抗勢力として露骨に介入したことはよく知られている。そのためいくつかの弱点を抱えながらも成立にいたった同議定書を、米国やカナダ、アルゼンチンなどのマイアミ・グループ諸国は批准していないが、その影響は小さくない。非締約国を規制するには別途取り決めが必要であり、議定書で義務づけられている輸出国側からの事前情報提供も「奨励」にとどまっているからである。二〇一〇年一〇月に名古屋で開催されたカルタヘナ締約国会議（ＭＯＰ５）では、ＬＭＯの越境移動にともなうダメージ（遺伝子汚染）に対する「責任と修復」（二七条）の具体化が話し合われたが、これに法的拘束力をもたせ、産業界に資金拠出させることを要求する途上国や市民社会組織と、それに否定的な日本政府およびバイオ産業界、その中間的な立場に立つＥＵとの駆け引きが続いた。(2) また、同議定書にもとづく措置がＷＴＯ協定（安全についてはＳＰＳ協定、表示についてはＴＢＴ協定）の自由貿易原則に抵触しないためには「必要以上に貿易制限的でない」ことに加えて「科学的に正当な理由」が必要である。その判断基準はコーデックス委員会（ＦＡＯ・ＷＨＯ合同食品規格委員会）に求められる。リスク分析の考え方やモニタリングの必要がすでに確認されているが、食品表示については米国などの抵抗で継続審議となっている。その背後に産業界ロビーが控えていることはいうまでもない。

予防原則というのは「重大で取り返しのつかない被害が想定される場合には、危険性に関する科学的根拠が不十分であることを理由に効果的な対策措置をとることを控えるべきではない」という考え方で、欧州諸国で採用され、開発途上諸国からも支持されている。ＥＵの規制枠組みは、表示義務とトレーサビリティ（追跡可能性）に関する規則によってＧＭＯ上市後の厳格なモニタリングを定めている。ＥＵはそうした法制度を整備するため一九九九〜二〇〇三年に新たな認可手続きを停止していた。この措置に対して米国・カナダ・アルゼンチンの三カ国がＷＴＯ紛争処理パネルに提訴するなど貿易紛争の様相を呈したが、ＥＵは二〇〇三年の新法制定で翌年から認可手続きを再開し、二〇〇六年の紛争処理パネル最終報告でもGMOの安全性や予防原則にもとづくEU規制枠組みの是非は問題にされなかったため、両者の溝は埋められないままとなっている。EU諸国では現在、栽培過程での交雑可能性を前提にGM作物と非GM作物（慣行栽培と有機栽培を含む）の共存方策が検討されている。二〇〇三年の規則では加盟国ごとに混入防止措置をとることになったが、二〇一〇年七月に欧州委員会が提示した新規則は、さらに加盟国が自国の一部か全部で「GMOフリー地域」を設定するなどGMO栽培を制限ないし禁止することを可能とする内容となっている。

米国におけるGMO規制

対する米国では、GMOは未知の新規生物ではなく、実質的に同等とみなせる従来作物との対比で安全性を評価すれば十分だとされており、GMOをGMOとして規制する法制度が事実上存在しない。そのため既存の作物規制や食品規制がつぎはぎ的に適用されている。実質的に同じものだからGMOに表示義務はなく、むしろ製法の違いによる差別は消費者に無用な混乱を与えるとの理由から表示自体が制限されている。食品安全性は食品医薬品局（FDA）が担当するが、GMOは食品添加物と同様に扱われ、基本的には開発事業者による自主規制に委ねられている。安全性を評価するのに必要な情報は開発事業者の自主的判断で提出される。農務省（USDA）では動植物検疫局が担当している。病害虫や雑草の拡大を防止する観点からGMOを規制しているからだ。交雑などの環境影響評価は開発事業者による届出制であり、簡単な審査で認可されたGMO、あるいはそれと類似のGMOは規制対象から除外される。それゆえ商品化されたあとのモニタリングは実施されず、交雑防止のための栽培ガイドラインの徹底にも責任をもっていない。環境保護庁（ＥＰＡ）は農薬規制の観点からＢｔなどの農薬物質を産生する害虫抵抗性品種の規制を担当しているが、関連する物質の多くはすでに認可されているため、ＧＭＯの安全性評価が独自になされているわけではない。

とくに、環境影響評価に責任をもつＵＳＤＡの規制手続きは、二〇〇四年の米国学術研究会議報告書や二〇〇五年一二月の内部監査報告書などで再三にわたり改善勧告を受けてきた。二〇〇八年一一月にはＦＤＡとＥＰＡを含む三機関の連携と上市後のモニタリングが欠如していることを問題視した会計検査院（ＧＡＯ）の勧告も出されている。[3] 二〇〇〇年に発覚したスターリンク・コーン[4]をはじめ、米国でさえ未承認のＧＭ作物が栽培・流通過程に混入する事件が相次いだことも背景にある。しかし、二〇〇八年のＧＡＯ勧告以降、三機関に規制強化の動きはほとんどみられない。

米国政府は、一九八〇年代を通じて形成された技術安全保障論にもとづく産業競争力政策の一環として、とくにブッシュ父政権下の一九九〇年代にバイオテクノロジー産業化の準備を一気に進めた。[5] もともと農業は米国にとって戦略的に重要な産業であるから、医療・医薬品分野やエネルギー・化学素材分野と並んで農業・食品分野のバイテク商品（ＧＭＯ）開発が追求されたのは自然の成り行きであった。商品化のためには規制緩和（安全性評価の形骸化）と知的所有権強化（生命特許の推進）が不可欠とされ、米国バイテク政策はそこに大きな利害を有するバイオ産業界と政府との合作劇の様相を呈していった。バイオ産業界は、①バイオインダストリー機構（ＢＩＯ）などの業界団体を通じた政府・議会へのロビー活動、②「回転ドア」による政府機関との融合・癒着、③シンクタンクやNPOを装ったフロント組織を通じての世論形成・メディア戦略などを進めてきた。とくにモンサントは「一企業がこれほど政治に影響力をもったことはこれまでなかった」と評価されるほど、政治的影響力の行使に躍起に取り組んできた企業として有名である。[6] 同社がロビー活動に投じた資金は二〇〇九年だけで八七〇万ドルに達した。[7] これはタバコメーカーを除くと、農業食料関連産業でずば抜けて高い額であるが、それだけではない。

一九九四年に商品化されたウシ成長ホルモン「ポジラック」の認可過程で、FDAはモンサントが提出したデータにもっぱら依拠し、包括的・長期的な研究を行わなかった。同商品が認可されたのは米国だけである。当時のFDA政策担当副長官がモンサントの顧問弁護士を務めたこともあるマイケル・テイラーで、任務終了後は元の法律事務所に復職したことは有名な話である。二〇一〇年一月、オバマ政権でFDA食品安全担当副長官に返り咲いている。ほかにも、クリントン政権時の米通商代表部(USTR)代表と商務長官を務めたミッキー・カンターが退任後にモンサントの重役に迎えられた例、EPA農薬管轄部署の副責任者だった人物がモンサント副社長になった例、クリントン大統領の外政担当補佐官だった人物がモンサントの国際関係部署に異動した例、G・W・ブッシュ政権で農務長官に任命されたアン・ベネマンがモンサントに買収されたカルジーン社の取締役を務めていた例、やはりG・W・ブッシュ政権で司法長官に任命されたジョン・アシュクロフトが選挙期間中にモンサントから多額の寄附を受けていた例、農薬業界団体クロップライフの副理事でモンサントともつながりの深い人物がオバマ政権のＵＳＴＲ農業交渉担当責任者に任命された例など、数え上げたらきりがない。

二　バイオメジャーに囲い込まれる種子・技術・資源

ＧＭＯの研究開発にはバイオメジャーだけでなく、中小のベンチャー企業や公的研究機関、大学などもかかわっているが、実用技術の大半が特許やライセンスの移転を通じてバイオメジャーなどの巨大企業に握られている。また、種子を直接販売しているのは中小を含む種子企業だが、主な種子企業はＭ＆Ａによって軒並みバイオメジャーの傘下に収まった。その結果、モンサント、デュポン、シンジェンタの三社で世界種子市場の四割前後（分母をどうとらえるかで幅がある）を占め、ＧＭ作物品種にかぎれば、バイエル、ダウ、ＢＡＳＦを加えたバイオメジャー六社でほぼ独占状態となっている。(8)

ＧＭ作物品種は、ＧＭ技術で組み換えられた遺伝子（組換え形質）、たとえば特定の除草剤の作用に耐性をもつ除草剤耐性遺伝子や特定の害虫に毒性のある物質を産生する害虫抵抗性遺伝子を、既存の優良品種系統に導入して作出される。とくにモンサントは、各社が競って開発しているさまざまな組換え形質をホスト作物に導入して発現させるのに必要な技術や遺伝子の多くを特許で押さえており、他社もそれらなしにＧＭ作物品種を作出するのは難しい状況にある。モンサントの種子は主にデカルブ（トウモロコシ）、アズグロウ（大豆）、デルタパイン（綿花）、セミニス（野菜）などの事業ブランドを通じて販売されるが、それ以外にアメリカン・シーズ（ＡＳＩ）を通じて資本・技術・遺伝資源を供与することによって地方有力種子企業を次々に囲い込んでいる。これらのブランドで販売される同社の品種が米国種子市場に占める割合は、二〇〇八年にはトウモロコシ六〇％、大豆六二・五％、綿花四五％に達した。ライバル企業のブランド種子も含め、モンサントの組換え形質が導入されている品種系統にまで広げると、そのシェアはトウモロコシ八割以上、大豆九割以上となる。米国では各作物に占めるGM品種の割合（二〇〇九年）がトウモロコシ八五％、大豆九一％、綿花八八％だから、それとほぼ重なっていることがわかる。

こうした寡占構造の結果、何が生じているか。第一に、種子価格が急騰している。米国のある調査によると[9]、モンサントが新しく導入した除草剤耐性大豆品種の二〇一〇年度の種子単価（約一五万粒）は七〇ドル。これは非組換え種子の二倍、二〇〇一年度の除草剤耐性大豆品種の二・四倍に相当する。八種類の組換え形質（除草剤耐性プラス害虫抵抗性）を導入したトウモロコシ品種の種子単価（約八万粒）は二〇一〇年度三二〇ドル。これも非組換え種子の二・一倍、二〇〇一年の害虫抵抗性品種一一〇ドルはもちろん、二〇〇九年の二三五ドルと比べても急激な値上がりである。同社は組換え形質の機能が向上しているから当然だとしつつ、二〇一一年度については批判を受けて種子価格の値下げを予定しているが、農家の負担が著しく増しているのは明らかである。なお、農家は通常、農務省の作物保険に加入するが、モンサントが指定したGM作物の栽培農家の保険料を減額する措置「バイテク作物補償」が二〇〇八年に導入された。割高なGM種子のマーケティングとして有効に作用しており、その意味ではモンサントに対する一種の補助金とみなせるかもしれない。

第二に、農家はモンサントの種子を購入する際に同社と契約（技術使用同意書）を交わさなければならないが、そこには農家の自家採種や種子譲渡を禁じ、企業側に圃場の査察やサンプルの採取・検査を行う権限を与える条項が含まれている。モンサントはこれを徹底するため「遺伝子警察」を雇っており、近隣間の監視・通報を促すため専用ダイヤルまで設置している。非意図的混入であっても契約違反で提訴され、多額の罰金を科されるおそれがある。米国では二〇〇七年一〇月までに三七二名の農業生産者と四九の農業法人を含む一一二件の訴訟がモンサントによって起こされ、五七件でモンサント勝訴（損害賠償総額二一六〇万ドル）、二四件で和解、一三件が棄却、一八件が審議中となっていた[10]。

第三に、バイオメジャーの知的所有権戦略は研究者にも影響を及ぼしている。モンサントの技術使用同意書は、購入したGM種子の研究目的での使用や譲渡も禁じており、研究者がGM種子を入手するには開発企業の事前承諾を得る必要がある。その際、研究の目的はもちろん、具体的な実験計画まで開示しなければならず、研究成果の扱いについても制約が加えられる。事前承諾を得ずに種子を入手し実験を行えば、すでに多くの農業生産者が法廷に引きずり出され罰金を科されているように、研究者も契約違反で訴えられるおそれがある[11]。もっとも、GM種子を無事入手して安全性評価や環境影響調査、特性比較調査などを実施できても、もし企業利害と衝突するような結果が出てしまったら、研究者は開発企業やGM推進派科学者による組織的なバッシング・キャンペーンに巻き込まれるリスクを冒してまで公表するかどうかの選択を迫られることになる。そのような事例は増え続けており、研究者のあいだで萎縮ないし自己規制の雰囲気が蔓延している[12]。開発企業の影響下で行われた調査を除き、体系的・長期的な安全性評価や環境影響評価が十分に行われていないのはそのためである。

三　GM技術はどこまで有効な技術なのか？

除草剤耐性品種は除草剤散布を量・回数ともに減らすことで雑草防除を効率化し、環境保全効果も期待されている。非選択性除草剤の自由度が増すので、土壌浸食を防ぐうえで効果的とされる不耕起栽培も容易になる。害虫抵抗性品種はトウモロコシや綿花の難防除害虫に効果のある殺虫成分のおかげで、殺虫剤散布量の削減とともに大幅な収量増加が見込まれている。いずれも農家収益を増やすと宣伝され、生産者の関心を集めてきた。

先進国型農業と途上国型農業でその現れ方は異なるが、主に前者で普及している除草剤耐性品種の場合、普及当初は除草剤削減効果の恩恵と利便性の高さゆえ栽培面積は急速に伸びたが、ラウンドアップなどの特定の除草剤への依存を過度に強めた結果、除草剤耐性雑草が次々に出現しており、除草剤削減効果は次第に失効してきている。害虫抵抗性品種についてはかろうじて殺虫剤削減効果を維持しているが、害虫防除によって減収を防ぐかぎりで実現している増収効果の評価は複雑である。前述のように、GM品種はハイブリッド育種などで改良した優良品種系統に組換え形質を導入して作出されるので、増収効果が導入された組換え形質によるものなのか、導入先の優良品種系統によるものなのかを分析的に評価する必要がある。増収効果を支持する研究のほとんどはそこまで分析できていないが、実際には優良品種系統の改良によって達成された増収効果のほうが大きいことがわかっている[13]。

途上国型農業については、インド、南アフリカ、中国で普及している害虫抵抗性綿花がある。これまで多くの便益評価が試みられてきたが、やはり調査方法や分析方法上の制約があり、GM作物の農業者利益や途上国利益を軽々に評価することはできない。既存研究を丁寧に観察すれば、調査結果の振幅が大きく、結論の一般化はできないこと、各国・地域の農業生態系、社会経済的条件、制度的環境の整備状況はもちろん、農民の志向性や農家経営形態もきわめて多様であり、それらの違いが増収効果や農薬削減効果に大きく影響していること、したがって、そうした違いを考慮せずに品種間の単純な比較を行えば、GM作物品種の評価に誤った結論を導きかねないことが確認できる[14]。

そもそも、除草剤耐性品種も害虫抵抗性品種も、農法として考えれば、機械化と化学化で特徴づけられる企業的大規模経営に適合的な農業技術であり、そのかぎりで生産効率を高めるが、従来の育種技術や肥培管理技術を超えるほどの増収効果をいまのところ実現していない。そうしたGM技術への依存を強めるなかで、結局は耐性雑草や耐性害虫の発生を招き、農薬削減効果も低下している。開発企業は組換え形質を追加的に導入してこれに対処しようとしているが、それは環境負荷型の近代的農業モデルを前提とする一面的なイノベーションにすぎない。

もちろん、これら二つのGM品種以外にも、特定のアミノ酸や油脂の含有量を調整した機能性品種が食品向けや飼料向けに開発されているし、長期的には乾燥・高温・低温・塩類といった環境ストレスに抵抗性をもつ品種や超多収性品種の研究が進められている。気候変動が農業生産に深刻な影響を及ぼすことが予想されているだけに、こうした品種開発に期待が集まるのはむしろ当然である。しかし、多くの場合、対象作物はグローバルに生産・流通する一部の主要作物（トウモロコシ、大豆、菜種）にとどまり、開発途上国の多くで重要な食用作物として栽培されているソルガムやキャッサバ、その他のマイナー作物については、一部のパイロット事業を除き、研究開発予算が振り向けられることはまれである。かつての「緑の革命」と違い、多国籍企業が主導するGM作物品種の開発では、十分な市場（購買力）をともなわない作物や地域は関心の外におかれてしまうのである[15]。

開発途上国の農業・食料生産にとってはむしろ、短期的に結実するとは思えないGM作物品種の開発に巨額の研究開発投資を振り向けるよりも、通常の農業技術、たとえば土壌改良や灌漑などの基盤整備、優良品種種子や栽培技術指導の提供はもちろん、市場アクセスや価格交渉力を高めるための農民組織化といったソフト面での農業開発を進めたほうが確実である。また、近年は生態系利用型の伝統的でローカルな技術が農村の持続的発展と農民の主体形成に果たす役割が再評価されている。それは先進国型農業にも当てはまる。GM技術の評価はこうした幅広い文脈のなかで行うべきなのである。これも言説空間で繰り広げられているフード・ポリティクスの一端である。

四　GMO推進論に対抗するポリティクスの可能性

本章ではGMOを事例に、前章で考察したフード・ポリティクスの一つの、しかし典型的な断面を明らかにしてきた。GMOは拡大の一途である。それを推し進める多国籍企業は、卓越した研究開発力と圧倒的な市場占有率を基盤に、露骨な政治的介入により獲得してきた有利な制度環境（規制緩和と知的所有権強化）に支えられ、さらに科学者・専門家集団やマスメディアを通じた言説的権力も駆使しながら、GMOをめぐるポリティクスを優位に展開している。しかし同時に、GMOへの懸念や批判の声が弱まる気配はなく、世界各地の抵抗運動も勢いを増している事実をみないわけにはいかない。

第一に、レイチェル・シューマンとウイリアム・ムンロはGMOを推進する多国籍企業主導のヘゲモニー構造を「バイオテクノロジー・プロジェクト」と呼び、これに抵抗する反GMO運動によるカウンター・ヘゲモニーの可能性に注目している[16]。実際、GMOの食品安全性に対する懸念から消費者運動が、環境影響に対する懸念から環境保護運動が、そして多国籍企業による農業資源の独占に対する懸念から農民運動が、反GMOの旗印のもとに国境を越えて大きな広がりをみせている。その運動スタイルは、示威行動や栽培阻止のような派手なものから、開発企業や政府機関による影響評価に対抗的な独自の調査研究活動に取り組むもの、あるいは政府に対するロビー活動やアドボカシー活動を展開するものまで幅がある。研究者・専門家が自由に発言しづらい状況が続くなかで、こうした反GMO運動によってGMOの環境影響や社会経済的効果の実態が暴露されることなしに、欧州諸国を中心に一定のGMO規制が導入されることはなかったであろう。日本でも、日本消費者連盟に事務局をおく「遺伝子組み換え食品いらない！　キャンペーン」などの活動が国民世論形成に大きな役割を果たしてきた。

第二に、単にGMOを批判するだけでなく、オルタナティブな農業生産技術の実践が模索されており、有機農業を含むアグロエコロジー（農業生態系利用型農業）の環境的・経済的・社会的な有効性が、世界各地の膨大な実証的データによって確認されつつある。近年はＦＡＯ（国連食糧農業機関）やＵＮＥＰ（国連環境計画）などの国連機関でも、途上国の食料・貧困問題、持続的農村発展、地球環境問題の解決に向けた貢献可能性が指摘され、伝統的農法を科学的知見によって改良していくことの必要性が言及されるようになっている。とくに、二〇〇八年四月にまとめられた「開発のための農業の知識・科学・技術に関する国際的検証（ＩＡＡＳＴＤ）」の成果は重要である。[17] これは国連機関と世界銀行が二〇〇二年に発足させた国際的協議プロセスで、「貧困と飢餓の削減、農村生活の改善、持続的な発展のために、農業に関する知識・科学・技術をよりよく利用するための方策」を、世界中から四〇〇名を超える専門家の参加を得ながら四年近くの歳月をかけて検証してきたものであり、その重要性は国連人権理事会の「食料への権利」をめぐる議論でも確認されている。そこでは化学肥料や農薬、特許種子などの外部投入財への依存ではなく、多様な農業生態系の理解とその活用、そこで培われてきた農民的知識や農村女性の役割の再評価、それをコミュニティレベルで支援する科学者との協力（たとえば農民参加型育種）や制度・政策環境の整備の必要性が強調されている。このような多様な農業モデルのあり方に照らせば、ＧＭ技術に依拠した農業生産技術体系の一面性はおのずと明らかにされよう。

第三に、現代科学技術が有する肯定的な潜在性をも否定する反科学技術論に陥ることなく、社会経済的介入による科学技術の改変と管理の可能性（民主的合理性の追求）を展望するアンドリュー・フィーンバーグの「技術の批判理論」[18]と、それに依拠したギド・ルイヴェンカンプらの「バイオテクノロジーの再構築」論[19]も有効である。そこでは、ゲノミクスなどの科学的知見や技術資源をオープンソースとして利用しながら、途上国小農民の内発的発展に寄与するための地域固有型・最終利用者志向型のバイオテクノロジーを創出することが理論的・実践的に追求されている。そこで念頭におかれているのは、GM技術のように多額の研究開発投資を要し、リスク不確実性をともない、知的所有権によってバイオメジャーに囲い込まれている類いのバイオテクノロジーではない。こうしてGMOの推進か反対かという二項対立図式を超えることによって、科学者・専門家が囚われているヘゲモニー構造に対するオルタナティブな科学技術研究のための言説と実践の空間を創り出し、彼らを巻き込みながら、運動論にとどまらない農業技術発展の具体的可能性を広げていくことが期待されているのである。

(1) 本章でGMO (Genetically Modified Organism) と表記する場合、そこには遺伝子組換え技術、それを用いて開発した組換え形質、それを導入した遺伝子組換え作物品種、さらにそれを原料とする遺伝子組換え食品などを含めているが、それほど厳密ではない。とくに限定する場合は、GM技術やGM作物品種などと表記する。なお、生物多様性条約バイオセーフティ議定書（カルタヘナ議定書）では遺伝子改変生物 (Living Modified Organism) という概念が用いられているが、基本的にはGMOと同義である。

(2) 同会議で採択された「責任及び救済についての名古屋・クアラルンプール補足議定書」は、LMOの越境移動によって輸入国の生態系に被害が出た場合、被害をもたらした責任企業（開発、製造、販売、輸出入、輸送などの事業者）に損害最小化・拡散防止・原状回復などを義務づけ、そのために各国は補償内容を含む国内法を整備することなどを定めた。法的拘束力のある補足議定書の成立は大きな成果であるが、主要生産輸出国の米国、カナダ、アルゼンチンが議定書本体を未批准である問題は依然として残されている。

（3） GAO, Genetically Engineered Crops: Agencies are Proposing Changes to Improve Oversight, but Could Take Additional Steps to Enhance Coordination and Monitoring, GAO-09-60, November 2008.

（4） 二〇〇〇年九月、人体にアレルギーを起こす疑いがあることから食品としては未認可だったGMトウモロコシ品種「スターリンク」が、米国で市販されていたタコス製品から検出された。さらに、食用・飼料用ともに未認可だった日本でも家畜飼料から検出されたため、両国間の穀物貿易にも影響を及ぼすことになった。責任企業として農家や穀物取引業者に対する損害賠償を問われたアベンティスは農業関連事業を整理し、バイエルに売却することになった。

（5） 久野秀二『アグリビジネスと遺伝子組換え作物――政治経済学アプローチ』日本経済評論社、二〇〇二年。

（6） Marie-Monique Robin, *The World According to Monsanto: Pollution, Corruption, and the Control of the World's Food Supply*, The New Press, 2010.

（7） Center for Responsive Politics, Lobbying Spending Database, http://www.opensecrets.org（最終アクセス二〇一〇年九月一六日）

（8） 野菜種子市場でも、モンサント、シンジェンタ、バイエルの三社で四四％を占める。オランダの独立系種子会社が一九八九年に設立したコンソーシアム会社キージーンは、技術と資源と資本の共有を図ることでバイオメジャーの攻勢に対抗している。タキイ種苗もこれに参加している。初田和雄「世界の野菜種苗業界の動向」『Techno Innovation』七三号、二〇〇九年。

（9） Charles Benbrook, The Magnitude and Impacts of the Biotech and Organic Seed Prices Premium, The Organic Center, December 2009.

（10） Center for Food Safety, Monsanto vs. U.S. Farmers Report, 2005; Update, November 2007. 米国だけではない。カナダのカノーラ（菜種）農家、パーシー・シュマイザーはモンサントと購入契約も栽培契約も交わしていなかったが、二〇〇一年三月、同社の除草剤耐性カノーラを違法に栽培・収穫したとして突然訴えられ、二〇〇四年五月のカナダ最高裁で僅差の敗訴で結審した事件がある。そもそもカノーラは非常に交雑しやすい作物である。日本でも除草剤耐性カノーラが加工向けに輸入されているが、非意図的にこぼれ落ちたGMカノーラが全国各地で自生しており、種類の多いアブラナ科の野菜品種との交雑が懸念されている。シュマイザーは除草剤耐性品種の「恩恵」を得るのに必要な除草剤（ラウンドアップ）を使用しておらず、収穫物も他の品種と区別なくバルクで出荷されていたので、GM品種からいっさいの経済的利益を得ていない。裁判ではこの点が認められ、損害賠償請求については却下された。だが、組換え形質に対する特許権がそれを含む植物体（収穫物）にまで及ぶか否かも同時に争われ、九名の最高判事のうち四名が「高等生物への特許を認めない」というカナダ特許法の解釈に従ったが、判決では植物全体に特許が及ぶこと、したがって、これまで新品種保護制度や特許法でも通常は認められてきた「農民特権」（農民がみずから収穫した種子の貯蔵・再播種・交換・販売等の再利用には育成者権が及ばない）に特許権が優越するという判断が下されたのである。

（11） Emily Waltz, "News Feature: Under wraps," *Nature Biotechnology*, 27(10), October 2009.

（12） Emily Waltz, "News Feature: Battlefield," *Nature*, 461, September 3, 2009；久野秀二「遺伝子組換え作物の社会科学――科学技術が社会に受け入れられるには?」『イリューム』一七巻一号、二〇〇五年。

（13） Doug Gurian-Sherman, Failure to Yield: Evaluating the Performance of Genetically Engineered Crops, Union of Concerned Scientists, 2009.

（14） Dominic Glover, Undying Promise: Agricultural Biotechnology's Pro-Poor Narrative, Ten Years On, STEPS Working Paper, 15, STEPS Centre, IDS, University of Sussex, 2009.

（15） また、途上国貧困層とくに子どもたちを苦しめているビタミンA欠乏症を解決するために研究開発が進められているベータカロチン含有イネ（ゴールデンライス）にも触れておく必要がある。WHOなどがこれまで進めてきた経口摂取では手間とコストがかかりすぎるという問題が指摘されてきた。ビタミンAの前駆物質であるベータカロチンを含んだゴールデンライスは、それこそ救世主として迎えられた。開発に必要な技術は多国籍企業などに特許で押さえられていたが、開発研究者らのはたらきかけによって、人道的な観点からこれを放棄する合意がとられ、世界的に注目された経緯がある。しかし、初期のゴールデンライスに含まれるベータカロチンの量は、それを必要としている国や地域で人びとがふつうに食してきた野菜や果物のそれと比べかなり見劣りするものであった。その後、改良を重ね、含有量は高まったが、実用品種の開発にはいたっていない。このGM品種の開発につぎ込まれた研究開発予算を考えると、むしろ伝統的に栽培されてきた（しかし農業の近代化と都市・農村の貧困化の同時進行で周縁化されてきた）野菜や果物の生産をあらためて振興し、流通と消費を支援するような政策に力を注いだほうが効果的ではないかとの意見も少なくない。

(16) Rachel Schurman and William Munro, "Local Activism and the 'Biotechnology Project'," in G. Ruivenkamp, S. Hisano, and J. Jongerden eds., *Reconstructing Biotechnologies: Critical Social Analyses*, Wageningen Academic Publishers, 2008.

(17) International Assessment of Agricultural Knowledge, Science and Technology for Development, *Agriculture at a Crossroads: Synthesis Report*, Island Press, 2009.

(18) Andrew Feenberg, *Critical Theory of Technology*, Oxford University Press, 1991（藤本正文訳『技術——クリティカル・セオリー』法政大学出版局、一九九五年）、最新作は Andrew Feenberg, *Between Reason and Experience: Essays in Technology and Modernity*, The MIT Press, 2010.

(19) Guido Ruivenkamp, Shuji Hisano, and Joost Jongerden, eds., *op. cit.*

コラム③
マーカー遺伝子とは

遺伝子組換え技術とは、人間にとって役立つと考えられる形質をもつ遺伝子（目的遺伝子）、たとえば収量が多いとか乾燥地でも育つとかいった遺伝子をどこかからみつけてきて、それを対象とする生命体（イネとかトウモロコシ）の細胞内（ＤＮＡ）に導入する技術である。仮に何かの微生物が乾燥に耐えるという目的遺伝子をもっていることがわかって、それを分離抽出することができたとしても、そのままではイネのＤＮＡのなかには入らない。だから、目的遺伝子を導入するための何らかの方法が必要である。

そのための方法として考案されたのがアグロバクテリウム法、エレクトロポレーション法、パーティクルガン法などである。植物の場合によく使われているのがアグロバクテリウム法である。

この方法は図のように、目的遺伝子の形質を発現させるために必要なプロモーター遺伝子にのせ、それを運んでいく運び屋（ベクター）によってアグロバクテリウムという土壌微生物の遺伝子に入れて、この微生物のはたらきによって対象の植物の染色体に組み込むという複雑な工程からなっている。アグロバクテリウムは植物に感染すると、自分のなかにあるプラスミド

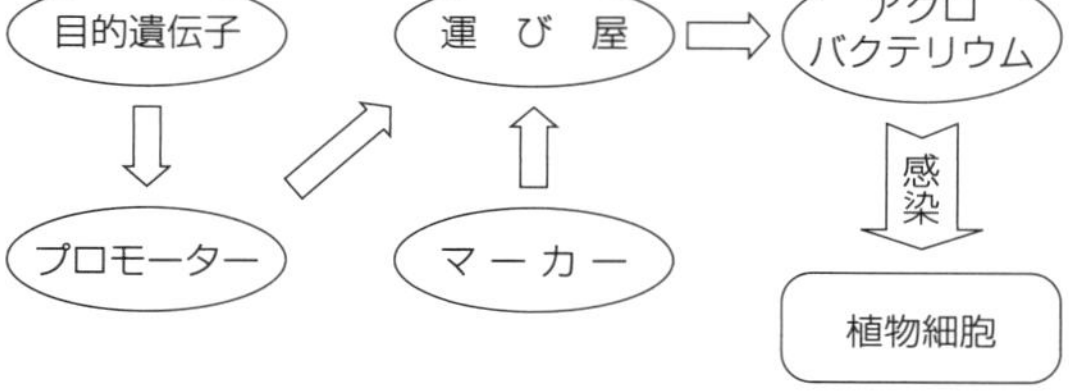

アグロバクテリウム法による遺伝子の導入

DNAの一部を切り離して植物細胞のゲノムに移入する。このはたらきを利用して、目的遺伝子を組み込むのである。このときに、目的遺伝子がうまく組み込まれているかどうかを確認する必要がある。そのためにマーカー遺伝子も同時に組み込むという操作が行われる。

プロモーターとしては時期に関係なく、いつでも性質が発現できるという特徴が望ましいので、カリフラワーモザイクウィルスなどのウィルスが使われている。マーカー遺伝子としては、抗生物質のカナマイシンなどに耐性のある遺伝子を利用する。遺伝子操作後に、カナマイシンを投与すると、病気の治療のときのように耐性がないバクテリアやウィルスは死んでしまう。しかし耐性遺伝子が目的遺伝子とともに、うまく組み込まれているとこの微生物は死なずに活動を続ける。このように抗生物質耐性をもつ遺伝子がマーカーとして植物＝食品に入ると、それを摂取した人間が病気に罹ったときに抗生物質が効きにくくなるのではないかという批判がなされている。

なお、エレクトロポレーション法は、細胞壁をなくしてドロドロにしたプロトプラストと目的遺伝子の混合液に電気ショックを与えて目的遺伝子を組み込む方法である。イネ科のように細胞壁が固くて微生物が感染しにくい植物に対して採用されることが多い。パーティクルガン法はいわゆる遺伝子銃を使って目的遺伝子を直接対象植物のゲノムに組み込む方法である。

（池上甲一）

コラム④
ファッションマルシェ

東京の都心では、いま、マルシェがはやりだ。六本木のテレビ局の前にも新しいのができた。ビルの壁面いっぱいに、パリのマルシェの風景が映っている。その下に、かわいらしいテントが並び、おそろいのワンピースの若い娘《こ》たちが、呼びこみをしている。マルシェとは、フランス語で市《いち》のこと。二〇〇九年の秋に、農水省の肝いりではじまった。総元締めの、マルシェジャポンのうたい文句は「自分の作物を愛し、誇れるものだけをつくる生産者が、それを食べるひとりひとりに、直接販売する。そんな市場」だという。

パリのマルシェの賑わいは、庶民の生活の活力だ。マルシェには、野菜も果物も肉も魚も並んでいて、生産者や売り手の「さあ、旨いぞ。買ってくれ」という、意気込みに満ちている。マルシェが終わるまで、通りはごった返し、ごみも野菜くずも道端に散乱する。

東京のマルシェは、そうはいかない。おしゃれなブースが連なって、なかに並んだ大根もトマトも、きれいなプラスチックの袋入り。桃なんか、ケーキの箱に二つずつ入れられて、「スイーツのように食べてもらいたい」と言う生産者。ブースを埋めているのは、ビン詰のジャムだったり、手作り小物や陶器だったりで、肉や魚はもちろんないし、野菜や果物も、そこそこの量しかない。

売り手にしてみれば、東京へ時間とお金をかけてやって来て、売れるかどうかわからない青物を並べるのは、冒険だ。それでも、ちょっと出てくるのは、人とふれあう楽しさがあるからだろう。ブースは一回ごとの貸し切りなので、試してだめなら撤退という売り手もいる。だから、マルシェの出店の顔ぶれが毎回変わる。これでは、市《いち》は根付かない。生産者が、「おれのつくった大根を食べてくれ」と、都会へ売りに出るには、それなりのインフラの整備が必要だ。駐車場と、トイレと、電源の確保、そして、ブースの設置と撤去、あと片づけをしてくれる清掃車の手配。これを生産者まかせにするマルシェでは、続くわけがない。

フランスのマルシェは、毎週、決まった曜日に、決まった場所に立つ。もちろん、それぞれの売り場も決まっている。その日の朝になると、まずテント係りがやって来て、設営をはじめる。それがすんだころ、生産者が次々にトラックで乗りつけて、自分のブースに荷を降ろす。トラックはそれから駐車場に移動して、マルシェの開始となる。ふつうの朝市なら八時ごろから買い物客がやってきて、午後一時には終了。売り手は、また、自分のブースにトラックを寄せ、残りを積んで去っていく。野菜くずやごみは、その後、清掃車がきれいにさらっていく。あいだをぬって、野菜くずを拾っていく人たちもいる。

赤坂のサカスマルシェ

マルシェが面白いのは、これぞという店の前には長蛇の列ができることだ。自分の目で見て、味わって、気に入った店や生産者をみつけたら、そこで順番を待つ。たいていはバラ売りだから、一つでも買える。鶏なら一羽、魚なら一匹、丸ごと買えば、そのほうが安い。だからみんな、大きなショッピングカートを引いて、マルシェへ出かけて行く。

東京にも、活きのいい、生活マルシェがほしい。村の生産者と都会の消費者がほんとうに出会える場所が必要だ。マルシェの楽しさは、人と人がふれあって、胃袋を満たし、心を満たしあうことだ。ファッションマルシェは、もうそろそろ、イメージチェンジしてもらえないだろうか。

（アンベール－雨宮　裕子）

5. バイオ燃料の落とし穴

稲泉博己

一　バイオ燃料ブームはホンモノか

二一世紀初頭、バイオ燃料に関して、さまざまな見方が取りざたされ、実際にいくつかの試行もはじまった。たとえばカーボン・ニュートラルによる地球温暖化防止、化石燃料の枯渇に対する危機意識、ＥＵによる輸送燃料のバイオ化、クリーン・エネルギー推進の動きなど、多様な見解と試みがなされていた。そんななかで二〇〇五年Ｇ・Ｗ・ブッシュ前アメリカ大統領が、トウモロコシによるエタノール計画拡張（二〇〇五年エネルギー政策法および二〇〇六年一般教書演説）を大々的にぶち上げた。さらにブッシュ政権は二〇〇七年三月に、ルーラ（前ブラジル大統領）との会談でバイオ燃料ＯＰＥＣ創設にまで言及した。こうしたアメリカの動きは、世界的なバイオ燃料開発の決定的な推進力になった。

このブッシュ政権のバイオ燃料への力の入れ方は急激で、しかも短期間に成果が表れた。一九七〇年代の石油危機以降、試行錯誤を繰り返しつつ、長いあいだ世界のバイオ・エタノール生産・利用の圧倒的部分を占めていたのはブラジルであった。ところがこの年以降、ブラジルのバイオ・エタノール生産量を、アメリカがあっさりと抜き去ったのである。

一方日本では、二〇〇二年に農林水産省、経済産業省、環境省など関係省庁が協力して、地球温暖化防止、循環型社会形成、戦略的産業育成、農山漁村活性化などの観点から、家畜排泄物や木くずなどの動植物から生まれた再生可能な有機性資源（バイオマス）の利活用推進に関する取り組みや行動計画を「バイオマス・ニッポン総合戦略」としてまとめた。

二〇〇六年三月には、それまでのバイオマスの利活用状況や二〇〇五年二月の京都議定書発効などの戦略策定後の情勢の変化をふまえて見直しを行い、国産バイオ燃料の本格的導入、林地残材などの未利用バイオマスの活用によるバイオマスタウン構築の加速化などを図るための施策を推進してきた。たとえば二〇〇七年から、バイオ・エタノールとイソブチレンを化合させたエチル・ターシャリー・ブチル・エーテル（ＥＴＢＥ）をフランスなどから輸入し、ガソリンに三％混入させたＥ３の販売がはじまった。また南西諸島のサトウキビ、その他稲藁や廃材などの木質系バイオマスからのエタノール抽出も試みられている。さらにバイオ・ディーゼル燃料（ＢＤＦ）の生産と活用に関しても、各地で菜種油からＢＤＦ精製をする「菜の花プロジェクト」と銘打った取り組みや、あるいは京都市営バスでは市内で集めた廃油からつくられたＢＤＦを燃料として利用するなど、徐々に広がりをみせはじめている。

そこで本章ではバイオ燃料について概観し、それがもたらす影響について考えてみたい。

二　バイオ燃料とは

世界各地で生産され、また日本でも実際に利用されているバイオ燃料。そもそもバイオ燃料とはいったい何なのか、ということからはじめよう。

一般的にバイオ燃料とは、あらゆる生物由来の素材で、燃料となりうるもののことを指す。したがってエタノールやメタノールから、薪や炭、植物性および動物性の油脂・潤滑油、さらに作物残渣や動物の糞尿まで含まれる大変広い範囲のものである。事実アフリカ諸国やアジア、あるいはブラジルで現在も重要な煮炊きの燃料として使われているのは薪、つまり木材であり、また南アジアの国々では動物の糞を乾かして燃料にしている。こう考えてみると、バイオ燃料は格別新しいものではなく、火の発見以来ずっと人類の身近にあったものだということができるだろう。

さてわたしたちはいつごろから上記のような伝統的なタイプのバイオ燃料と縁遠くなってきたのであろうか。日本ではつい最近、といっても高度経済成長期を境に変化したと考えられるが、バイオ燃料から化石燃料への転換の嚆矢は一八世紀イギリスに端を発した産業革命期に、より燃費効率の良い化石燃料（石炭・石油）が利用されるようになってからだといわれている。つまり何千年もの人類の文明史のなかで、化石燃料が主役の座を占めたのはつい最近、わずか三〇〇年程度の期間しかなく、それ以外のほとんどの時期に人類は実はバイオ燃料とともに歩んできたのだ。

バイオ燃料があらためて注目されるようになったのは、その特性にある。すなわち太陽エネルギーを光合成によって「収穫した（取り込んだ）」燃料であること、化石燃料とは違い、毎年（毎回）植物生産をすることで再生可能であること、また原料である植物の特性として、二酸化炭素を吸収し酸素を放出するという呼吸作用を行っているという特性をもつ。つまり、①太陽エネルギーの利用、②再生可能、③二酸化炭素吸収、という特性があるために、バイオ燃料は近年の地球温暖化対策に重要な位置を占めるようになったのである。

三　バイオ燃料推進の背景

バイオ燃料には、前節で述べたような三つの特性があるので、化石燃料のかわりに未来の、地球にやさしいエネルギーとしてもてはやされているのである。それではさまざまな情報があふれているなかで、冷静に、もう少し詳しくこのバイオ燃料推進の背景をみてみよう。

先に取り上げたブッシュ元大統領の政策は、突然降ってわいたものではない。アメリカのバイオ燃料の動向に詳しい農水省農林水産政策研究所・小泉達治主任研究官によれば、「米国におけるバイオ・エタノールの開発の歴史は、ヘンリー・フォードが開発した一九一九年製T型フォードにまでさかのぼるが、一九七三年の第一次オイルショックを契機とする原油価格の高騰を契機に、バイオ・エタノールは、ガソリン代替燃料として脚光を浴び[1]」た。ちなみに筆者も少しかかわった調査にＢＤＦ原料として注目を集めているジャトロファ（jatropha curcas　ナンヨウアブラギリ＝写真１、２）を対象としたものがあったが、これにしても、戦前たとえば旧日本軍がインドネシアで戦闘機零戦の燃料として注目し開発を試みたことがあるものの、それ以降アメリカのバイオ・エタノール開発と同じように一九七〇年代のオイルショックまでほとんど研究されてこなかった。つまり「地球にやさしい」といわれるこの種のバイオ燃料も、オイルショックといったきっかけがなければ等閑視されてしまうものだったのである。

写真１　ジャトロファの実

写真２　ジャトロファ・プランテーション
（ガーナ北部、タマレ市）

バイオ燃料推進の背景――アメリカの事情

それでは二〇〇〇年代に入った最近のバイオ燃料推進力の背景は何なのだろう。再び先の小泉レポートによれば「アメリカ農務省が、二〇〇七年二月に発表した『アメリカ農務省二〇一六年農業予測』では、アメリカのトウモロコシ生産量は、二〇〇五／〇六年度から二〇一六／一七年度にかけて年平均二・〇％増加することが予測されている。同期間中、総需要量は年平均二・二％の増加となっており、このうち飼料用需要量は〇・二％の減少、バイオ・エタノール用需要量は八・七％の増加が予測」されていた。つまり「増大するバイオ・エタノール需要量に対して、トウモロコシ生産がキャッチアップできるかが今後の需給動向の鍵を握る[2]」と予測されていたのだ。

アメリカにとってのトウモロコシという作物の位置を考えてみると、世界最大のトウモロコシ輸出国であるアメリカは、これまでその輸出量を維持・拡大すべく生産支援の補助金を出してきた。しかし貿易の自由化を目指すＷＴＯのもとでは、そうした生産刺激策としての補助を続けていくことは困難が予測される。そこで代替策として二〇〇五年エネルギー法にもとづく新たな補助が導入されたという見方が成り立つわけだ。いずれにせよアメリカのトウモロコシ輸出量の減少は国際価格の上昇を招くと懸念されていたが、二〇〇七～〇八年にはやはりそれが現実のものとなった。しかも世界的な食糧危機というかたちで現れてきたのは記憶に新しいところだろう。

途上国――とくにアフリカの事情

一方原料作物を生産する側にとって、とりわけアメリカの生産者にとって新たな支援策として歓迎されたのはいうまでもない。それでは発展途上国の生産者にとってはどのように受け止められたのであろうか。これについていくつかの角度から検討してみよう。

まず図1は、国際社会共通の目標として設定された国連ミレニアム開発目標（ＭＤＧ[3]）の一つである「一九九〇年から二〇一五年までに、飢餓に苦しむ人びとの割合を半減させる」という飢餓撲滅の推移である。地域別の棒グラフのそれぞれ上段が一九九〇～九二年の状況、中段が二〇〇〇～〇二年、下段が二〇〇五〜〇七年、そしてこの三本の横棒グラフを縦に貫いている線が二〇一五年ＭＤＧの達成目標を示している。この図から途上地域全体では低下傾向がみられるものの、いずれも「半減」という目標にはほど遠く、なかでもサハラ以南アフリカ（サブサハラ・アフリカ）の飢餓人口割合が依然として高いことがわかる。

次に食料の需給バランスと栄養状態を、国連食糧農業機関（ＦＡＯ）の統計データベース（ＦＡＯＳＴＡＴ）でみたのが図2である。Ｘ軸には生産量、輸入量（単位は一〇〇万トン）と、カロリー供給（単位は一人一日当たりキロカロリー）を並べ、それぞれに一九六一、一九七〇、一九八〇、一九九〇、二〇〇〇、二〇〇七年の状況をプロットした。これをみると生産量が順調に伸びているのはキャッサバであるが、栄養供給源としては漸減している。一方、一九七〇年代から栄

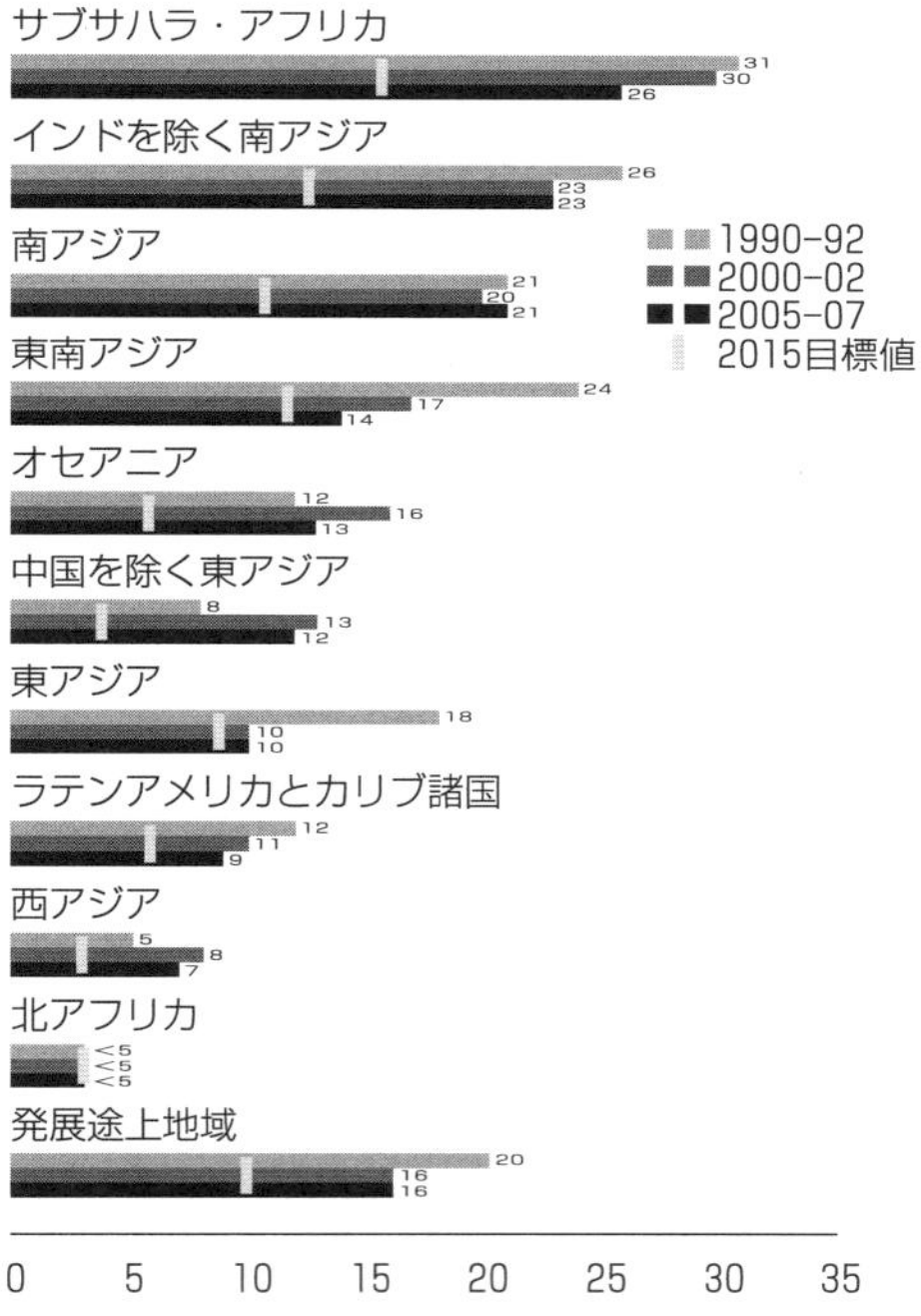

図１　飢餓人口割合の推移（%）

出所）「国連ミレニアム開発目標報告 2010」

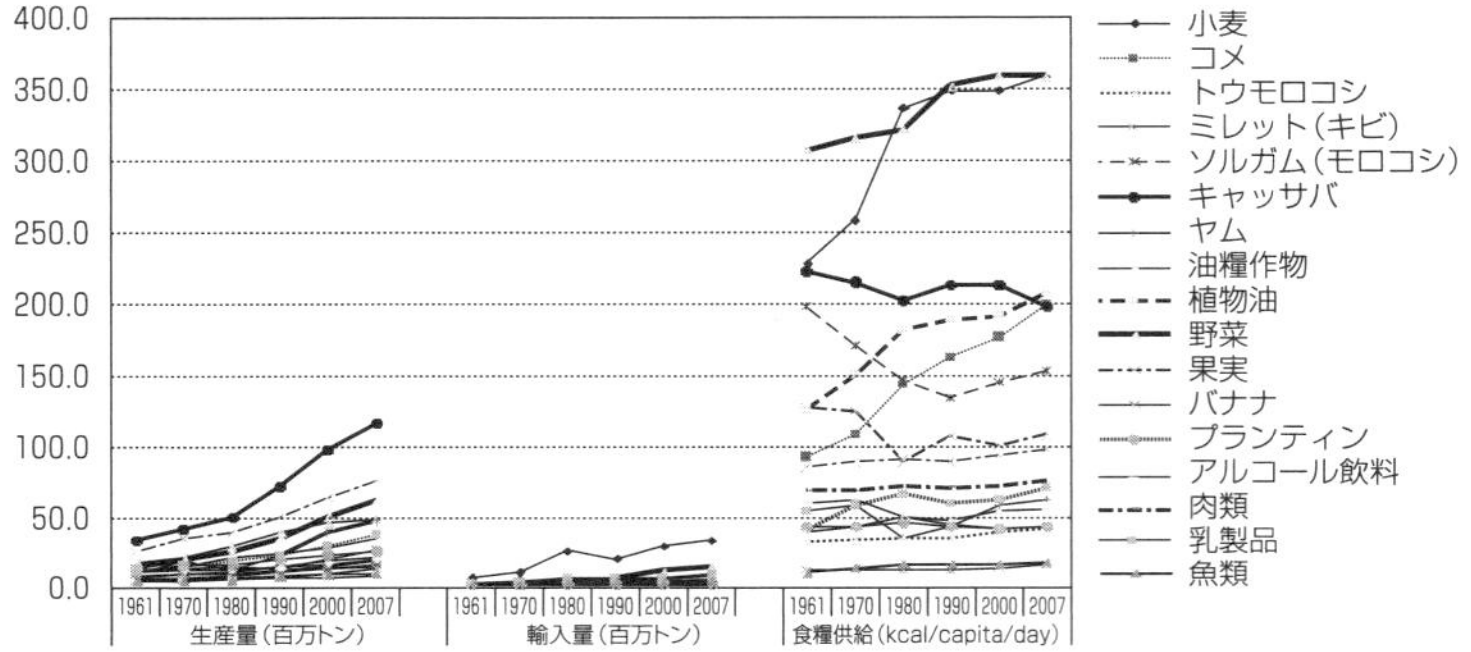

図 2　アフリカの食料バランスシート

出所）FAOSTAT

養供給源として伸びてきているのは小麦やコメなどであり、とくに小麦に関してはほぼ輸入に頼っている状況がわかる。すなわちアフリカにおける作物生産と食料供給にアンバランスが生じているのだ。

さらに図3は同じくFAOSTATを用いて、一九九九～二〇〇一年を基準一〇〇として、一九六一～二〇〇九年までの農業生産性指数を世界の地域ごとに比較してみたものである。

この図の特徴は絶対量ではなく、地域ごとに基準年に対してその前後においてどれだけの生産があがったか、つまり農業生産性を時系列に比較できることにある。これをみるとアフリカは一九六〇年代にピークを打って以降、停滞気味にあることがわかる。これに対して同じく発展途上地域とみなされている東南アジアや南アメリカでは大きな伸びがみられる。

これら三つのグラフからわかることは、アフリカ地域に世界でもっとも飢餓人口が集中していること、そのアフリカ地域の栄養供給源が伝統的なものではなく「輸入小麦」などに転換していること、さらに域内の農業生産全体が停滞していることで

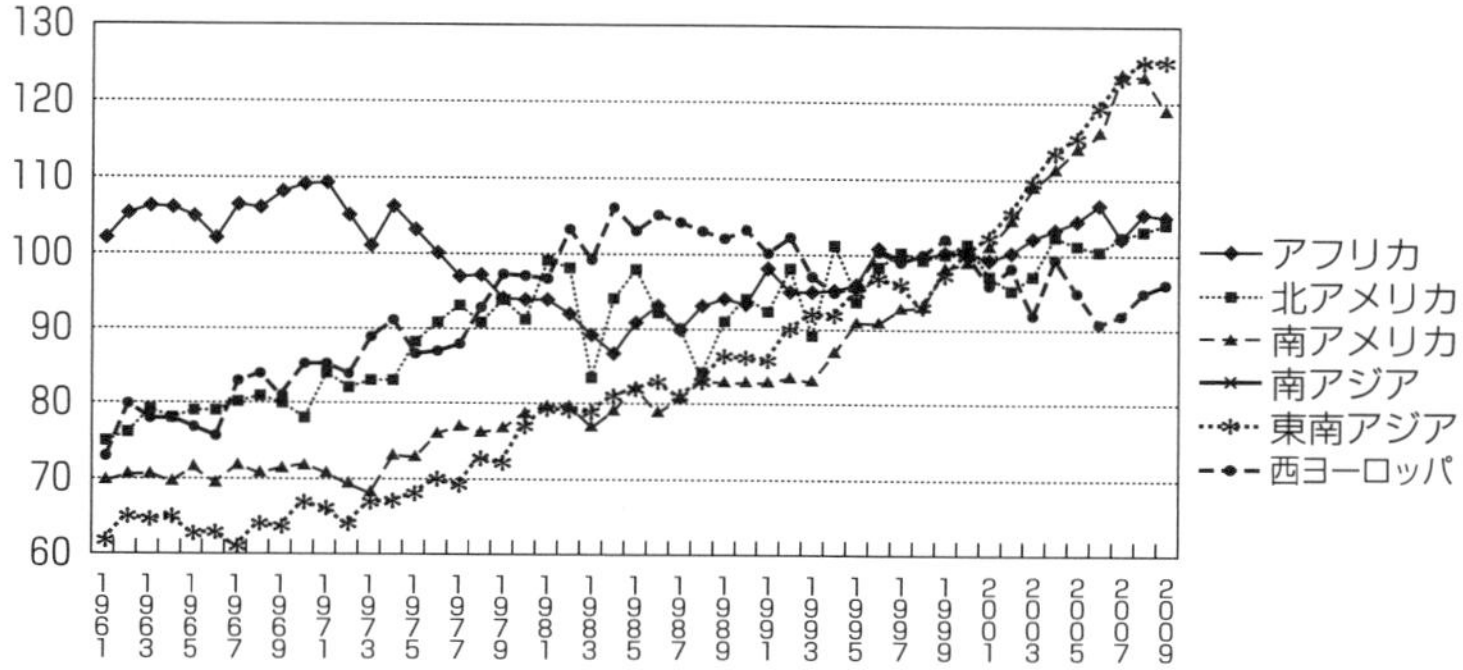

図３　世界各地域の農業生産指数

（１人当たり実質生産指数：1999〜2001 年を 100 とする）

出所）FAOSTAT

ある。こうした飢餓と停滞、また食料確保のために外貨が必要であるという事実は、生産者にとっては新たな作物の獲得を、またみずから生産手段をもたない都市住民や為政者にとっても新たに効果的な農業開発の道を、「新たな」バイオ燃料作物に求めたとしてもそれほど不思議ではないだろう。

さらにアフリカに特有の歴史や、農業をとりまく社会・経済環境なども考慮しなくてはならない。たとえばその第一は、ヨーロッパとの接触のあとの奴隷貿易から、植民地支配、そして独立後の経済的な立場である。そして第二は、農民たちのメンタリティ、とくにわたしたちが自明としている日本農民と比較したときの、土地や農業に対する思いである。

まず前者に関していえば、植民地体制以来、農業生産が自国の需要を賄うというよりも、一貫して国際的な貿易体制のなかに組み込まれてきたことがあげられる。このため作目はもちろん、生産基盤、流通などに関しても、つねに国外から強い影響を受けてきたのである。ここで取り上げているバイオ燃料用作物生産に関しても、まったく同じことがいえるだろう。

さらに後者に関しては、上のような農業の成り立ちとも深くかかわることだが、日本の農民のように「先祖代々の土地」で「丹精こめて」作物を育ててきたというわけでは、必ずしもないこと。植民地体制のもとで土地を取り上げられたり、あるいは共同体的土地所有のなかでは、農民個人の意欲に彼我の差があっても不思議ではない。

こうした歴史的、社会的環境のもと、さまざまな思惑が絡み合って、アフリカ大陸のなかで急速にバイオ燃料用作物が広がったと考えられるのである。

四　バイオ燃料の落とし穴

二〇〇六年夏以降の原油価格の高騰は、バイオ燃料の追い風とはならなかった。国際市場に出回るコムギの大産地であるオーストラリアの引き続く干ばつなど、さまざまな要因が絡んだ穀物価格の異常な高騰によってバイオ燃料は悪玉にされ、さらに二〇〇八年九月のリーマン・ショックによって原油や穀物価格の反転下落がはじまると、価格競争力のない現状のバイオ燃料ブームは、ブラジルを除いて急速に下火になった。

日本のテレビ番組でも取り上げられたイギリスのD1オイルズは、二〇一〇年に発行された後述のFARAのレポートにも取り上げられるなど、アフリカにおけるジャトロファBDF企業の先駆的存在だった。しかし同社はアフリカにおける英国石油（ＢＰ）との合弁事業を二〇〇九年七月に解消し、結局二〇一〇年八月二七日、最高経営責任者ベン・グッド氏が更迭された。[4]これは同じく二〇一〇年発行のＦＡＯレポート『ジャトロファ――小農のためのバイオ燃料作物』[5]が指摘するように、「燃料作物ジャトロファを用いてＢＤＦ生産をすることは、貧困農家の利益につながり、とくに途上国の半乾燥・遠隔地に有望」であるとしても、「ジャトロファは現在でも基本的には「野生植物」のままであり、まず作物としての改良が必要であるにもかかわらず、現在の多くの途上国におけるジャトロファ開発投資や政策決定は、十分な科学的知識の裏づけがない」ことに起因するであろう。これは二〇〇七年に筆者をはじめ、いくつかのＮＧＯが指摘していた（「共同提言 ver. 1」[6]）ことでもあった。ではなぜ素人でもわかる危うい道をＤ１オイルズは、石油メジャーであるＢＰと組んだとはいえ突き進んだのであろうか。もちろんさまざまな要因が絡まっているだろうが、あえてひとことでいうなら「土地収奪」の尖兵となったのではないだろうかということである。つまり時に口うるさく過激な欧米の市民（団体）にとっても、また「新たな」作物を求める途上国なかんずくアフリカの為政者にとっても、ジャトロファが期待をもって受け入れられたのではないか。たとえば二〇〇六年前後ににわかに起こった「ジャトロファ・ブーム」のころには、①ジャトロファはこれまで土壌浸食防止のために導入された実績をもっていること、②ジャトロファは成長量が大きい（バイオマス量が大きい）が、食用作物ではないこと、しかも③「荒廃地」でも無投入で手間がかからずによく育つこと、などの特徴をもつのでバイオ燃料に好都合だと喧伝されたが、これらのことから両者に受け入れられたのではないかと考えられるのである。さらにその産業化のためには「荒廃地」を集積し開発する。欧米や日本などの眼からすれば低利用の土地、しかしいうまでもなくこうした土地も現地からみると必ずしも低利用なわけではなく、輪作や遊牧などに使われる土地さえも取り込む強力な推進力になったのではないか。これまでプランテーションで利用していた、いわゆる優良農地のみならず、小農が持続的に利用してきた土地資源も囲い込むために、地球温暖化対策という錦の御旗を掲げて露払いの役割を担ったのがバイオ燃料にかかわる企業だったのではないだろうか。バイオ燃料のすぐあとに、外国向けあるいは商品としての食料作物を生産するために乗り込んできたさまざまな企業の「土地収奪」が、バイオ燃料の急激なブームと無関係であるとは思えないのだ。

たとえばタンザニア政府は一九九七年に投資法を制定した。この法律にもとづいて農地への投資を促進するためにタンザニア投資センター（ＴＩＣ）が設置されたが、ＴＩＣはジャトロファ用農地の囲い込みにどのような役割を果たしてきたのだろうか。実情はよくわからないが、検討する必要があるだろう。昨今の「土地収奪」の報道に接するとき、「まだ作物になっていない」ジャトロファなどのために土地をめぐって動いていた人たちの本当の目的は、ここにあったのではないかと考えるのはひとり筆者だけであろうか。

五　世界のバイオ燃料生産と日本とのつながり

バイオ燃料と日本のかかわり

二〇〇七年六月六日付の「フィナンシャル・タイムズ海外投資情報」によれば、南アフリカのエタノール・アフリカ社の記事が出ている(7)（図4）。

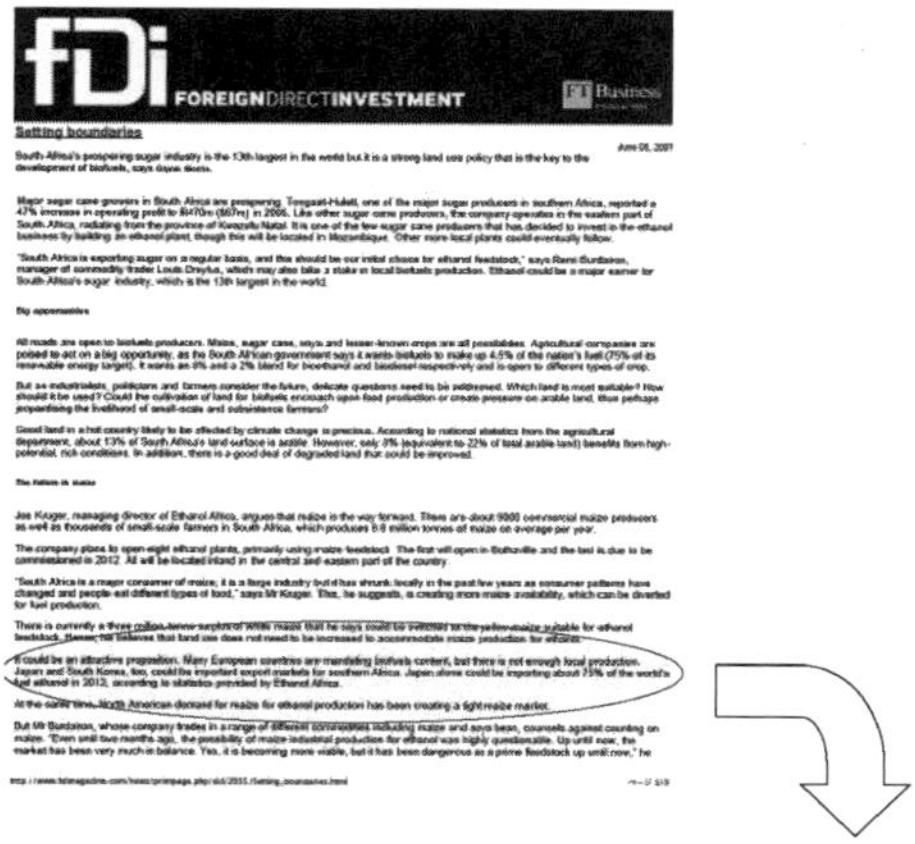
fDi FOREIGNDIRECTINVESTMENT　FT Business

Setting boundaries

June 06, 2007

South Africa's prospering sugar industry is the 13th largest in the world but it is a strong land use policy that is the key to the development of biofuels, says

Major sugar cane growers in South Africa are prospering. Tongaat-Hulett, one of the major sugar producers in southern Africa, reported a 47% increase in operating profit to R470m ($67m) in 2006. Like other sugar cane producers, the company operates in the eastern part of South Africa, radiating from the province of KwaZulu-Natal. It is one of the few sugar cane producers that has decided to invest in the ethanol business by building an ethanol plant, though this will be located in Mozambique. Other more local plants could eventually follow.

"South Africa is exporting sugar on a regular basis, and this should be our initial choice for ethanol feedstock," says Remi Burdairon, manager of commodity trader Louis Dreyfus, which may also take a stake in local biofuels production. Ethanol could be a major earner for South Africa's sugar industry, which is the 13th largest in the world.

Big opportunities

All roads are open to biofuels producers. Maize, sugar cane, soya and lesser-known crops are all possibilities. Agricultural companies are poised to act on a big opportunity, as the South African government says it wants biofuels to make up 4.5% of the nation's fuel (75% of its renewable energy target). It wants an 8% and a 2% blend for bioethanol and biodiesel respectively and is open to different types of crop.

But as industrialists, politicians and farmers consider the future, delicate questions need to be addressed. Which land is most suitable? How should it be used? Could the cultivation of land for biofuels encroach upon food production or create pressure on arable land, thus perhaps jeopardising the livelihood of small-scale and subsistence farmers?

Good land in a hot country likely to be affected by climate change is precious. According to national statistics from the agricultural department, about 13% of South Africa's land surface is arable. However, only 3% (equivalent to 22% of total arable land) benefits from high-potential, rich conditions. In addition, there is a good deal of degraded land that could be improved.

Joe Kruger, managing director of Ethanol Africa, argues that maize is the way forward. There are about 9000 commercial maize producers as well as thousands of small-scale farmers in South Africa, which produces 8.8 million tonnes of maize on average per year.

The company plans to open eight ethanol plants, primarily using maize feedstock. The first will open in Bothaville and the last is due to be commissioned in 2012. All will be located inland in the central and eastern part of the country.

"South Africa is a major consumer of maize; it is a large industry but it has shrunk locally in the past few years as consumer patterns have changed and people eat different types of food," says Mr Kruger. This, he suggests, is creating more maize availability, which can be diverted for fuel production.

There is currently a three million-tonne surplus of white maize that he says could be switched to the yellow maize suitable for ethanol feedstock. He believes that land use does not need to be increased to accommodate maize production for ethanol.

It could be an attractive proposition. Many European countries are mandating biofuels content, but there is not enough local production. Japan and South Korea, too, could be important export markets for southern Africa. Japan alone could be importing about 75% of the world's fuel ethanol in 2012, according to statistics provided by Ethanol Africa.

At the same time, North American demand for maize for ethanol production has been creating a tight maize market.

But Mr Burdairon, whose company trades in a range of different commodities including maize and soya bean, counsels against counting on maize. "Even until two months ago, the possibility of maize industrial production for ethanol was highly questionable. Up until now, the market has been very much in balance. Yes, it is becoming more viable, but it has been dangerous as a prime feedstock up until now," he

http://www.fdimagazine.com/news/printpage.php/aid/2055/Setting_boundaries.html

It could be an attractive proposition. Many European countries are mandating biofuels content, but there is not enough local production.
Japan and South Korea, too, could be important export markets for southem Africa. Japan alone could be importing about 75% of the world's fuel ethanol in 2012, according to statistics provided by Ethanol Aflica.

図4　南ア企業「エタノール・アフリカ社」の投資情報記事

出所）「フィナンシャル・タイムズ海外投資情報」2007年6月6日付。

それによれば、「多くのヨーロッパ諸国はバイオ燃料の混入を義務づけているが、ほとんどが国内生産では間に合わない。それは日本や韓国でも同じ状況である。したがってそれらの国々が南アにとって有力な輸出先になるだろう。とくに日本は、エタノール・アフリカ社の推計によれば、二〇一二年の国際エタノール市場の七五％を輸入すると見積もられる」（強調は引用者）と記されている。ところがその後この会社はホームページを閉鎖し、現在どのような状況にあるのか明らかでない。

土地収奪問題

二〇一〇年に入り各方面から「土地収奪」に関するレポートが相次いで発表された。

アフリカ農業研究フォーラム（ＦＡＲＡ）は、二〇一〇年五月に発表したレポート（『アフリカにおける食料とバイオ燃料の政策相関図』[8]）で、「食料と燃料をめぐる論議は他のいかなる大陸よりもアフリカ大陸で先鋭化し、さまざまな憶測も呼んでいる」という現状認識を示し、これに対して「内外からの直接投資による産業育成と地域市場の適正な刺激政策についても十分な検討が必要」であるにもかかわらず、このレポートで試みた「政策的相関図の作成によって、すべての利害関係者（政府、民間、ＮＧＯ、農民）の連携不足が確認された」としている。

一方、世界の援助・協力に大きな影響力をもつ世界銀行グループは、『農地への世界的な関心の高まりと農業投資の透明性・責任の重要性[9]』（二〇一〇年九月）を発表し、「大規模な土地獲得は、技術移転の触媒の役割や農業生産性の向上、貧困削減など、ながらく放置されていた途上国農業の転換点となるという見方もある」。「しかしながら不透明な資源の権利状況や未成熟な管理機能のもとでは、紛争や環境破壊を招きかねない」と両論併記しつつ「世銀は、加熱する土地投資に対して、危惧を示しつつ、制度整備によって健全な取引を促す」方向を打ち出した。これに対して国際ＮＧＯ最大手のオックスファムは即座に「現下の土地収奪は新植民地主義である[10]」と警告を発している。

民間企業とバイオ燃料

先進国の生産者側の声として、二〇一〇年七月にアメリカ食肉研究所所長J・パトリック・ボイル氏は、「トウモロコシ由来のエタノールが五〇%混入されたガソリンを使用することになれば、食料と飼料の価格が高騰し、牛肉・鶏肉生産者そして究極的には消費者がそのコストを払わなければならない」[11]として、米国内のエタノール産業の拡大に異を唱え、メディアを通じたキャンペーンを展開している（図5）。つまり先にみた国際的な食料高騰の影響が世界最大のトウモロコシ輸出国アメリカのお膝元でもおおいに懸念されているのだ。

図5　エタノール産業拡大反対ポスター

出所）Follow The Science org. のHPより。

その一方、先述のD1オイルズとは対照的に、アメリカのバイオ燃料ベンチャー大手SGバイオフューエルズは躍進を続けている。たとえば二〇一〇年八月、同社はサンディエゴに最新のジャトロファ研究所建設を公表し、同じ八月二五日、同社はライフ・テクノロジー社と共同でジャトロファの遺伝情報解析完了と発表している。さらに一〇月オランダで開催されたバイオ燃料エキスポでハイブリッド・ジャトロファの種子を開発したと発表[12]するなど、ますますその勢いを増している。

パーム油をめぐる議論、国際組織や認証の動き

パーム油は日本でも洗剤原料として使われているが、それ以外にもBDF原料としての利用も増大している。そこでパーム油系のバイオ燃料をめぐる国際的な動きを概観しておこう。

まずパーム油系BDFの問題として各方面から指摘されているのが、パーム油を取るためのアブラヤシ・プランテーション（大規模農園）の造成の問題である。造成は、森林、草地などを農地へ転換することによって、温室効果ガス（GHG）排出量を増大させることが懸念されている。ことに泥炭地を利用することによってGHGが大量に排出されることが指摘されている。

次にバイオ燃料用作物の生産により、当該土地で従来生産されていた作物などが別の土地で生産されることを、間接的土地利用変化と呼ぶ。間接的土地利用変化に関する因果関係の立証や影響の定量化には困難がともなう。だからその重要性が軽視されてきた。実際、英国では二〇〇八年四月から輸送用化石燃料供給業者に対して、バイオ燃料導入を義務づける「再生可能燃料導入義務制度（RTFO）」の運用をはじめた。このRTFOでは、「間接的土地利用変化がどこで生ずるか把握が困難であること、およびバイオ燃料生産者の管理外であることから、考慮は不要」としている。一方、二〇〇五年のグレンイーグルス・サミットにおいて、G8＋5（ブラジル、中国、インド、メキシコ、南アフリカ）首脳が、バ

イオ燃料の持続的発展を図ることを目的として立ち上げた「グローバル・バイオエナジー・パートナーシップ（GBEP）」では、EUや米国などが、各事業者をはじめとする関係者に対して、間接的土地利用変化の考慮の是非について検討を要請している。このように間接的土地利用変化については、いまだにその取り扱いが定まっていない[13]。

GBEP以外にも、国際的な取り決めや認証制度ができている。

まず「持続可能なバイオ燃料に関する円卓会議（RSB）」原則について述べよう。二〇〇七年六月、世界のバイオ燃料関係者が集まりRSBをつくった。ここでは持続可能なバイオ燃料に関する国際規格策定作業が続けられ、二〇〇九年一一月に「RSB原則 ver.1」[14]が取りまとめられた。それによれば、「原則三：GHG排出：バイオ燃料は、ライフサイクルのGHG排出を化石燃料に比べて大きく減らすことにより、気候変動の緩和に貢献するものとする」とし、バイオ燃料の最大の使命を規定している。さらに「原則五：農村及び社会開発：貧困地域においては、バイオ燃料事業は、地方住民、農村住民、先住民とそのコミュニティの社会的及び経済的発展に貢献するものとする」など、持続可能な社会に関しての配慮もうたわれている。

次に「持続可能なパーム油のための円卓会議（RSPO）[15]」については、二〇〇一年に世界自然保護基金（WWF）とパーム油生産・加工などの関係業者によって取り組みがはじまり、二〇〇三年八月、マレーシアのクアラ・ルンプールで正式に発足した。RSPOは、二〇一〇年一〇月時点で、一九の生産企業、七一カ所のパーム油製油所、六〇万七六〇二ヘクタールの生産地、さらに四六のサプライ・チェーン企業および八七施設について、認証している。

日本のパーム油利用メーカー「サラヤ」によれば、「ＲＳＰＯは英蘭ユニリーバが作った認証制度で、同社はこの他にも環境に配慮した農園を認定するレインフォーレスト・アライアンス（ＲＡ）の紅茶版の認証や、持続可能な漁業の推進を目指す海洋管理協議会（ＭＳＣ）など、生物多様性の認証作りに積極的に関わっている。このことを取り上げて、欧米企業が作った認証に日本企業が費用を支払うという構図を、生物多様性の世界での欧米の資源戦略の一つと考える向きもある。確かにその面は否定できないが、サラヤとしては世界標準の認証はあった方が良いと考えている。例えばＲＳＰＯがこれまで成功しているのは、世界標準の認証の下に、ＮＰＯや銀行、流通関係などのステークホルダーを取り込めているからで、かなり幅広い意見を聞くことができたからであると思う」としている[16]。

二〇〇九年一一月に再びクアラ・ルンプールで開催された第七回ＲＳＰＯでは、気候変動にかかわる持続的な原料油の生産等に対する国際世論のプレッシャーは大きいが、とくに生産者は「「持続可能な」生産のための規定に合わせるための費用の重み、そして規定に沿って生産して「ＲＳＰＯ」認証を得たからといって高く売れる保障はないため、規定に従うための費用の基が取れない」と訴えたという。その一方で、キャドバリー・シュウェップスなどの経営者は「ＥＵによる持続可能な生産の基準を義務化する動き」「買い手側からの需要。ＮＧＯによるパームオイルを使った製品のボイコット等の消費者運動」「企業ＣＳＲ活動としての可能性」「ＲＳＰＯの基本理念の重要さ、関係する環境問題の緊急性」など、関係企業として無視できない状況に対して、この認証制度は有効に機能しているとＲＳＰＯの意義をあげている。さらに、NGO側でも、あるRSPOメンバーのプランテーション業者が、「パームプランテーション内に住む子どもたちのための教育活動に前向きな姿勢を示した点」を評価しており、「企業の自主的参加のみで成り立っているこの制度だが、各国政府や国際市場におけるRSPOの認知度が高まっている今日、RSPO公認パームオイルへの需要が増えれば増えるほど、関連企業がRSPOに参加し基準に従うプレッシャーも増えていくと予測される[17]」と結論づけている。

各国NGO／NPOの動き

以上のような企業、国際機関等による認証制度などに対して、各国のNGOは慎重な姿勢を崩していない。たとえば二〇〇九年三月、日本のNGO／NPOである「地球の友」、「地球・人間フォーラム」、「バイオマス産業社会ネットワーク」は、共同で「バイオ燃料の持続可能性に関する共同提言（改訂版）[18]」を発表した。それによれば、「私たち日本のNGO／NPOは、二〇〇七年二月『持続可能性に配慮した輸送用バイオ燃料利用に関する共同提言』を発表し、安易なバイオ燃料の需要拡大に対し、「モノカルチャーの広大なプランテーション開発は、熱帯林等の貴重な生態系の破壊や、先住民との土地問題、労働問題等の社会問題を引き起こすことがある」と警鐘を鳴らしてきました」としている。

共同提言団体の一つ、地球・人間環境フォーラムはとくにインドネシアのアブラヤシ農園開発と森林の減少に関して、「一九九九年までに造成されたアブラヤシ農園の少なくとも七割が森林を伐採したもの」であり、転換林評価・決定プロセスには課題が多く、「調査も協議も実際上はしていないことが多い」と糾弾した。さらに「政府や企業は、アブラヤシ農園開発は貧困削減になると言うが、間違えてはいけない。人々は貧しくない。森はいろいろな恵みを提供する。それを奪おうとすることは間違いだ」と先住民出身の神父の言葉を紹介した。(19)

バイオ燃料を早くから「アグロ燃料」と呼び、新たな収奪の手段とみなしてきた国際ＮＰＯグレイン（国際遺伝資源行動組織＝GRAIN: Genetic Resources Action International）は、現下のグローバリゼーションに対して、あらゆる方面から小規模農業・農民の主権擁護を訴えている。たとえば「小規模農家は地球を冷却することができる」(20)によれば、「農業生態学の慣習（つまり小農の慣行的農業）を利用して、工業、農業から失われた土壌の有機物質を再構築することにより、ＧＨＧ総排出量を二〇～三五％削減することができる」、「多国籍の食品チェーンのかわりに、主として地方のマーケットを通じて食料を流通させることにより、ＧＨＧ総排出量の一〇～一二％を削減できる」、「土地の開墾や大農園向けの森林破壊を止めさせることによって、ＧＨＧ総排出量を一五～一八％まで削減できる」と指摘するなど、土地収奪を推し進める勢力と、その背後にあるグローバルな食の展開に強い不信感を表明している。

これらをみると、バイオ燃料はたしかに再生可能なエネルギーではあるが、まだまださまざまな不確定要素をもっていること。さらにグローバリゼーションのなかで、その生産や取引はけっして日本にとっても他人事ではなくむしろ推進側の一翼を担っていることがわかるだろう。さて、わたしたちはどこに向かっていけばいいのだろうか。

六　わたしたちは「夢」を語ることができるだろうか

筆者はかつて中学社会科の授業で、一九七二年に発表されたローマ・クラブの「成長の限界」の話を聞いた。そこでは人口の爆発と資源の有限性に警鐘が鳴らされ、「大きいことは良いことだ」とする風潮を正面から否定していた。少し前の一九七〇年、大阪で開かれた万国博覧会で「人類の進歩と調和」という壮大な未来図をみせられていた少年に、降ってわいた石油危機と不況、トイレット・ペーパー騒動など、一気に冷水を浴びせかけられた思いがしていたところに、この「成長の限界」は追い討ちをかけた。まさに現在の状況とよく似ている。ところがそのとき先生が「案じることはない、人類の科学は明るい未来が描けるのだ」と「無尽蔵の」水素エネルギーの話をされ、ほっと胸を撫で下ろしたことを鮮明に記憶している。

はたしていまのわたしたちにそうした夢を語ることができるだろうか。たとえそれが三〇年以上たっても実現にたどり着くことのできない「未来」であったとしても。

（1）　小泉達治「ブラジル・アメリカを中心とするバイオ・エタノール生産の拡大と食糧需給への影響」、梶井功（編集代表）・服部信司（編集担当）『世界の穀物需給とバイオエネルギー』〈日本農業年報五四〉、農林統計協会、二〇〇八年、八八頁。

（2）同上、九六頁。

（3）国連ミレニアム開発目標については、国連日本語版の特別サイト（http://www.unic.or.jp/mdg/index.html）、あるいは外務省サイト（http://www.mofa.go.jp/mofaj/gaiko/oda/doukou/mdgs.html）を参照のこと。

（4）D1オイルズのホームページ（http://www.d1plc.com/news.php）参照。

（5）FAO/IFAD, "Jatropha: A Smallholder Bioenergy Crop The Potential for Pro-Poor Development," *Integrated Crop Management*, 8, 2010, pp. iii-iv, 77-89.

（6）地球の友、地球・人間環境フォーラム、バイオマス産業社会ネットワーク「持続可能性に配慮した輸送用バイオ燃料利用に関する共同提言」二〇〇七年（http://www.npobin.net/biofuelPanf.pdf）。

（7）現在は登録メンバーのみ閲覧可能。

（8）R. Diaz-Chavez, S. Mutimba, H. Watson, S. Rodriguez-Sanchez and M. Nguer "Mapping Food and Bioenergy in Africa," A report prepared on behalf of FARA（Forum for Agricultural Research in Africa）, Ghana, 2010, pp. 20, 109-110.

（9）World Bank, "Rising Global Interest in Farmland, Can It Yield Sustainable and Equitable Benefits?," 2010.（4ページ簡略版：http://siteresources.worldbank.org/INTARD/Resources/Joint_Issues_Note_54_v6.pdf）

（10）*Financial Times*, 7 September 2010.（http://farmlandgrab.org/15303

（11）キャンペーン・サイト（http://www.followthescience.org/）参照。

（12）SGバイオフューエルズに関してのニュースはいずれもThe Bioenergy Siteより、たとえばhttp://www.thebioenergysite.com/news/7218/sg-biofuels-develops-jatropha-hybrid-seedなど（二〇一〇年一〇月）。

（13）井上雅文「バイオ燃料の持続可能性——基準についての議論と今後の方向性」、シンポジウム「バイオ燃料と土地利用——持続可能性の視点から」発表資料、二〇〇九年三月五日（http://www.gef.or.jp/activity/economy/stn/

biofuel090305/2_inoue.pdf)。
(14) 北林寿信「持続可能なバイオ燃料生産のためのRSB原則及び基準（翻訳）」「農業情報研究所」二〇一〇年二月二日（http://www.juno.dti.ne.jp/~tkitaba/earth/energy/document/rsb_principles_and_criteria_for_sustainable_biofuels_Production_version_1.htm）。
(15) RSPOに関しては、同会議のホームページ（http://www.rspo.org/）参照。
(16) 更家悠介「熱帯雨林への負担を減らす洗剤——二〇一一年にはRSPO認証も」、日経BP「ECO JAPAN」「環境経営フォーラムインタービュー」二〇一〇年五月二一日（http://eco.nikkeibp.co.jp/article/interview/20100519/103851/）。
(17) REALISERインディペンデント・メディア「RSPO最新情報—— Wild Asia レポート要約」二〇〇九年一一月二五日（http://www.realiser.org/wordpress/?p=311）。
(18) 地球の友、地球・人間環境フォーラム、バイオマス産業社会ネットワーク「バイオ燃料の持続可能性に関する共同提言（改訂版）」、二〇〇九年三月五日（http://www.gef.or.jp/activity/economy/stn/biofuel_teigen2009.htm）。
(19) 満田夏花「土地利用転換の現場から」、シンポジウム「バイオ燃料と土地利用——持続可能性の視点から」発表資料、二〇〇九年三月五日（http://www.gef.or.jp/activity/economy/stn/biofuel090305/4_mitsuta.pdf）。
(20) GRAIN, "The Climate Crisis is a Food Crisis: Small Farmers can Cool the Planet," October 2009. (http://www.grain.org/o/?id=93)
*出典としてあげたウェブサイトについては、とくに断りのないかぎり、二〇一〇年一〇月現在アクセス可能である。

コラム⑤

ゴミは誰のもの

ゴミは不思議だ。何がゴミで何がゴミでないのか、よくわからない。たとえば、学食のランチ。食べ残しはゴミ箱へポンと捨てられる。お腹へ入ったのとゴミ箱へ行ったのは、まったく同じものなのに、片方は心と体の糧になり、もう一方は残飯の生ゴミ。自分で仕分ける場合はまだしも、いらないのに押しつけられるゴミもある。スーパーで買ったソックスに付いているラベルや金のピンやプラスチックの袋も、パソコンのソフトの大きな外箱も、いらないのに付いてくる。

不用物の処分は、弁別の決まりが細かくて、なかなかやっかいだ。燃えるゴミと燃えないゴミを分け、リサイクルできるビンや新聞紙は別々にまとめて、決められた曜日に決められた場所に出す。ゴミ置き場が設置されている集合住宅ならいつでも出せるし、うっかり間違えても、係りの人が直しておいてくれる。

町内会の当番が見張りをしているようなところでは、これが大変な騒ぎになる。フランスへ発つ日の朝のことだ。ゴミの回収日は翌日で、その日の夜にならないとゴミは出せない。でも、生ゴミを放っていくわけにはいかないので、出かけるときに出していくことにした。ゴミ置き場はリムジンバスの発着所へ行く途中にある。スーツケースを転がしながら、大きな袋をやっとゴミ置き場へ置いた。と、どこからか、掃除道具を持ったお爺さんが現れ、「曜日を守ってくれなきゃ困る。今日、出すなら、隣の町会のゴミ置き場へ持って行ってくれ」と言うではないか。スーツケースにリュックの出で立ちで、これから空港へ向かうのでと言っても聞き耳もたず。仕方なく、一度家まで引き返した。

それからしばらくして、そのゴミ置き場は撤去されてしまった。置き場所に困って区の清掃事務所に連絡すると、「モラルのない人が増えて、そこにゴミを置いていってしまうので町会の要請で撤去になった」との説明。ゴミは以後個人管理になり、区のカラス除けの青ネットをかぶせて、各人が家の前に出すことになった。

変な話だ。ゴミ置き場にゴミを置いていって何でいけないのか。草むらにポイ捨てよりいいじゃないか。曜日やら仕分けやら条件をつける前に、なぜもっとゴミを出しやすくしてくれないのだろう。第一、東京にはゴミ箱がない。近所の工事現場で、お弁当を食べた職人さんたちは、ゴミの捨て場に困って、道端にまとめて置いていった。仕方ないんじゃないの。それをモラルがないと言う前に、ゴミ箱を駅にも公園にも設置して、捨てられる場所を増やしてほしい。

　ゴミの管理をどうして、個人に委ねるのだろう。どこかの町会に入っていないと、ゴミ出しの権利をもらえない。ということは、路上生活者には、ゴミを捨てる場所さえ与えられていないということだ。きれいで住みよい街を目指すなら、難しい規則を掲げる前に、誰もが守れる簡単な方法を工夫するべきだろう。犬の糞やゴミのポイ捨てで観光客に顰蹙《ひんしゅく》をかっていたパリの街でさえ、いまでは随分きれいになった。あちこちにゴミ箱が設けられ、ビン用の大型回収ボックスも街角に常設されているので、捨てたいときに捨てられる。

　もう一つ、ゴミを減らす工夫も必要だ。いつまでたっても廃止されないレジ袋は、日本人のエコ意識の薄さを思わせる。マイバック使用で二円還元されるより、スーパーがエコへの取り組みを率先するモデルになればいい。エコでフェアーを売り物にすれば、それを支持する消費者が顧客になるだろうに。

（アンベール‐雨宮　裕子）

ゴミ箱がいっぱい設置されているパリの街角

コラム⑥
農夫の知恵

「化学肥料なんか使わなくたって、外国の種や飼料に頼らなくたって、牛の乳を何倍にも増やせる」と言って実証してみせたのは、若き日のアンドレ・ポッション[1]。一九三一年、ブルターニュはコルレ村生まれの酪農家で、二三歳のときに結婚して独立している。村では一番小規模な、九ヘクタールの農場で乳牛の飼育をしていた氏は、五〇年代に農民たちの研究グループに参加。そこで得た知識を活かして目覚ましい成果を上げた。

当時ブルターニュでは、どこの農家も、畑には小麦、オート麦、根菜を輪作し、その片隅にれんげ草を植えて、馬や牛舎にいる子牛たちに与えていた。れんげ草の紅色のなかに、白爪草クローバーが少しずつはびこって来る。それが辺り一面に広がると、乳搾りの女たちが喜んだ。白爪草が牛の乳の出をぐっとよくするからだ。白爪草の力を知っていた氏は、「牛は土の肥やし機」だという農学者の言葉を聞いて閃くものがあった。「白爪草を生やした牧場に牛を出してやれば、牛は草を食んでたっぷり乳を出し、糞で土壌を肥やしてくれる。そうしたら、そこに野菜がよく育つのではないか」。

白爪草の牧場にはべる牛の親子
（レンヌ市近郊）

氏は、白爪草の生える一角を牛たちの放牧場にして、乳牛を飼育してみた。放牧場は、三、四年で再び耕作地に戻し、別の場所に白爪草を植えて、新しい放牧場をつくる。放牧場となった休耕地は、牛の糞の滋養を吸収して熟成し、雑草が生えにくく、ミミズやバクテリアの多い柔らかな土壌に変わっていく。そこに、ビーツやオート麦を植えると、よく育って収量も多いことが実証され、土と動物と植物が共生するエコな循環農業ができあがる。

ところが、アメリカ型の大型化学農業に傾倒している研究者たちは、農夫の知恵に耳を傾けない。合理的で収量の多い方法はこれだとばかりに、外国産の牧草の種を窒素肥料とセットで薦めにかかる。ＩＮＲＡ（国立農業研究センター）の研究者たちにとって、白爪草を増やすのに、窒素肥料は無用だというアンドレの主張は眉唾もの。追試験を繰り返し、納得するまでに、一五年もの歳月を費やしている。

ハイブリッドのトウモロコシと、飼料用のレイグラス（ほそ麦）の作付けが、国の補助事業として奨励されたのも、政府の農業政策にＩＮＲＡの勧めるアメリカ型量産方式が導入されたからだ。八〇年代に入ると、干し草、トウモロコシ、雑穀、補助たんぱく源などをバランスよく取り合わせて安上がりな混合飼料が編み出され、食の工業化が推進される。おかげで、フランスの農業人口は激減し、小規模な家族農業は姿を消していく事態になる。[2]

そんな傾向に歯止めをかけたのは、牛のＢＳＥだ。死んだ羊の内臓や牛の肉骨粉を、家畜のたんぱく源として飼料に混合したことが原因とされる。一九九六年三月、イギリス政府が人にも感染することを公にして、フランスは震えあがる。なにしろ、イギリスでは一九八八年に禁止されていた牛骨粉が、安値をいいことに大量に輸入され、牛ばかりか、豚や鶏の飼料としても使われてきていたのだ。牛骨粉は二〇〇〇年一一月にはフランスでも全面禁止になるが、ＢＳＥ患畜は減らず、食の安全に対する国民の不信感は募るばかり。そこに追い打ちをかけるように登場するのが遺伝子組換え作物。猛然と上がった国民の反対は不安の表明にほかならない。

アンドレは、定年で農業を辞めてから、自著を抱えては白爪草の循環農業を説いて回っている。「機械や薬や化学肥料にお金をかけて、汚染された環境の修復にまたお金をかける。ばかげた話だよ。牛と白爪草の牧場があれば、遺伝子組換えのトウモロコシも、窒素肥料も、大型の耕運機もいらない。手作り農業で、外国にも補助金にも依存せずに、自立して生きていける。これこそ、未来ある農業じゃないかね」。

（1） André POCHON, *Les sillons de la colère*, Paris, La découverte, 2001; *La prairie temporaire à base de trèfle blanc*, CEDAPA, 1993. 氏の農場には見学者が引きも切らず、多いときは大型バス三台で乗り付けるほどだったという。

（2） ＩＮＳＥＥ（国勢調査局）によれば、フランスの農業を生業とする家族の数は一九五五年から二〇〇七年のあいだに六分の一以下に減少した。

（アンベール‐雨宮裕子）

6. グローバル化する水産業と東アジア水産物貿易

山尾政博

一　水産資源の持続的利用に対する危機感

水産資源の減少と枯渇、それを引き起こしているのは、地球環境の変化によるものもあろう。しかし、それ以上に、魚介類を消費する人口が膨張し、先進国・途上国を問わず食生活が変化し、それらを背景に水産物貿易が拡大していることと深く関係している。先進国では消費者の健康志向が高まり、魚介類・水産食品の消費が増えている。また、経済成長を続ける新興国では、所得の上昇にともなって新しい消費需要が生み出されている。たとえば、世界のマグロ貿易の最終消費地といえば以前は日本であったが、現在ではEU・アメリカ、さらに中国などアジア諸国も仕向け地となっている。有用な水産資源をめぐる漁獲競争がいっそう激しさを増し、資源をいかに保全・利用するかをめぐって緊張が高まり、国際紛争に発展するケースが増えている。二〇一〇年の「絶滅の恐れのある野生生物の国際取引を規制する条約」(通称、ワシントン条約) 会議で、大西洋クロマグロの取引禁止をめぐる論争が巻き起こったのは記憶に新しい[1]。

魚介類・水産食品の消費のあり方に対する警告の書が多数出版されている[2]。日本国内でも、水産資源の持続的利用に関心をよせる生産者や消費者は増えている。海外市場で他国との買付競争に負けて、海外からの輸入に多くを依存してきた水産物消費が、「買い負け」という事態のなかで成り立たなくなる、と危惧する消費者や業界関係者は多い。

本章の目的は、グローバル化とリージョナル化が織りなす水産物貿易の実態をふまえたうえで、そのダイナミックな動きに、日本の消費者がどう向き合えばよいのかを考える素材を提供することにある。さまざまな意見が飛び交う水産物貿易の実態は、わたしたちが考える以上に複雑である。生じている現象すべてを網羅して述べることはできないが、生産・加工・流通・消費というフードチェーンの流れのなかで、何が課題になっているかを明らかにしたい。ここでは主に東アジア (極東アジアと東南アジアを含む) を中心に述べる。

二　水産物貿易をめぐる変動要因

「日本通過」を引き起こした要因

世界の水産物輸入市場における日本の「買い負け」現象はかなり以前からみられた。一九六〇年代から一九八〇年代後半にかけて世界の水産国、とくに開発途上国では、日本向け輸出に引っ張られるかたちで技術革新と資源開発が進み、生産量が飛躍的に増大した。東南アジアでは、いまも日本輸出が第一位という国が少なくない。しかし、一九九〇年代に日本経済のバブルがはじけ長期不況に突入すると、主要な水産物輸出国のあいだでは日本向け輸出の比率を下げ、「日本通過」（ジャパン・パッシング）が急速に広まった。

水産物輸入市場における「日本通過」にはさまざまな要因がはたらいている。まず、輸出国において水産業が多面的に発展しはじめたことである。東南アジアでは、日本市場の需要の伸びに引っ張られるかたちで進んだ水産開発が一段落すると、漁業生産の内容が大きく変わりはじめた。底魚類を対象にしたトロール漁業から、浮き魚資源の開発へと重点が移った国・地域は多い。過剰な漁獲によって資源の減少・枯渇が起きる一方、エビ養殖や魚類養殖が新たな産業として成長をはじめた。なかでもブラック・タイガー養殖は、輸出志向型の産業として爆発的な勢いでマングローブ地域に広がった。それを支えたのが養殖経営体に種苗や餌料を提供するアクアカルチャー・ビジネスであった。資材供給、集荷、加工、販売、輸出といった垂直的な統合を図る大小さまざまな企業が数多く設立され、なかにはタイに拠点をおくCP（チャラーン・プカパーン）のように、多国籍企業として飛躍を遂げる企業も現れた。多角的な発展を続ける水産業は、日本市場はもとより欧米先進国に市場を求めて仕向け先を広げ、経済成長が続く東アジア域内にも、その販路を求めるようになった。

ところで、日本の食品産業は、一九八五年のプラザ合意をきっかけにはじまった急激な円高への対応として、積極的に生産拠点を海外に構えるようになった。日本の資本と技術が東アジアに移転され、安価で豊富にある原料および低賃金労働力とが結びついて、労働集約的な食品製造業がめざましい勢いで発展した。東アジアは世界でも有数の規模と技術を誇る食品産業の集積地になった。

日本の消費者は安価で付加価値の高い食品を求める動きを強める一方、食の簡便化と外部化を進めた。消費者の多様な需要に応えるビジネスが現れ、さまざまな種類の外食・中食チェーンが成長したのである。こうした食のニーズに応えるために、水産食品企業はその拠点を生産・流通コストが安い東アジアに移したのである。当初、現地に進出した日系企業は日本向けの高付加価値製品（低価格）の製造を担った。日系企業による技術移転や資本の蓄積が進むと、日本をはじめとする先進国向け輸出に対応できる水産食品企業が現れた。こうした企業が多数集まって大きな水産業・食品産業クラスターができあがり、世界の水産物貿易の流れを変えたのである。日本の消費需要をはるかに超える製造能力をもつクラスターがタイ、インドネシア、中国、ベトナムなどの特定国に次々に形成された。

世界の水産物輸入市場の三分の一を占めていた日本市場の地位が低下したのは、こうした輸出国側の

生産力の拡充によるものである。(3)

日本の魚介類消費の減少

カロリーベースでみた食料自給率が四〇%、飼料用穀物を含む穀物自給率が二八%と低い値を示しているのに対し(いずれも二〇〇九年度)、魚介類の自給率は約六〇%を維持している。しかし、日本はかつて世界でも有数の漁業国、水産物輸出国であったことを考えると、自給率の低下は予想以上に大きい。ピークだった一九八四年の水揚げ量は一二八二万トンに達したが、二〇〇九年にはその半分にも満たない五五九万トンにまで減少した。遠洋・沖合漁業の縮小が主な原因である。国内供給の減少を埋めるかたちで増加した輸入水産物は、世界の水産物輸入市場の三分の一強の割合を占めた時期もあった。現在は中国が世界最大の水産物輸入国になっているが、海外からの輸入水産物に支えられて日本人の魚食が成り立っていることには変わりがない。

国内生産が減少し、水産物の輸入も次第に減るなかで、魚介類消費はどうなっているのだろうか。図1に示したように、年間一人当たりの食料魚介類供給量は、一九九五年前後をピークに減少を続けている。総務省の「家計調査」によると、一人当たり年間消費量は二〇〇〇年には四三・六キログラムであったが、二〇〇九年には三五・九キログラムへと約一八%の減少を示した。一方、購入金額を一〇〇グラム当たり平均単価でみると、一四四円から一三六円へと低下している。(4)

秋谷重男は消費者の〝魚離れ〟が進んでいる事実を指摘し、世代間・階層間で異なった動きがあるこ

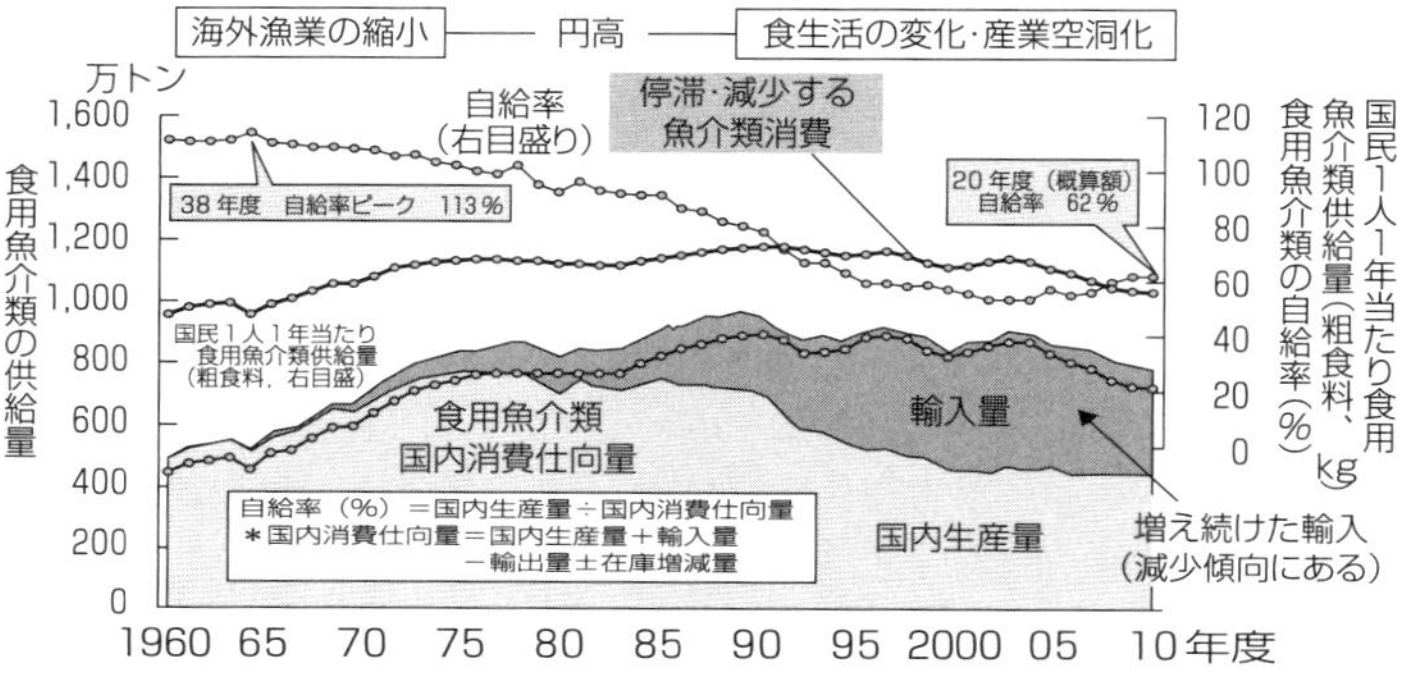

図１　日本の食用魚介類の自給率の推移

出所）農林水産省『水産白書　平成21年度版』より。筆者が一部加筆。

とを分析した[5]。人口の高齢化が進み、単身者世帯の増加がいちじるしいが、これらが日本の魚介類消費のあり方を大きく変えている。また、日本の経済構造の変化にともない、雇用環境が悪化して非正規就業者を中心とした低所得層の割合が増えている点も消費需要に影響している。この間の一世帯当たりの食料消費支出は微増だが、魚介類消費への支払いは、二〇〇〇年を一〇〇とすると二〇〇九年には七八という水準にまで低下している[6]。

食用魚介類の国内消費仕向け量は、一九八九年にピークの八九一万トンに達し、それ以降は減少を続け二〇〇八年には七一五万トンになった。秋谷によると、五〇歳以上が世帯主の世帯では、今後も購入量が大きく減ることはないが、それ以下の世代の世帯では、一人当たりの購入量が減少している。一部の魚種を除いて需要が拡大していく可能性は乏しいので、これまで魚介類を中心に消費してきた世帯数が減少するにつれて、消費市場は今後も縮小していくだろう。

魚価の低迷をともなう消費構造の変化は、もはや短期的な市場動向として反映されるものではなく、長期にわたる動きとしてみておかなければならない。輸入の減少や不漁などによって、産地価格や消費地の卸売市場価格が乱高下したにしても、消費者が主に魚介類を購入する量販店や外食チェーンでの値段が大きく動くとはかぎらない。中高級魚に対する需要は根強いにしても、低価格と簡便化を強く求める消費者が多数を占める市場へと変わっている。日本の水産物消費市場は、そうした特性をもつ市場としてとらえなければならない[7]。

当然、輸入水産物の調達には、国内産以上に厳しく価格訴求力とコスト吸収力が要求される。それが海外市場で買い負ける大きな要因なのである。日本の消費市場では受け入れられない取引価格水準に達したとき、最終消費者の需要にあわせた買付けにならざるをえないのは、ある意味では当然のことである。

三　東アジア水産物貿易の構造変動

世界の水産物輸入市場の多極化

二〇〇〇年以前、世界には三つの巨大な水産物輸入市場が存在していた。図2に示したように、西ヨーロッパ諸国を中心にしたEU市場、アメリカを核とした北米市場、それに日本市場である。それぞれの市場は、海外との結びつきでは大きな違いがある。日本は世界最大の輸入国として、世界各地の水産資源の開発と利用に貢献し、とくに途上国との結びつきが強いという特徴があった。

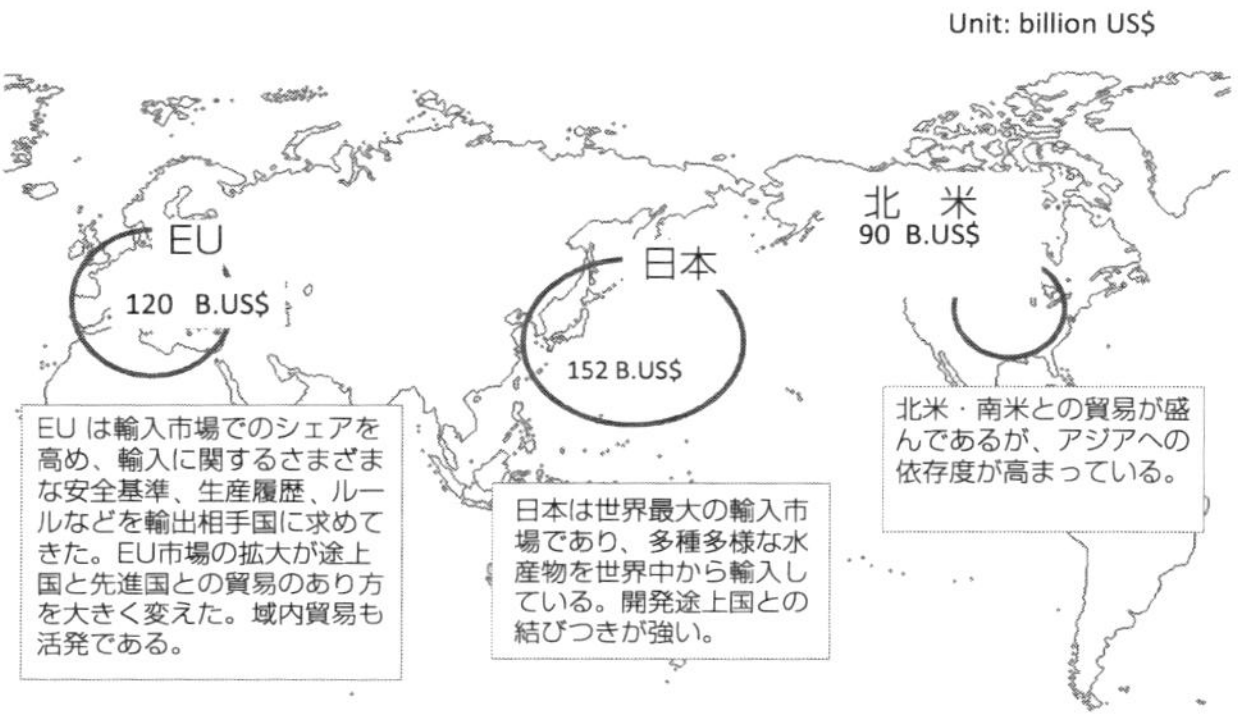
Unit: billion US$
EU
120 B.US$
日本
152 B.US$
北 米
90 B.US$
EUは輸入市場でのシェアを高め、輸入に関するさまざまな安全基準、生産履歴、ルールなどを輸出相手国に求めてきた。EU市場の拡大が途上国と先進国との貿易のあり方を大きく変えた。域内貿易も活発である。
日本は世界最大の輸入市場であり、多種多様な水産物を世界中から輸入している。開発途上国との結びつきが強い。
北米・南米との貿易が盛んであるが、アジアへの依存度が高まっている。

図２　世界三大輸入水産物市場（1999〜2001年平均）

出所）　農林水産省『水産白書　平成17年版』をもとに筆者が加筆。

やがて、日本の比率は相対的に低下し、逆に、巨大な消費経済圏を形成したＥＵが強いユーロ通貨を背景に、大きな購買力を発揮しはじめた。中高価格帯の魚種でＥＵとの競合が生じた[8]。インドネシアに冷凍加工場をもつある日系企業では、シーフード・ミックスに混ぜるタイ、ハタ、フエダイなどの白身魚がＥＵからの引き合いが強くて調達できなくなり、地元でとれる貝に入れ替えるという事態に直面した（二〇〇七年の筆者調査）。このような買い負けの事例が増えており、これまで魚介類の摂取量が少なかった国や地域、経済開発が進む東アジア地域で消費が伸びたことが大きな原因と考えられる。

東アジア水産物貿易のダイナミックス

水産物貿易は、主要輸入国間の為替レートの動きによって大きく変わることは指摘するまでもない。エビやカニのようなグローバル商品の貿易は、最近ではマグロもこれに含まれるが、経済力と強い通貨を背景にした購買力によって決まる。

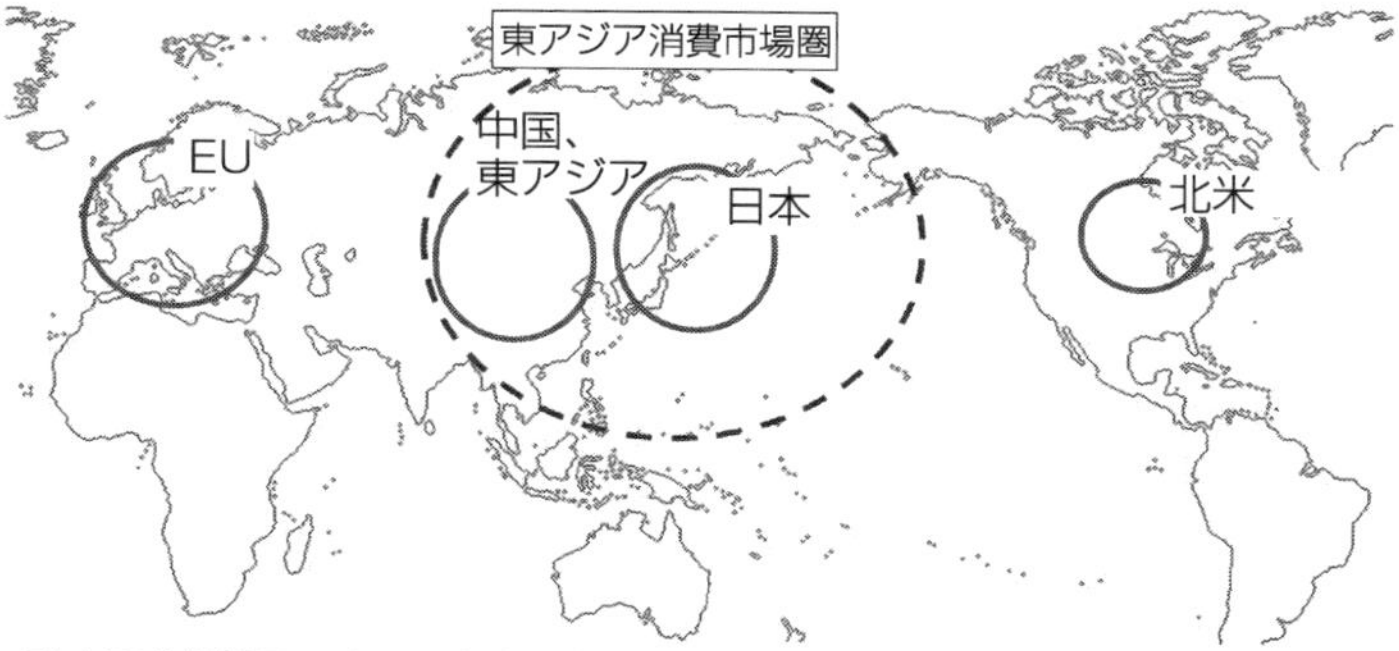

■日本市場の地位が低下し、中国および東南アジア諸国のシェアが増加している。東アジア市場は日本、中国とその周辺諸国というように二つの市場に分割されている。
■日本、中国、韓国、東南アジア諸国があたかもひとつの市場のように機能しはじめ、その存在感を増している。

図３　四つの巨大水産物消費市場圏の発展（2000〜現在）

出所）筆者作成。

しかし、最近の東アジアの水産物貿易については、日本の地盤沈下だけでは説明しきれない、ダイナミックさがある。これまでのように日本市場に片方向的に吸収されるという流れではなく、地域内の水産物の相互貿易関係が強まっているのである。貿易構造の転換の要因は、各国の経済成長であり、域内に巨大な消費市場圏がいくつも形成されたことを背景にしている。韓国にはソウルやプサン、中国には上海、青島、深川、広州、福州に代表されるような経済発展がいちじるしい沿岸都市がいくつも立ち並び、それぞれが独立の水産物消費市場圏を拡大させている。さらに、バンコク、ジャカルタ、シンガポール、クアラルンプールといったＡＳＥＡＮ諸国の巨大市場も成長している。

全体としてみると、東アジアには日本と中国という二つの輸入市場があり、そのあいだには韓国市場がある。これに東南アジア市場が加わって、市場間の相互の連携性が強まって、東アジアにはあたかも一つの巨大な市場圏が形成されているようにみえる。その規模はＥＵや北米市場をは

るかに上回るものである

日本の市場流通への影響

東アジアでは、かつては日本向けに輸出されていた魚介類や水産食品が、国内消費に仕向けられる割合が増えている。日本の主な輸入相手国であった韓国の対日輸出額は、一九八八年に一五億ドルあったが、二〇〇九年には七億ドルと半分以下に減っている。逆に、日本の対韓輸出が、一九八八年の〇・二億ドルから二〇〇九年の二億ドルへと増加した。

日本の最大の輸入相手先は中国であるが、中国からの輸入量は大きく減少している。日本国内では輸入水産物の安全性を疑わせるような事件・事故が相次ぎ、消費者の中国産への不信が増幅されて買い控えが広まったことが影響している。また、中国国内の消費が伸びて、対日輸出しなくても十分な利益が得られるようになったともいわれる。実際、それらは日本の市場流通にどのような変化を及ぼしたのだろうか。中国へ地理的距離が近く、中国からの輸入水産物を扱う拠点として機能してきた福岡中央卸売市場の動きをみてみよう。

福岡中央卸売市場には、「以西底引き網漁業」(東シナ海・黄海で操業する漁業)が衰退して取扱量が減るなかで、中国産鮮魚を大量に輸入してきたという経緯がある。図4に示したように、一九九六年には一万九六四七トンの取り扱いがあり、金額にして約一二三億円であった。これは市場全体の取扱量の八・五%、金額で一一・二%を占めた。だが、二〇〇八年には取扱量で一八九九トンと九六年の一割まで

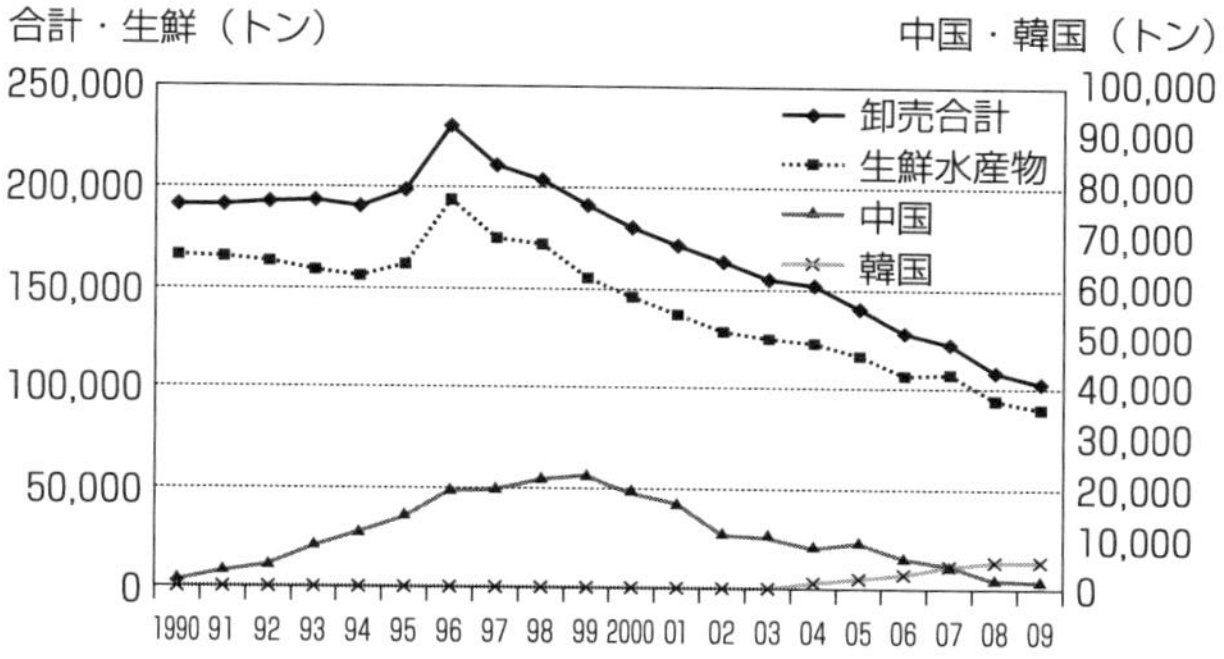

図４　福岡中央卸売市場（水産物）の取扱量推移

出所）　福岡中央卸売市場より提供。

減らし、金額では六・一％に落としている。ピーク時には年間約二七〇〇隻もの中国運搬船が入港していたが、二〇〇八年の実績はわずかに一六九隻であった。水産物流通における中央卸売市場の役割が低下していることと深く関係している可能性もあるが、それにしても劇的な変化である。福岡市場では、中国産の減少を補うように韓国からの輸入が再び増えている。

日本、中国、韓国というようなマクロ的な括りではわかりにくいが、地域の市場流通に視点を据えると、この二〇年くらいのあいだに大きな変動があったことがわかる。同様なことは、東南アジアの大陸部や半島・島嶼部でもみられる。魚種や水産物の加工度に応じたさまざまな貿易関係が発展・衰退を繰り返し、全体として東アジア域内の貿易が活発化している。

国境貿易から周辺貿易への発展

衰退を続ける日本の農水産業は、対アジア、とくに中国や韓国への輸出を増やそうと躍起になっている。そのことに関する評価はともかく、東アジアではもともと隣国および周辺国とのあいだでの貿易が盛んであった。東南アジアを例にとると、第二次大戦前の植民地期には、大陸部の農業・漁業が、半島・島嶼部のプランテーションや鉱山で働く労働者たちに、コメと塩干魚介類を供給していた。これが、大陸部における一九六〇年代以降の生産力の技術革新と商業的漁業の発展の下地をつくったと考えられる。東南アジアの水産開発には、タイを中心にした漁業先進国と周辺国という構図ができあがり、この地域に域内貿易の独特なかたちを根付かせた。

鮮魚や低次加工を施した加工品は、高度な技術をもつ食品企業が生産して輸出する高次加工食品や冷凍調理済み食品などと異なり、在来的な技術、商品、それに伝統的な市場・流通網がそのまま用いられていることから、在来型貿易と呼ぶことができる。(9) ASEAN域内の自由貿易化が進み、道路や通信などの物流環境が整った今日、生鮮魚介類、低次加工品、活魚などが域内で活発に取引されている。貿易の範囲が国境周辺を超えて、近隣周辺国の消費活動と深く結びついているのが特徴である。

図5はアンチョビーを主体にした塩干物の代表的な輸出ルートを示したものである。インドネシアではバガン船による大規模なアンチョビー漁業が、スマトラ島をはじめとして、ジャワ島周辺、東インドネシアなど各地で行われている。タイではまき網漁業が盛んである。質のよい鮮魚は凍結させてシラスとして輸出される。塩干物は国内消費に回るとともに、台湾・中国・香港・韓国・日本などに輸出される。インドネシアではスマトラ島のメダン市の一角に集荷業者や輸出業者が多数集まり、輸出基地が形成されている。タイではラヨン、トラッドなどの東部、チュンポン、パタニなどのタイ湾沿岸が主な水揚げ地である。

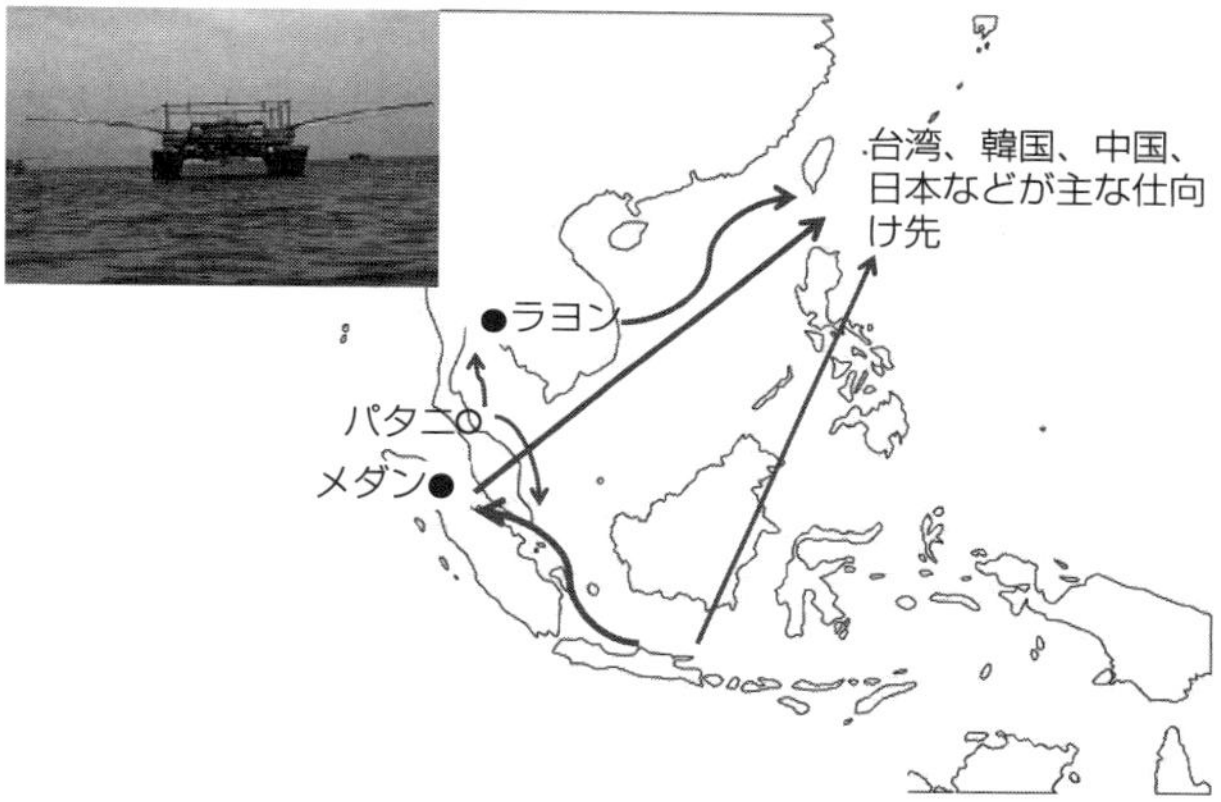

図５　アンチョビーなどの塩干物の輸出ルート

注）上の写真はインドネシア・スマトラ島のバガン船（曳航タイプ）（2009年３月、筆者撮影）。

乾物商材として有名なのはナマコやアワビである。[10]もともと古くから取引が盛んな貿易商品であるが、東南アジアでは中国が改革開放の経済政策を採りはじめたころには、早くもナマコ・ブームが起こった。その後、中国の急激な経済成長を背景にナマコ需要が急増して、ナマコ貿易のネットワークが世界中に広がった。日本でも対中国向けのナマコやアワビ生産が活況を呈し、沿岸漁業の構造変化が論じられるにいたっている。[11]

先述した中国や韓国の対日鮮魚輸出も周辺貿易の一つであろう。マレー半島を中心とした経済圏では、タイやミャンマー海域でまき網やトロール漁船に漁獲された大型魚がタイのソンクラ県を経由して、マレーシアの主要都市やシンガポールに陸送される。この鮮魚流通は第二次大戦以前からあったものだが、マレーシアにおける都市人口の増大、シンガポールのＡＳＥＡＮ地域の経済拠点化にともない、その流通規模と市場圏が拡大している。タイ南部のまき網漁業やトロール

図6　マレー半島を南下する鮮魚流通

出所）　筆者作成。

漁業は、こうした半島経済圏内の水産物流通の拡大に支えられて発展したものといえる。

在来型貿易でいちじるしい伸びをみせてきたのがハタに代表される活魚である。ハタの養殖ブームは一九九〇年代になって東南アジア各地でみられたが、香港・中国での国民一人当たり所得が伸びるにつれてさらに広がっていった。タイでは養殖ハタが活魚運搬トラックによって養殖産地からバンコクの輸出業者に運び込まれ、航空便にて香港・中国に輸出するシステムができあがっている。活魚貿易は、日本・韓国・中国のあいだでも盛んである[12]。韓国・中国が対日輸出を活発に行ってきたが、いまでは活魚による刺し身消費が広がった韓国に向けて、中国はもとより、日本も養殖ヒラメやタイなどを輸出している。

商品貿易から分業関係の深化へ

東アジアでは、海面漁獲漁業と養殖業における分業化が予想以上に進んでいる。当初は商品貿易として成り立っていたものが、漁業および養殖業の産業化と拠点化を背景にして、生産工程の分業化が深化している。漁獲漁業では、漁船装備の近代化と高度化によって特定の国が優位性を発揮しやすい環境にある。そのため、乗組員となる労働力を複数国で調達し、水揚げ地は加工・販売にもっとも便利な国や地域が選ばれるのが一般的である。資源や労働力の立地にともなう商品貿易としてではなく、工程間分業、拠点国と周辺国とのあいだの役割分担に応じた資本、労働力、商品移動となっている。

海面養殖および淡水養殖が東南アジア各地に広がり、それぞれ独自の流通チャネルで成魚を消費地に移送する一方、産地間で種苗生産や中間育成の分業化が発展している。こうした分業関係は国内ではこれまでもあったが、いまは、国境を越えた養殖分業関係が広がっている。隣国で生産された魚類養殖の種苗が輸入され、それをもとに養殖業が成り立っている産地は少なくない。

西日本の魚類養殖の一部は中国から稚魚や中間魚を輸入している。トラフグ、カンパチ、イサキ、ヒラマサなどは、台湾周辺の海域で稚魚を漁獲し、中間育成を中国で行い、日本では商品になるまでの最終養殖を行う。とくにカンパチはその養殖の大部分を中国からの輸入稚魚・中間魚に頼っている。

東南アジアでは、ミヤンマーで採捕されたマッドクラブが、タイやカンボジアを経由してベトナムに移送され、そこで養殖されて輸出されている。ハタの種苗と中間魚は国際商品として活発に取引されている。ミルクフィッシュ（さばひい）の稚魚を自国で天然採捕しただけでは賄えないフィリピンは、大量の稚魚をインドネシアなどから購入している。淡水養殖ではさらに高度な国際分業システムがみられる。タイやベトナムでは飼料生産と種苗生産を結びつけた養殖産業が発展し、周辺国に輸出している。養殖業が産業化されるにつれて、国境を越えた役割分担ができあがっている。

周辺貿易が拡大していく背景にはこうしたリージョナルな分業関係の発展がある。

四　水産食品製造業の拠点化による貿易の拡大

空洞化する産地流通・加工

日本水産業の縮小は、消費者の魚離れ、消費形態および嗜好の変化、海外水産業の発展、産業構造の高度化などによってもたらされたものである。漁村や水産業から若年労働力の流出が止まらず、漁業就業人口が減少し、後継者の確保が難しくなっている。第二次大戦直後の一九四九年には約一〇九万人いた漁業就業人口は、二〇〇八年には二二・二万人にまで減少している。漁業就業者の高齢化が進み、二〇〇五年には六五歳以上の割合が全体の三五・七％になった。高齢化率の推移からみると、漁業が産業として成り立っていない地域が増えていることが容易に想像される。

漁業生産の衰退は水産白書をはじめとして盛んに指摘されているので、他の類書に譲る。ここでは、産地流通・産地加工といった水産業を支える基盤の弱体化を指摘しておきたい。水産物は農産物以上に腐りやすく、漁獲後の迅速な処理が求められる。その処理能力がいちじるしく衰退していることに加え、産地流通・加工業が魚介類消費の変化についていけなくなっている。水揚げを増やしたところで、消費者が望むような商品を提供できないという現実がある。日本の水産加工・水産食品製造業は、わたしたちが考える以上に空洞化している。

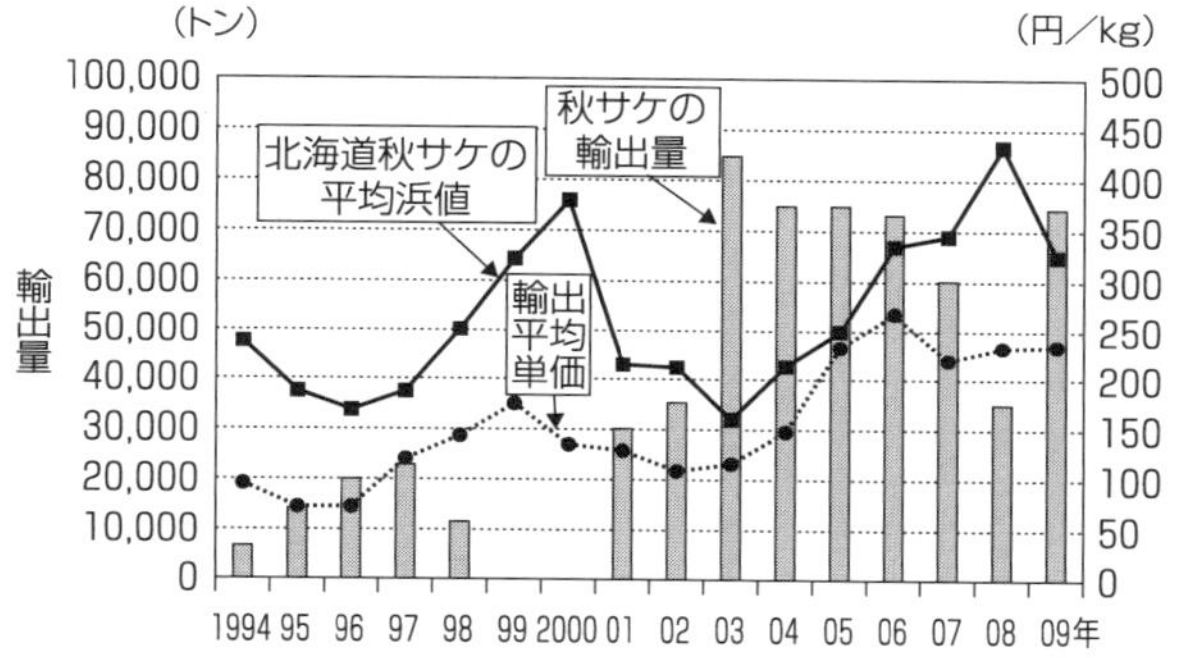

図７　北海道秋サケ輸出量・浜値・輸出単価の推移

注）1999年，2000年の輸出量数値は欠落。

出所）北海道定置漁業協会『サケマス流通状況調査報告』（各年度版）参照。

北海道秋サケ漁の事例

北海道の秋サケは、ここ一〇数年にわたって主に中国に向けて加工原料として輸出されている。北海道では、定置網で漁獲されるサケ（大半がシロザケ）の水揚げが九月から一二月にほぼ集中する。人工ふ化させたサケの稚魚を放流し、三～四年後に来遊するのを漁獲するという生産サイクルが長年の努力によって築き上げられてきた。水揚げ量は年によって変動し、二〇〇二年のピーク時には二〇万トンを漁獲したが、二〇〇八年には一二万トン、二〇〇九年は一五万トンであった。量産される秋サケだが、国内市場では輸入サケマスに需要を完全に奪われ、価格低迷が続いていた。その市場流通対策として産地や漁協が着目したのが、市場価値の低いサケを冷凍ドレス（頭、エラ、内蔵を除いた状態で冷凍した魚）にして中国に輸出することであった。

図7は、北海道の秋サケ輸出量の推移と浜値の平均値を示したものだが、輸出が増えたことによって浜値は確実に上昇した。輸出単価では二〇〇二年の冷凍ドレスがキロ当たり一

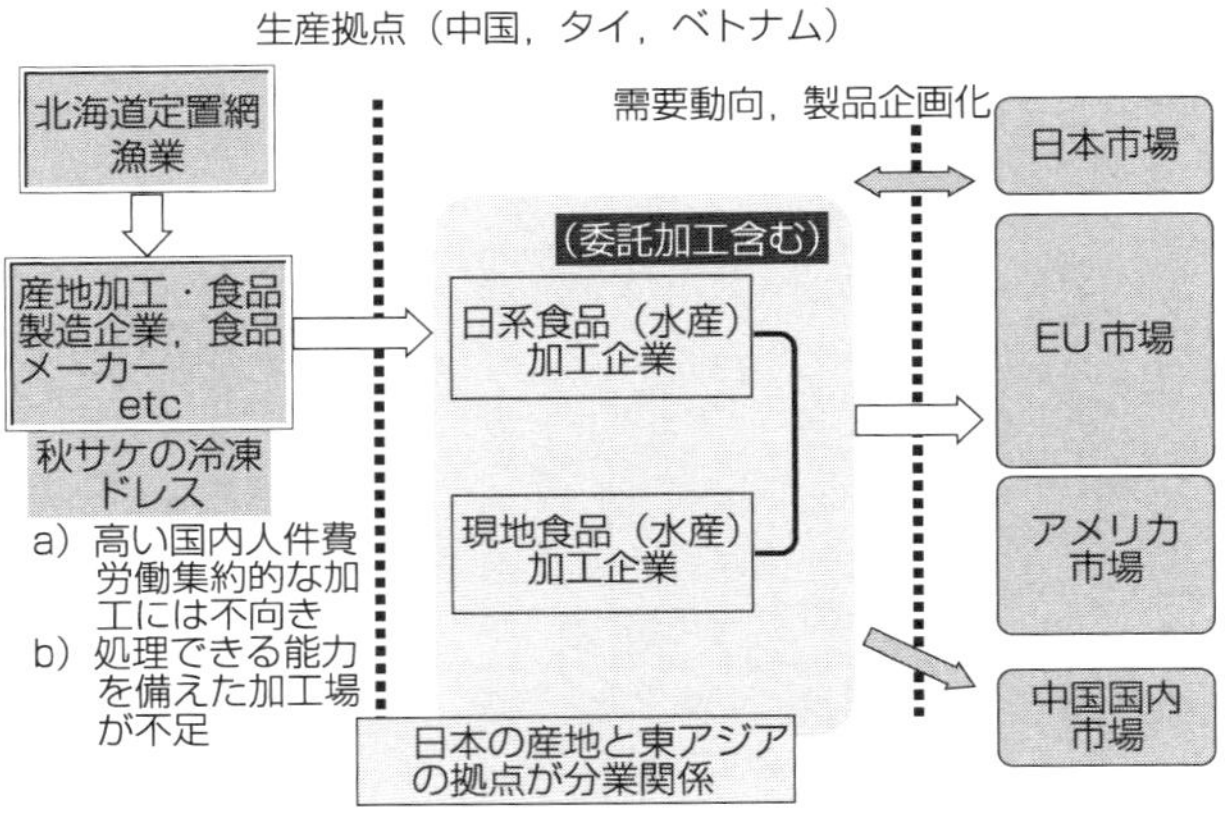

図 8　北海道秋サケと東アジア生産拠点国：分業関係と輸出

出所）　筆者作成。

一三円だったが、輸出が急激に増えた二〇〇六年にはキロ当たり二七六円にまで上昇した[13]。最近は中国に加えて、ベトナムやタイなどへの輸出が増えている。

北海道の秋サケの事例は、次のように特徴づけることができる。第一に、日本の消費者のあいだのサケマス需要が完全にノルウエーやチリ産の養殖ものに移ったことである。秋サケは生鮮・加工品とも消費者のニーズに十分に応えることができずに価格が低迷していた。とくに品質が低い雄の価格低迷が浜値全体を押し下げていた。第二に、産地加工を含む水産食品製造業が、国内消費者が求める低価格・高付加価値製品を製造できる条件を喪失していたことである。第三に、中国、のちにタイやベトナムの最新の水産加工施設を備えた企業との分業関係によって、秋サケ産地がその生き残りの道をみつけたことである。いいかえれば、北海道の秋サケ産地は、水産食品製造業の高度に発達したグローバルな分業関係のなかに入ってはじめて、その生き残りが可能になったのである。

東アジアが支える世界の漁業・養殖業

北海道の秋サケは冷凍ドレスの状態で中国、タイ、ベトナムに仕向けられ、高次な再加工がなされて輸出される。一部が国内消費に回るが、大部分は輸出用の加工原料として用いられる。最終製品は日本向けか、欧米の市場に輸出される。北海道の秋サケは当初、ロシアのスケトウタラの代替品として中国に輸出されたが、養殖ものにかわる天然サケを需要する動きが強まったヨーロッパ市場で支持を得た。これを機に中国向けの販路がほぼできあがった。また、賃金水準が高く、加工施設が老朽化している産地加工場にかわって、高付加価値製品を生産して日本に送り返す役割を担っている。弁当やおにぎりなどに広く利用されているサケのほぐしなど、労働集約的な工程をともなうにもかかわらず、単価の安い加工品については、中国をはじめとする東アジアでの委託加工が広く行われている。

世界の漁業・養殖業を見渡したとき、北海道の秋サケのような事例は無数にある。生産・加工・流通というグローバルな分業関係があってはじめて成り立つ漁業・養殖業が増えているのである。それが世界の水産物貿易の流れを大きく変え、複雑にしている。中国、タイ、ベトナム、インドネシアなどが、東アジアの水産食品製造業の拠点となり、世界各地から大量の原料魚を輸入する。それを高付加価値製品や半製品にして、日本や欧米をはじめとする世界の消費地市場に向けて輸出する。

東アジア、とくに中国が世界最大の水産物輸入国になった背景には、国内消費が伸びた以上に、世界から水産物加工の原料が持ち込まれているという事情がある。山東省、浙江省、広東省などに点在する沿岸諸都市が加工拠点になっており、大連、青島、煙台《えんたい》、舟山《しゅうざん》などが有名である。タイではサムットサコンやソンクラ、インドネシアではスラバヤ、ジャカルタ、ビトンなどに加工工場の集積がみられる。いずれも海外原料に依存した輸出志向型加工業である。輸出や投資に関する一定の条件を満たせば、輸入原料は基本的に無関税になり、輸出志向型水産食品製造業は投資奨励の対象になる。筆者は、こうしたグローバル加工業の発展を水産業の分業関係の進化ととらえ、先進国はもとより周辺開発途上国をも巻き込んだ拠点化の動きとしてとらえた[14]。

水産加工業とその関連産業の集積した地域が、クラスター拠点として分業関係の頂点にある。経済発展にともなって賃金率や資材費などが上昇し、同時に環境コストの負担が増えているのは間違いない。原料も現地で調達するのが難しくなっている。しかし、クラスター拠点が容易にほかに移動しないのは、集積による技術革新と経済効果がきわめて大きいことによる[15]。

図示はしなかったが、今日でも日本の輸入金額が他の国を圧倒しており[16]、韓国とともに輸入依存の貿易構造になっている。一方、中国、タイ、インドネシア、ベトナムなどは輸出金額が輸入のそれを上回る輸出志向型の性格が今なお強い。

水産物貿易の構造を変えたクラスター化

東アジアの特定国・特定地域が水産食品製造業のクラスターとして発展することになった契機は、日本の水産加工業や食品メーカーが製造拠点を海外に移したことによる。資本、技術、製品開発のノウハウなど、日本の水産加工業の多くが東アジアに直接・間接に投資した。それを基盤にしながら、当初は日本向けを中心に、やがて欧米向けにも対応できる輸出産業として成長したのである。この過程には三つの特徴ある動きがみられる。

第一は、先進国および周辺国の漁業・養殖業が、東アジア水産業クラスターの成立によって持続的なものになったことである。フードマイレージが大きくなるなど、否定的な側面もあるが、利用されずに放置される資源の利用率を高めるという効果がある。生産と加工とのあいだの分担関係、低次加工と高次加工との分業など、食料産業が国境を越えたシステムとして機能しはじめた経済効果は大きい。それは、世界的に進む消費者の「食の外部化」「食の簡便化」に対応したもので、レストラン・チェーンや中食産業の業務用ニーズに適確に応えたものである。

第二は、消費地市場（輸出仕向け先）－加工製造拠点－原料供給地というつながりのなかで、水産食品を消費・調達するシステムが動くことである。この一連の流れを通じて、水産資源の乱獲が起こりやすいことはよく知られている。しかし逆に、海外消費地の需要の動きや消費者の環境意識の高まりなどによって、資源を保全しようというベクトルが産地にはたらくケースもある。たとえば、ＥＵ加盟国が輸入相手先には、ＨＡＣＣＰ（危害分析・重要管理点）(Hazard Analysis and Critical Control Point) などの条件を満たしているかどうか、最近では原産地証明とＭＳＣ（海洋管理協議会）(Marine Stewardship Council) に代表される認証を受けた魚介類を原料として用いているかどうかを求めるよう

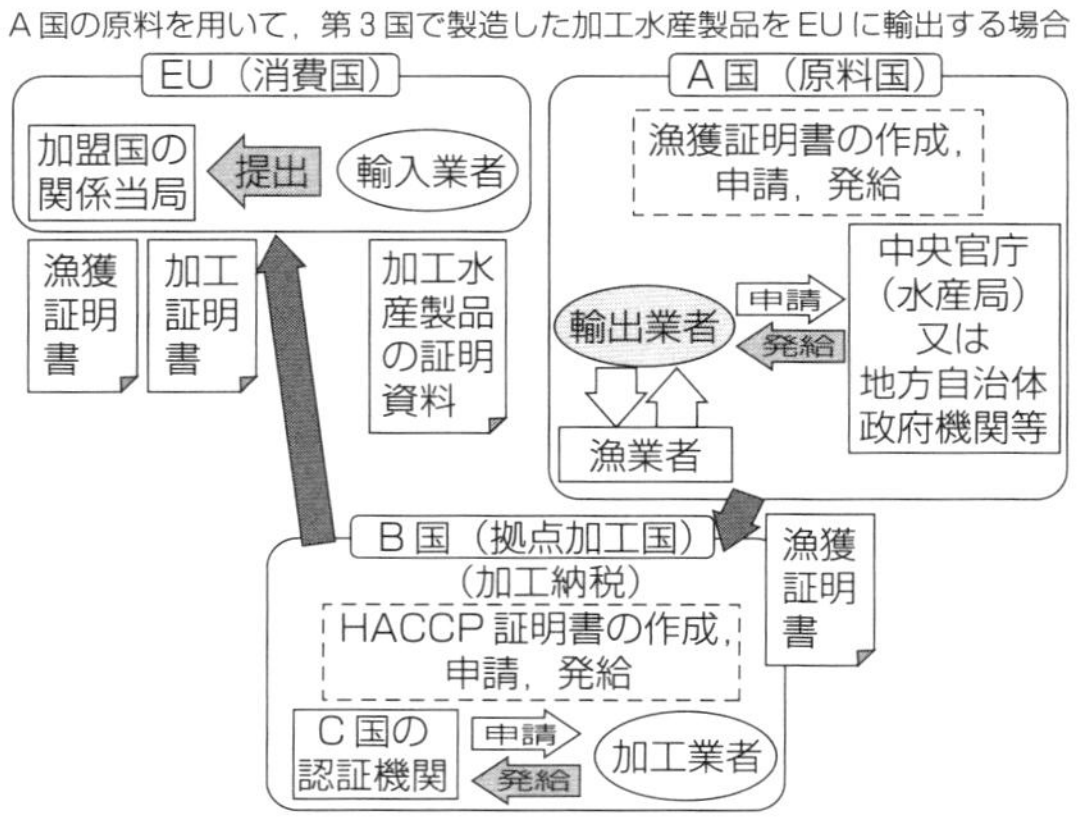

図9　認証やラベル化に向けた動きと水産物フードチェーン

出所）　北海道漁連作成の資料に筆者が加筆。

になった。図9に示したようなシステムの連鎖は、衛生基準の維持など食の安全・安心を、国境を超えて実現しようという動きであり、貿易と分業関係を体系化してコントロールしようという試みである。世界各地の輸出対応型の漁業・養殖業では、いま、こうしたフードチェーンの連鎖に対応するべく必要な認証を得ようとする動きが広まっている。原料供給国にその動きを伝えるのが、東アジアの加工拠点国（中国含む）なのである。

第三には、上記のようにシステム化されたフードチェーンは、一見合理的に思えるが、貿易関係に現れる分業関係を固定化してしまいがちだということである。食料品製造業では、いわゆる雁行形態的[17]な立地移動があると考えられがちだが、必ずしもそうではない。高度な加工技術と資本投資を必要とする水産食品・食品製造業は、装置化された産業であり、整ったインフラストラクチャーを必要とする。低開発国や地域は、原料供給や低次加工、さらには低賃金労働力の供給という分業関係の底辺に位置づけられる。東アジア域内ではこの関係がはっきりと形成されている。もちろん、賃金率や原料価格、為替などの動きによって、クラスター拠点がどこまで担うかは絶えず変わっている。

五　東アジア水産物貿易と「食の安全環境」

水産物貿易をめぐる問題

東アジアでは、鮮魚、塩干物、活魚などの在来型商品の取引量が急増する一方、高次加工品の製造にかかわる原料魚や半製品の貿易が活発になっている。かつて日本は水産物貿易の流れの中心にいて、水産物輸出国とのあいだに直接の貿易関係をもっていた。しかし、いまは中国などの水産食品製造業の拠点国を経由した関係に変わっている。日本と同じように、世界の水産物輸入市場と供給国との関係は複雑になっている。統計数値からだけではみえにくい水産食品製造に関する役割分担の深化と絶えざる変化によって、貿易の多極化が進んでいるのが実態である。だがそのなかで現在、次のような三つの問題が浮かびあがっている。

食の安全・安心の確保

第一は、一国および一企業だけでは実現できない食の安全・安心の確保をどうするかということである。日本の消費者の大きな関心事は、安全・安心な食品を日常的に購入することである。しかし、日本のフードチェーンは、国内の生産者、流通・加工業者、量販店や外食産業に加えて、海外の生産者や加工企業、さらに関連産業との関係があってはじめて機能している。つまり、フードチェーンは、国際的な個別企業間の高度な分業関係によって動いているのである。それを食の安全・安心の実現という視点からみると、個別企業の食品安全技術は別にして、多数の企業の連鎖によって成り立つことからくる脆さを抱えている。多発している食をめぐる事件・事故は、このチェーンのマネージメントが技術的にも社会的にも、いかに難しいかを示している。

生物多様性との共生、争いの回避

第二は、膨張を続ける食料貿易が、生物多様性を保全しようという動きと共生できるのかという点である。採取産業である漁業は、これまでも世界各地で資源の減少・枯渇を引き起こしてきた。魚介類の多くは自律更新的な資源であり、適正な利用を図れば漁業の持続性も維持される。しかし現実には、有用資源の利用が予想以上のスピードで進み、資源の崩壊や環境破壊がいたるところでみられるのである。また、養殖業が分業化されて人工種苗や外来魚の取引がますます活発になり、生態系を破壊する危険性が増している。

第三は、貿易の拡大にともなって、公海上はもとより、領海内においても水産資源の争奪戦が激しさを増し、社会的コンフリクトを生じさせていることである。ツナ資源をめぐる問題は貿易から環境問題へと発展する一方、異なる漁法・漁業種類の間の対立を生み出している。国際・国内を問わず、争いの対象になる資源は多い。共有の海として利用してきた慣例の意義が薄れ、争いの海へと変貌しつつある。それが時に、領土・領海紛争に発展することは珍しくない。

「食の安全環境」を求めて

筆者は、食料をめぐって安全保障を担保する機能が十分にはたらき、「食の安全安心」が、ローカル、リージョナル、グローバルなレベルで実現され、地域に根ざした環境に優しい食の供給・消費システムがはたらく環境のことを、「食の安全環境」と呼んでいる。(18) ダイナミックに動くフードチェーンのもとで、このような問題を食の安全環境の視点でいかに解決するかが水産物貿易に課せられている。

(1) 二〇一〇年、中東のカタールの首都ドーハで開催された同条約の会議では、モナコによる大西洋クロマグロの提案が否決された。かたちのうえでは、日本が主張した「クロマグロの資源管理は国際資源管理機関で行うべきだ」が支持された。しかし、日本をはじめとする消費国はもとより輸出生産国側は、資源の利用・保全と貿易拡大によるメリットとのバランスを問われている。

(2) イサベラ・ロヴィーン『沈黙の海――最後の食用魚を求めて』佐藤吉宗訳、新評論、二〇〇九年、フィリップ・キュー リー/イブ・ミズレー『魚のいない海』勝川俊雄監訳、NTT出版、二〇〇九年、などをあげることができる。

(3) アチニ・デ・シルバ/山尾政博「南アジアのシーフード産業の多角化戦略――多角化は市場拡大を実現するか?」(原文は英語)、『地域漁業学会』四七巻二・三号、二〇〇七年。

(4) 農林水産省『水産白書 平成22年度版』二〇一〇年、四四頁。

（5）秋谷重男『増補日本人は魚を食べているか』北斗書房、二〇〇七年。
（6）前掲『水産白書　平成22年度版』。
（7）以前に比べて低価格志向を強める市場構造に関する研究が増えている。クロマグロの価格と消費動向に象徴されるように、養殖ものの供給が増え、効率的に扱う外食チェーンが増えたことなどによって、低価格が進んでいる。近畿大学21世紀ＣＯＥプログラム流通経済グループ『養殖マグロの流通・経済』二〇〇八年、八〇－八五頁。
（8）財団法人東京水産振興会『世界の水産物需給動向が及ぼす我が国水産業への影響　上巻』二〇〇八年、二〇六－二〇七頁。http://home.hiroshima-u.ac.jp/~yamao/indnesia.pdf に掲載。
（9）在来型の水産物貿易については、山尾政博「東アジア巨大水産物市場圏の形成と水産物貿易」『漁業経済研究』五一巻二号を参照のこと。
（10）赤嶺淳『ナマコを歩く――現場から考える生物多様性と文化多様性』新泉社、二〇一〇年。
（11）水産物輸出拡大がもたらした沿岸漁業の構造変化については、第五五回漁業経済学会大会シンポジウム「水産物輸出の光と影」において、多角的視点から検討がなされた。詳しくは『漁業経済研究』五三巻二号の特集を参照されたい。
（12）日韓の活魚貿易の実態分析については、次の文献を参照のこと。柳珉易・山尾政博「韓国の活魚輸出動向と今後の展望」『地域漁業学会』四七巻一号、二〇〇七年。
（13）北海道定置漁業協会『平成二一年度サケマス流通状況調査報告』北海道定置漁業協会、二〇一〇年、二四頁。
（14）山尾前掲論文。
（15）木南莉莉『国際フードシステム論』農林統計協会、二〇〇九年、九八－九九頁。
（16）輸入量では中国が第一位である。
（17）この場合は、食品製造業が先進国から開発途上国へと資本と技術を移転し、後発国が先発国をキャッチ・アップしていくことを想定している。

(18)　山尾政博「現代の食料供給システムを考える」、山尾編『わたくしたちの食の安全と環境問題』、広島大学生物生産学部、二〇一〇年、一六頁。

コラム⑦

食文化を守るシェフたち

一流の料理人は、質のいい旬の食材にこだわりがある。旨みは引きだすものであって、つくりあげるものではないからだ。促成のハウス栽培野菜は、見かけは立派でも味に実がない。人も野菜も熟成には、それなりに時間がかかるものだ。素材が貧弱では腕の振るいどころがないので、シェフは労を厭わずに産地へ出掛けていく。自分の目と舌で確かめた納得のいく食材を集め、グルメをうならせようというわけだ。フランスでも日本でも、自分の菜園をもっているシェフは珍しくなくなった。

二〇〇六年の初頭、フランス北西部の半島ブルターニュに、はじめて三つ星をもたらした名シェフ、オリヴィエ・ロランジェは、「この星は、最良の素材を提供してくれる地元の生産者たちと獲ったものだ」と言って、ブルターニュの人びとを熱狂させた。彼の料理の神髄は、異文化の彩りに満ちたスパイス使いだ。白い皿をキャンバスに見立て、地元の海産物と野菜にスパイスを利かせ、色と香りの織りなす絵を描く。口に運ぶたびに、海の向こうの国の物語が広がるようだ。

マルシェで食材を買うロランジェ

氏は、レストランへ食事に来てくれた人たちに、最高のもてなしを提供したいと心がけている。だから、自分で選りすぐった、安全で鮮度のよい旬の素材しか使わない。生産者はすべて氏が熟知している。インドへ行き、マダガスカルへ行き、小規模な生産者たちを援助しながら、スパイスを自分で買い付ける。「うちのメニューにはキャビアは載らないよ。どこで誰が採ったかわからないからね」と言う氏は、地元の生産者と協力しつつ、りんごの在来種を復活させたり、無農薬の野菜づくりをしたりして、食材への配慮を忘れない。

「ルレ・シャトー協会」という、高級レストランの世界組織がある。氏はその副会長に選ばれて、先駆的な提案をした。海の幸を扱うシェフとして、つねづね考えてきた水産資源の保全を、食に携わるリーダーが率先してやってみせることだ。「絶滅の危機にある大西洋と地中海のクロマグロは、レストランのメニューに載せない」という約束を、協会のメンバーに呼び掛けた。二〇〇九年の秋、フランスのビアリッツで行われた総会の席上である。イタリア、スペイン、フランスは賛同し、代表団が承認のサインをした。日本の代表団は、その場では賛同したが、サインは保留で帰国。そして、現在もサインは保留のままだという。日本のグループのなかで、「マグロは日本の食文化で、メニューから外すのは難しい」とか、「日本のレストランでは、客の要求を拒めない」とか、異論が出ているらしい。

たしかに、日本人は大のマグロ好きで、寿司ネタにトロは欠かせない。けれど、地中海まで繰り出して、絶滅種を乱獲するのはどんなものだろう。世界のクロマグロの八割は日本人の胃袋に納まっている。そういえば、チリの友人から、「チリの赤貝は一〇〇%日本への輸出用で、地元の人の口には入らない」と聞かされたこともあった。こんな外国依存の食文化があるだろうか。

その昔、東京湾や近海で魚が獲れたから、江戸の町に握り鮨の屋台が現れた。地元の食材を活かして育てるのが食文化だ。手に入らなくなったら、あるものを使って好みの味をつくり続けていくのが知恵と技ではないか。クロマグロを獲りつくしてしまったら、当然メニューから消滅する。エゴなグルメのご機嫌とりを優先するよりも、近海の新鮮な雑魚で、トロに負けない味を生み出す工夫をしてみてはどうか。島国日本の料理人たちこそ、海の資源の保全の先頭に立ってほしいものだ。

（アンベール - 雨宮　裕子）

7. 中国農業の現実
――「賤農主義」の形成

張　玉林

一　「賤農主義」とは何か

工業化・都市化にともなう、離農の進行と農業の停滞ないし衰退の問題は、近代化過程のなかで避けられない世界共通の問題である。そして、農耕とかかわりのある語源をもつ「田舎者」という日本語にも象徴されるように、農業にかかわるものに対する軽視・軽蔑は、洋の東西を問わず多くの言語の底流に潜んでいる。もちろん、一九世紀後半まで「農本主義」を奉じてきた中国においても、日本の江戸時代と似たかたちで、「四民」のうち「農」を「工」・「商」の前におき、「士」に続く二番目の社会的身分を与えていたものの、主流社会には「農」を見下す意識が根強く存在していた。

しかし、農民・農業者を見下す「軽農」と、「農業が嫌」だから手放す「嫌農」現象が、一連の制度・

政策や、社会・文化面において、一種の「賤農主義」にまで発展した国は、現代中国以外にいまのところ見当たらない。

ここでいう「賤農主義」とは、「農」を賤とする意識、言説、および一連の制度・政策を指している。これは、農民の「遅れ」を断定し、彼らの権利を抑制し、農村と農業の価値を無視もしくは低く評価するかたちで表面化する。

強調すべきことは、この発想は、誰かが提唱した主義主張ではなく、または系統的に論じている経済思想や社会理論があるわけでもない。もっぱら筆者が現代中国のいわゆる「中国式の社会主義」の現実から、「農」にかかわる社会的態度と主張を抽出したものである。そして、本章の目的は、この「賤農主義」の形成、表現様式、およびそれを支える政治的、経済的論理を各段階に分けて考察することにある。

今日の日本では、中国から相当な量の農産物を輸入しており、しかも多くの人がそのことを当たり前のように考えている。しかしその「当たり前」を支えるべき中国の農業や農民のおかれた状況を、ここで考えてみたい。そしてその状況が、日本とどこが似ていて、どこが違っているのかも、同時に考えてみてほしい。

二　革命イデオロギーによる農民否定と農民抑制

マルクス・レーニン主義の農民観

中華人民共和国は、一九四九年に中国共産党により建国された。今日、テレビなどで見る北京や上海の姿からは想像がつきにくいかもしれないが、一九七〇年代末からの「改革・開放」路線まで、中国は共産主義化を目指して、農業の集団化などを進めていた。その際、当時の世界における社会主義・共産主義の理論的支柱であったマルクスやレーニンを背景にしながらも、毛沢東による独自の革命イデオロギーによって国家建設が進められた。

中国における初期段階の「賤農主義」は、一九四九年から五〇年代後半まで、党・政府による農民の「後進性」の強調、およびそれにともなう移動の自由をはじめとする農民の権利の抑制というかたちで現れた。つまり、革命イデオロギーによる農民否定から、法律・制度・政策面の農民の権利の抑制へ、という流れを特徴としている。

革命イデオロギーによる農民否定は、マルクスやレーニンなどの認識にまでさかのぼることができる。彼らは、社会階級の視点から革命運動における農民の態度と役割を分析し、その「保守的」な一面を強調した。マルクスにとって、農民は一つの統一的階級ではなく、私有性と保守性をもち、見識が狭く浅薄で、しかも明確な政治主張に欠け、自分たちの意見を表明することができず、他の階級に代弁されなければならない存在だった。フランス農民をバラバラなジャガイモのようなものとする比喩は、それを端的に示している。[1]

また、レーニンは、ロシアの農民を、農業に従事する勤労農民と、所有者・小商人・投機者としての農民に分けて、それぞれの革命に対する態度を論じつつも、農民と小農経済を資本主義の土台とみなし、それが時々刻々に資本主義を生み出すものとした。そして、ブルジョアとプロレタリアのあいだで動揺し、また偏狭で保守的な本質をもつため、共産主義の担い手への「改造」がブルジョアよりいっそう困難であると論断した。[2]

もちろん、マルクスとレーニンのこのような農民認識が、毛沢東をはじめとする中国共産党によってそのまま革命の理論として貫徹されてはいない。それどころか、毛沢東は革命の初期段階でむしろ農民の「革命性」を強調し続けた。彼は、中国の革命は実質的には農民革命であり、農民は革命の主要な力であるとしている。[3] この認識をふまえて、土地の再分配をかなめとする土地革命を起こし、「農村をもって都市を包囲する」という戦略で中国の革命を成功に導いた。

選挙権の制限と農業集団化

しかし、中国共産党が全国を掌握し、農業に対する社会主義的改造（つまり農業集団化）に乗り出すなかで、毛沢東などは農民の保守性と遅れを語り出した。一九四九年七月に公表した「人民民主独裁を論じる」のなかで、彼はそれ以降の中国共産党の農民認識に大きな影響を与える論断を打ち出した。つまり、「厳しい問題は農民を教育することだ」。その理由を、農民経済が分散的で、その遅れた状態が農民全体の遅れと保守性、また利己的・自己中心的な性格を決めると指摘している。だから、「労働者階級の指導を必要とする。なぜならば、労働者階級はもっとも展望をもち、もっとも公正無私で、もっとも徹底的な革命性に富んでいるからである」[4]。そして、農民が自己中心的、保守的である以上、プロレタリア的思想をもって彼らを教育し、改造しなければならない。

毛沢東は党を代表している以上、その農民認識は中国における農民の政治的地位を決めることになる。すなわち、「中華人民共和国憲法」のなかで、労働者階級は「指導階級」の地位にあり、一方の農民は労働者階級の「同盟」の相手だとされ、「指導」を受けなければならない。そして、憲法で決められる労働者階級の指導権を確保するため、選挙法のなかで農民の選挙権は制限された。膨大な農村人口（一九五〇年代初頭には全人口の八割以上を占めていた）にもかかわらず、一九五三年に公布された選挙法のなかで、全国人民代表者大会（日本の国会にあたる）レベルの「人民代表」について、農村の代表一人が代表する人口数が、都市部の代表一人が代表する人口数の二〇倍と決められた[5]。

マルクス・レーニン主義の革命イデオロギーを受け継いだ毛沢東をはじめとする中国共産党は、農民を法律のうえで差別化し、政治言説と社会理論の両面から農民に対する批判・否定をはじめた。一九五三年一〇月、都市部の食料供給危機にあたって、毛沢東は農民の「遅れ」をいっそう強調している。「マルクス、エンゲルスは従来も農民のすべてがいいといってはいない。農民は自発的な傾向（資本主義の道へ自然に歩むこと）から逃れられない一面をもっている。農民の歩むべき道は社会主義だ。つまり互助組〔農民の自主的な相互扶助組織〕から合作社〔国家主導による集団組織〕へ。いまは収穫期になっていない端境期だが、一部の農民は土地を与えられた恩恵を忘れはじめた」[6]。中国ではこの食料危機をきっかけに農業集団化を加速しようとした。

社会主義教育運動の展開

しかし、多大な期待を託された農業集団化は、とくに高級合作社（土地所有を集団化した合作社）段階への移行にともない、多くの地方で農民の抵抗と非協力に直面した。そのうち、とくに注目すべきは、一九五六～五七年の一〇〇〇万人にも及ぶ農民の都市への流出である。これは農民の「離村による抵抗」とも受け止められる。それは都市部の食料供給不足と就業難などにいっそうの困難を招くとともに、農村における農業集団化の維持を揺るがす局面であった[7]。

こうした抵抗に直面した中国の指導部は農民の「遅れ」をあらためて痛感した。対策は、二つの方向から講じられた。その一つは、宣伝による農民向けの「社会主義教育運動」の展開である。一九五七年八月五日『人民日報』社説は厳しい調子で告げた。「われわれは農民に対し、個人の利益を国家の利益に優先させることは実に社会主義と党の指導を否定し、同時に農民自身にもその前途を失わせることを説明し、社会主義教育運動を強化しなければならない」。このキャンペーンで、「大弁論、大闘争」が暴力をともなって繰り広げられ、農民の「個人主義」や「自己本位主義意識」を批判した。

もう一つは農民の移動と移住を厳しく制限する「中華人民共和国戸口登記条例」の公布であった。これは次第に労働就業、物資とサービスの供給、教育、医療制度などと結びつき、結局、ほぼすべての経済・社会の領域において農民を差別するもので、中国の都市と農村、都市住民と農民を区別する「二元社会」をつくりあげた。この影響については、これまで多くの研究によって論考されており[8]、ここでは詳細を述べないが、簡単に以下の二点を指摘しておく。

第一に、農民の権利と自由に対する制限は、農村の発展と農民生活の向上に支障をもたらし、都市・農村の格差を拡大するかたちで、農民と農村の「遅れ」を、経済や生活などさまざまなレベルでむしろ助長してしまった。

第二に、政治主導の農民批判と制度上の農民差別は、今日にいたるまで、中国社会、とくにエリートの知識人、ならびに都市住民一般の農民認識に多大な影響を与え続け、政治、社会、また文化面において農民を「賤」とする社会通念をつくりあげることになった。

以下では後者の点をめぐって論じたい。

三　知識人の言説にみる農民の否定

メディアに広がる「賤農主義」

社会意識における「賤農主義」は、都市住民による日常的な会話のなかにも現れる。すなわち、「農民」という言葉が、人に対する低い評価を表す俗語として用いられる。たとえば、夫婦や友人のあいだで、「お前はほんとうに農民だ」、あるいは「農民に似ている」といった表現が出てくるが、そこでは「農民」とは、「遅れている」「保守的」「偏狭」「了見がない」といったことを意味する。

さらに、一九八〇年代後半から、テレビの普及とテレビ番組の娯楽化にともなって、大衆レベルの「賤農主義」が公共放送にも登場するようになった。人気を得ていたコメディー「超生遊擊隊」には、「農民がたくさんの子どもを生む」ということを皮肉り、男の子を生むため農村を逃げて都市を転々とし、ゲリラ化した農民夫婦が登場する。国民的な漫才師・趙本山による中央テレビ「春節聯歓晩会」でも、農民を笑いの題材にする一連の演出がなされた。また趙本山らが農民出身であることと、彼らの「農民的な奇才」を軽蔑し、彼らとの共同出演を断った上海の人気タレント・周立波による、「ニンニクを食べる者とコーヒーを飲む者」という、中国の「田舎くさい」農民と「西洋的香りがする」上海人を差別する暗喩もある。

もちろん、農民否定と農民差別をより筋道立てて語るのは、やはり官と民のあいだに立ち、政治文化と大衆文化を一身に代弁するような社会的エリートの知識人である。たとえば、現代中国における代表的な作家の一人である李国文は、「口の機能」という官僚の公費飲食を皮肉るエッセイのなかで、次のように書いている。

これらのすでに取り調べられた、またはまだ取り調べを受けていない、汚れた官僚たちは、地位が低くない。マルクス・レーニン主義をよく引き合いに出し、背広を着て、ネクタイの締め方もそんなに悪くない。そしてしばしば外国に出て視察をして、洋食をご馳走になるときも、それほど笑われることはない――といっても、実に彼らはその神髄からいえば、永遠に小農経済的な心理に満ちた農民だ。それはまさに仕方がないことだ(9)。

李の本意は「汚れた官僚」を批判することにあるが、無意識に、彼らの食べる享楽に夢中であるという「このうえのない低級さ」と、「小農経済的な心理に満ちた農民」とを並列している。ここには、その意識構造の深層にある農民否定が露骨に表れているといえるだろう。

知識人による農民批判の展開

この「不本意」な農民罵倒とは違ったかたちで、女性作家である楊沫は、小説「千本の線、一本の針」のなかで、執拗な農民罵倒を貫いている。

彼女〔黄茜という主人公、両親がともに大学教授であり自分も大学の講師〕は「教養」を強く言った。「教養」の話になると、彼女はすぐに怒る。いまのところ、知識があるかどうか、また大学に入ったことがあるかどうかでは、もはや教授の娘と農民の息子を区別できない。それらを区別できるのは教養と品、嗜好の高低しかない(10)。

彼女は喧嘩を恐れない。恐れるのは主人〔常偉という農村出身の大学講師〕に日々表れる農民の意識と農民の癖だ。[11]

「常偉、どうしてお前の理解力は文化のない農民のようなのだ！」黄茜はついに抑えられなく叫んだ。[12]

かかる引用文には、「農民の」もしくは「農民的な」意識、癖、人格、文化に対する否定、軽蔑、恨み、そして「仕方がない」という無力感も溢れている。大学の講師とはいえ「農民出身」の主人とその一族が、主人公である黄茜の「重荷」となってしまったことが、小説の趣旨だと見て取れる。この日常的、感情的、ヒステリックともいえる農民への侮りやののしりは、今日の中国ではたしかに理解不能ではない。

これとは対照的に、架空のドイツ人の中国問題専門家「洛伊寧格尓」を名乗って書かれた、中国社会を包括的に分析する『第三の眼で中国を看る』という本のなかで、王山はきわめてクールな口調で農民全体を国家の「重荷」とみなし、否定と批判を行っている。

王山は、教育のレベルの違いだけにもとづいて、農民と都市住民という「二つの部分の中国人を二つの種族とみなすことさえできる」[13]という。そして、「農民という種族」は、自己中心的、偏狭、愚かで見識がないうえに、非常に大胆である。よって、彼らは、毛沢東が彼らのために描いた「青写真」を巨大な災難（つまり一九五一～六一年のあいだに数千万人の餓死者が出たという大躍進〔大規模な増産計画〕の破産）に変えたうえ、人民公社（合作社を合併した行政・経済組織）の崩壊で解放されてからは、もともといた土地に定着せず都市に流れ込んでくる。それは「盲目的流動」で、「膨大な農民の群れは、いったん水門から噴出して都市部に混入しそれと一体になれば、都市社会全体の素質を引き下げてしまう[15]」。そのうえ、そのコンプレックスと妬みで溢れ、本性で犯罪に走り、巨大な破壊力となりがちである。

農民がこのように「悪質」なものである以上、彼らの移動を厳しく制限し、「文明的都市社会」とは隔離をしなければならないと、王山は主張する。一九七〇年代末にはじまった改革・開放によって農民が労働と移動の自由を得たが、これは「政府にとっては致命的な後退だった……こうした農民の野放しこそ、彼らが法律を無視して犯罪に走る原因の一つであり、また暴動に加担する潜在的な原因ともなっている」、「人民公社のような制度には欠陥が多く、民主主義国家からの強い批判を浴びているが、八億人の農民の管理には依然有効なのだ。教育に欠ける農民の群れを統制するには厳しい管理システムが必要なのである[16]」。

ちなみに、わざと「ドイツ人の中国問題専門家」を名乗って書かれたのは、論調の「客観性」を示そうという意図によるものであるが、その著者はある軍事部門のエリートで「太子党」（中国の高級幹部の子弟）であり、しかもこの本が指導部から評価を受けたとされる[17]。その著書の出版前後に、農業、農村、農民問題がより深刻になり、「三農問題」と一括して中国の一大社会問題として広く議論されていたことを考えれば、この本は一部の政策決定者の本音をある程度示しているとも考えられる。

もちろん、一九九〇年代に入ってから、中国社会で権利意識が高まり、それまでの農民差別・農民抑制の制度と政策が次第に批判されるようになったのも事実である。こうしたなかで、農民と「農民工」（農村から都市に出て来て働く者）に対する法律・制度・政策上の差別をなくし、彼らに都市住民と同様の「国民待遇」を与えようとする呼びかけが広がっている。しかし、皮肉なことに、「農民差別」を批判しそれを廃止しようとする論文においてさえ、農民否定と農民差別的な論調が潜んでいる。[18] 農民を「賤」とする観念はまさに社会意識の根元まで浸透している。

四　発展主義信仰と農業放棄・農村「消滅」へ

農業放棄・農村消滅への政策転換

一九九〇年代半ばまでの「賤農主義」は、主に農民を「賤」とみなすことに現れてきたが、農業と農村を直接に否定するにはいたらなかった。実際、「階級闘争を中心とする」毛沢東時代（一九四九～七八年）から「経済建設を中心とする」鄧小平時代（一九七八～九三年）へ、そして「社会主義市場経済の樹立」を目標とした江沢民政権（一九九三～二〇〇四年）まで、少なくとも中央指導部の理念レベルでは農業と農村の重要性を強調し続けた。毛沢東の「農業を基礎とし、工業を主導とする」方針は、一九五九～六一年に農業危機と大飢饉があったこともあり、一九七八年に中国政府が改革・開放へかじを切ってからも、中国農村の貧困の光景を深刻に受け止めていた鄧小平がいっそう強調していた。彼は、「農業は根本だ。忘れてはならない」と述べ、農村の安定と発展が中国社会全体の安定と発展の前提であることを繰り返した。[19] 江沢民は鄧小平の認識をそのまま受け継いだが、農業・農村問題が共産党政権と中国全体の安定を決める以上、「ただ重大な経済問題のみならず、重大な政治問題でもある」[20]とより鮮明に位置づけた。

しかし、主に政治と社会の「安定」に照らして論じる農業・農村重視の大原則は、中央政府レベルの政策においてさえ一貫しておらず、実際には「口だけ」の「スローガン農業」にとどまっている。一九八〇年代初頭からの農業への財政投入の減少、[21] さらに九〇年代における農村と農民への過度な公課による「農民負担」の過重化と農民暴動の多発が、[22] 理念と実践の深刻な乖離を物語っている。そのうえ、「三農問題」の深刻化に悩む地方政府は、公的には農業・農村を重要視する理念を否認しないものの、政策面においてはそれと距離をおき、そして九〇年代後半から次第に農業・農村・農民問題を包括する意味での「三農問題」を厄介な重荷とみなして、農業放棄と農村の「消滅」、および「農民を都市住民に変える」とする「逼農進城」政策をとり、「賤農主義」を新たな段階まで押し上げている。

新段階の「賤農主義」を物語るいくつかの例が報道されている。たとえば、江蘇省南部の官僚は、「魚と米の里」という「江南文化」のシンボルを、「農業文明は過去のものであり遅れた意味合いをもつ」との理由で否定し、かわって「世界の工場」という新たなキャッチコピーを好んだ。浙江省の一部の地方は、「食糧を生産しない郷・鎮」(「無糧郷鎮」)、ないし「食糧を生産しない県」(「無糧県」)を政策目標として打ち出している。また、河南省洛陽市古城郷政府は、村民を「住宅団地」に移住させる際に農民の抵抗にあったが、小中学生の名義でそれらの家長に向けて、「一生を農民として、汚くかつ乱れた村に住むのは嫌だ」という内容の「公開の手紙」を送った。[23]

発展主義と圧力型政治による賤農主義の推進

では、農業と農村までも否定し、農業放棄と農村「消滅」という「賤農主義」を促した力、およびその論理的根拠は、いったい何か。ここでは、「発展主義の信仰」のもとで、農業成長の限界論と地域間の農工分業論、およびそれと緊密に連関する中国に独特の政治・行政システムにおける官僚の行動の論理、という三点に絞って考察したい。

農業成長の「限界論」とは、食料の生産を中心とする「伝統農業」には成長の限界があり、経済成長の牽引車とはならないというものである。より詳しくいえば、中国において、膨大な農村人口と零細な土地の経営面積(全農家平均は一戸当たり〇・六ヘクタール前後)という人口・土地資源の不均衡を抱える以上、農業の成長に頼るだけでは、もはや農民を富めるものにしようという新たな時代の要請には応えられず、ひいては農村・農民問題の解決、近代化の実現を不可能にする。そして、工業化・都市化を推進し、「農民の減少で農民を富ませよう」という認識を、地方の指導者たちが共有するようになる。

こうした農業の限界論自体にはそれほど大きな問題はないと考えられる。工業・都市重視は必ずしも農業・農村軽視につながるとはいえず、逆に両立することも想像できる。それにもかかわらず、農業・農村放棄という帰結をみるのは、別の要因、つまり近代化の早急な実現という国家の至上目標から生じた発展主義と、これが「上から」の官僚任命制度と相乗して生み出した、転換期中国に独特な「圧力型政治・行政システム」[24]が強くはたらいた結果である。

近代化という大目標のもとでは、「発展」こそが国全体の急務であるが、その際に中国では発展のスピードが肝要であるとされている。鄧小平によれば、社会主義の優越性は資本主義より発展の速度が速いことにある。「貧困は社会主義ではないが、発展があまりに遅いことも社会主義ではない」[25]。そして、後発国家としての中国は各地方の経済成長率や税収増加率などをもって、その「発展」ぶりを測り、さらにその指導者の「業績」を評価し昇進させるかどうかを決める。ここで経済的指標が官僚たちの政治生命を決める政治的指標ともなっている。その結果、地方の指導者たちの、「発展」への衝動ないし焦りを引き起こしている。江蘇省のある鎮（自治体）は「速い発展を光栄とし、遅い発展を恥とする」というスローガンを掲げ、また湖南省嘉禾県政府は、「誰かが嘉禾の発展に一時的にでも支障を来すなら、われわれは彼の一生に支障を与える！[26]」という類いの宣言をも表明しており、「発展の衝動」の獰猛さを剝き出しにしている。

こうしたなかで、地方の指導者たちは、自分の「業績」を上げるために経済の急成長を求め、地域間の激しい競争を繰り広げている。もちろん、「競争」といっても、農業をめぐる競争ではなく、もっぱら工業、とくに重化学工業をめぐってのものである。これは、前述した農業成長の「限界」認識によれば、農業の成長のスピードがあまりにも「遅い」ため、多大な努力を払っても経済全体の急成長にはつながらず、工業こそが多くのＧＤＰを生み出すことができるからである。その結果、地方政府はさまざまな

「開発区」と呼ばれる工業団地を設立し、税金の減免や土地の低価格化ないし「ゼロ地価」などの優遇措置を講じ、競って内外からの投資を引き込み、工業の拡張を精力的に推し進めている。

一方、九〇年代半ばまで抑えられてきた都市化も、大きな「経済成長を内包する」魅力が明らかになり、経済成長の牽引役として戦略的に位置づけられるようになった。「都市を大きくし、かつ強めていこう」とする方針が多くの地方のスローガンとなっている。そして、都市周辺の所轄県・市を都市部に組み込み、工業用地と建設用地の拡張を図り、また「都市を経営する」、「土地経営をする」名目で農村の集団所有の農地を国有化したうえで商業用地として転売し、財政収入と都市建設費の拡充が目指される。いずれもGDPの急増を達成するための重要な措置だと考えられている。[27] また地域によっては、都市化戦略の一環として、農村地帯において町村合併や、自然村を打ち壊して農民を町や住宅団地に集中させる方法も講じている。

農地囲い込みと町村合併

中央政府は二〇〇三年から都市と農村、工業と農業などのバランスをとるために「科学的発展観」を提唱しはじめたが、ある省の指導者はこれと逆行するかのごとく、所轄する工業化・都市化の遅れる地方のリーダーたちに対して、「書記は工業書記、市長は城建〔都市建設〕市長になれ！」とプレッシャーをかけ、彼らを工業化と都市化に専念させようとしている。

工業化と都市化は、経済全体に占める工業の割合の増加と都市人口の増加を意味するだけでなく、土地・耕地そのものの工業化と都市化をも意味する。地方の指導者にとって、同じ土地に工場や商業住宅を建設することは、農業を営むよりも多くのＧＤＰを創出し、多くの税金が取れることを意味する。農業用地を工業用地や建設用地に転用することは、「市場経済のルールに従う」ものだと強調している。こうした背景のもとで、九〇年代から農地の囲い込み（「圏地運動」）と、「廃村運動」ともいえる町村合併が活発に行われている。それは近年において毎年数万件にもおよぶ農民の「群集性事件」（集団抵抗や暴動）を引き起こしている。工業化と都市化は「発展」への寄与度が高いため、中央指導部から「農業重視」、「耕地保護」と頻繁に呼びかけているにもかかわらず、依然として沈静化する兆候をみせていない。

農業の放棄と耕地の転用を正当化するために、前述した「農工分業論」が叫ばれている。たとえば、農業の衰退がいちじるしい江蘇省南部のある鎮の女性公務員は、農業放棄の合理性を次のように説明している。

土地の価値は蘇南と蘇北とでは格段に違う。一畝〔〇・〇六七ヘクタール〕当たりの土地から、蘇南では工場や商業住宅を建設すれば数十万元ないし数百万元の収益が得られるが、食糧生産に使うなら年間数百元しか得られない。したがって工業の発展を蘇南に集中し、食糧の生産を〔工業の遅れた〕蘇北にまかせばいい。それなのに、〔中央政府は〕耕地の転用を無理やりに禁じている。まったく納得できない。(28)

ここでは、経済的効用、なかでもとくにＧＤＰと税収という単純な経済的な尺度で土地・農業の価値を測っているにすぎず、食料安全保障や農業の社会、文化的および生態・環境保護の価値[29]を完全に無視していることはいうまでもない。

五　「賤農主義」の内面化と農業・農村危機

「賤農主義」が、政治と行政レベル、あるいは都市住民、とくに知識人などの主流社会と主流文化レベルにとどまっているのであれば、まだ部分的なものにすぎない。支配者階級の文化をその社会の支配文化として「育成」してこそ、文化的ヘゲモニーがはじめて定着する。これは筆者なりのグラムシ[30]の論説に対する理解である。「賤農主義」が、「賤」の対象である農民と農村社会自身に広く受け入れられて「合意」が成立し、そして農民による自己否定の内面化が完成してこそ、「賤農主義」ははじめて現代中国における主導的な価値観となり、国家の行方から個人の行方までを左右する巨大な力となるのである。

もちろん、「合意」のなかには、拡大しつつある中国における都市・農村間のいちじるしい格差という厳しい現実を前に「自然発生的に」生じるものもあると考えられる。しかし格差そのものの形成、温存、そしてさらなる拡大が、そもそもの革命イデオロギーと、発展主義・経済合理主義の論理の先鋭化によってもたらされ、「賤農主義」が広がったことは否定できない。また、二〇一〇年の上海万博の主題である「より良い都市、より良い生活」（中国語では「城市、譲生活更美好」）が示すように、工業・都市志向、「文明」・「先進」志向（これは近代以来の中国における「欧米志向」とほぼ同じだが）をもち、言説・文化の生産者と伝播者である知識人はそれらを日々、社会一般に植えつけ、浸透させているという一面もある。

そしてそれらが、中国の農民、とくに青年農民の、「土地に対する愛着がない」、「農業が嫌」ないし「農業をやるのは恥だ」、「農村から逃げたい」、そして「農村を恨む」、「農村の良さをうたう文章の書き手に〝ツバを吐きたい〟」という感情へとつながっていることが、多くの社会調査[31]や、一九八〇年代初頭から現在にいたるまでの一連の農村小説[32]からはっきり読み取れる。そして、二〇〇〇年を境に都市部に流出した「農村余剰労働力」が、一億人を超えて増え続けていることは、農外収入を稼ぐための単純な出稼ぎではなく、農民自身の「賤農」意識に根ざした文化の表れでもある。ちなみに、この十数年間で官と民のあいだの土地紛争が多発しているが、その争点のほとんどは、農民による土地への愛着からくるのではなく、あくまでも補償額へのこだわりに起因している。

たしかに、二〇〇五年から中央政府は、農村・農業・農民重視を再び叫び、「新農村建設」をはじめとする一連の「恵農」政策を実施している。しかし、「賤農主義」が中国の経済、社会、そして文化の底流に流れていることは変わっておらず、今後ともむしろ肥大化していくとも考えられる。というのも、現実には「新農村建設」が、多くの場合、農村消滅・農地転用とそれにともなう農業の放棄になりつつある[33]からである。したがって、文化・文明の危機ともいえる「賤農主義」が、農業と農村の危機的状態をより深刻にする傾向は、当面は変わらないものとみることができる。

（1）カール・マルクス『ルイ・ボナパルトのブリュメール一八日』植村邦彦訳、大田出版、一九九六年、一八一頁。
（2）レーニン「プロレタリアートの独裁の時期における経済と政治」、ソ同盟共産党中央委員会付属マルクス＝エンゲルス＝レーニン研究所編『レーニン全集』第三〇巻、マルクス＝レーニン主義研究所訳、大月書店、一九五八年。
（3）毛沢東「湖南農民運動考察報告」『毛沢東選集』第一巻、人民出版社【中国】、一九九一年。
（4）毛沢東「論人民民主専政」『毛沢東選集』第四巻、人民出版社【中国】、一九九一年、一四七七頁。
（5）ちなみに、一九八二年選挙法では八倍、一九九五年選挙法では四倍と、次第に縮小されてきた。
（6）毛沢東「糧食統購統銷問題」『毛沢東文集』第六巻、人民出版社【中国】、一九九九年、二九五頁。
（7）詳しくは、張玉林「戸籍制度から見た現代中国の国家と農民――1950年代を中心に」『中国研究月報』一九九七年八月号を参照。
（8）郭書田・劉純彬ほか『失衡的中国』河北人民出版社【中国】、一九九〇年、および張前掲論文。
（9）李国文「嘴巴的功能」『当代』【中国】、一九九八年第三期、一一一頁。強調は引用者による。
（10）楊沫「千条線、一根針」『中国作家』【中国】、一九九八年第二期、七四頁。
（11）同、七四頁。
（12）同、七五頁。
（13）洛伊寧格尔著、『第三只眼睛看中国』王山訳、山西人民出版社【中国】、一九九四年、三六頁。
（14）同、四六頁。
（15）同、七一頁。
（16）同、六八頁。
（17）劉賓雁「評『第三只眼睛看中国』」。
（18）たとえば、桑子青・顧凡は、「農民社会岐視現象分析」『社科縦横』【中国】、二〇〇八年第一期のなかで、次のように論じている。「農民が差別を受けているのは、彼ら自身にも大きな原因がある。……彼らは救済をただ待ち、依頼し、要求するような惰性を変えなければならない。……マスコミも重大な責任をもっているが、農民に対して現代文明の思想を注入し、彼らの科学・文化意識、衛生・健康意識、法律・道徳意識などを強めるべきである」（一三八頁）。

(19)『鄧小平文選』第二巻第二版、人民出版社【中国】、一九九四年、四〇六頁、および同第三巻、一九九三年、二三頁・六五頁・一一七頁。

(20) 中共中央文献研究室編『江沢民論有中国特色社会主義』中央文献出版社【中国】、二〇〇二年、一二〇頁。

(21) たとえば、『中国統計年鑑』二〇〇〇年、および同二〇〇九年によれば、財政支出総額に占める農業への財政支出の比率は、一九八〇年代までは一〇％以上であったが、八〇～九〇年代は平均九％未満、二〇〇〇年以降は八％以下、そして二〇〇七、二〇〇八年にはさらに七％以下と下がる一方である。それによって、一九七八～二〇〇八年のあいだに財政支出総額が五四倍増加したのに対し、農業支出が二七倍しか増加してない。

(22) 詳しくは、張玉林『転換期中国の国家と農民 1978-1998』農林統計協会、二〇〇一年を参照。

(23) それぞれ、章敬平「長三角——在工業経済輝煌中消失的魚米之郷」『南風窓』【中国】、二〇〇三年一二月三日、「朱志泉副庁長在全省糧食安全及綜合生産能力保護座談会上的講話」二〇〇三年一〇月二一‐二三日、http://www.zjagri.gov.cn/html/main/zjAgriInfoView/62969.html、および『大河報』【中国】、二〇〇八年一一月五日を参照。

(24) 栄敬本ほか『従圧力型体制向民主合作体制的転変——県郷両級政治体制改革』中央編訳出版社【中国】、一九九八年。

(25)『鄧小平文選』第三巻、二五五頁。また、彼が一九九二年一月の広東での視察地を後にする際に、地方の指導者に対して「君たちはもっと速くなれ！」と指示したのが印象的である。

(26) それぞれ筆者による現地調査（二〇一〇年一月三日）、および『新京報』【中国】、二〇〇四年五月八日。

(27) 工業化と都市化による耕地の侵食については、張玉林「蝕まれた土地」『中国21』二〇〇七年一月号を参照。ちなみに、これは土地と家屋の価格の高騰を招いており、いわゆる政府主導によるバブル経済の中国版である。

(28) 筆者による現地での聞き取り調査、二〇〇六年五月一五日。
(29) 祖田修『農学原論』岩波書店、二〇〇〇年。
(30) アントニオ・グラムシ（Antonio Gramsci, 1891-1937）。イタリアのマルクス主義思想家。ヘゲモニー論で知られる。
(31) 厳海蓉「虚空的農村と空虚的主体」『読書』【中国】、二〇〇五年第七期、および陳成文・魯艶「城市化進程中農民土地意識的変遷——来自湖南省三個社区的実証研究」『農業経済問題』【中国】、二〇〇六年第五期。
(32) たとえば、路遥「人生」『収穫』【中国】、一九八二年第三期、梁暁声『荒棄的家園』中国文聯出版社【中国】、一九九七年、夏天敏「接吻長安街」『山花』【中国】、二〇〇五年第一期、および賈平凹『秦腔』作家出版社【中国】、二〇〇五年。
(33) たとえば、工業化・都市化が進んでいる広東省、浙江省と江蘇省南部地域の食料生産量が一九九八～二〇〇三年のあいだに五割前後も激減し、その食料自給率がいずれも四割前後まで落ちていること、および中国の大豆生産が近年壊滅的打撃を受けていることは、これを端的に示している。また、中国農業の新たな危機状態については、高橋五郎『農民も土も水も悲惨な中国農業』〈朝日新書〉、朝日新聞出版、二〇〇九年を参照。

コラム⑧
日本社会とコメ

ハンバーガー、ハムエッグ、ギョーザ、トースト、クリームスープ、頭文字をとって「ハハキトク」。ひところよくいわれた子どもの好きな食事である。カレーライスやオムライスならまだしも、ハハキトクにはコメがまったく入っていない。現在日本人一人当たりの年間コメ消費量は約六〇キログラム。茶碗一杯は精米約六五グラムなので、簡単な割り算をすれば一人一日当たり茶碗二・五杯分のコメを食べている勘定になる。しかしいまから五〇年前、日本人のコメ消費量は現在の二倍もあったのだ。なぜ日本人はコメを食べなくなったのか。多様な食生活の進展のなかで、たしかにコメは一つの選択肢でしかなくなった。だがコメは食糧であっても単なる食糧ではない。それ以上の意味をもっていたのである。「日本社会とコメ」という視角からコメにまつわる特色を三点にまとめてみよう。

第一に経済的な意味として、コメは豊かさの象徴だった。炊き立ての真っ白なご飯を腹一杯食べること、こうした食生活にわたしたち日本人は憧れ、経済的豊かさを実現できるよう努力してきた。コメは食べたくても容易には食べられない、けれども頑張れば手の届く身近な豊かさだった。戦前期には、白いコメを吸引力として労働者を雇用したり、人口移動が生じたりしたケースも報告されている。実際明治期以降コメはずっと不足していた。不足が解消されたのはようやく一九六〇年代に入ってからである。高度経済成長期になってはじめてすべての日本人が腹一杯コメを食えるようになったのだ。だが悲願が達成された一九六〇年代はじめをピークに、その後コメ消費量は次第に低下しはじめる。そして一九七〇年にはファミリーレストランやファストフードが登場し（外食元年）、同じ年にコメの本格的な減反がはじまった。コメ余りである。コメはもはや豊かさの象徴ではなくなったのだった。

第二に文化的な意味として、コメは日本人のアイデンティティだとみなされてきた。たとえば明治期以降一一月二三日に執り行われてきた新嘗祭《にいなめさい》は、天皇が新米を祝いみずからも食する儀礼である。戦後この日は「勤労感謝の日」となり、日本人の勤勉さ（その原型が労働集約的な稲作労働！）を美徳として祝う国民の祝日となったのだ。新嘗祭に献穀されるコメはもちろん日本米、品種的には粘り気が多い短粒種のジャポニカ米である。世界的には粘り気が少ない長粒種のインディカ米が多く食されているけれど、日本人はずっと日本米を好んできた。そのため単なる品種の違いを超え、日本米を優れているとみなし、それを日本人の優秀さと同一視してアジア蔑視へと結びつくこともあった。また国内にはコメを常食としない文化も存在していたが、それを抑圧し、コメを日本人のアイデンティティとして国民統合に利用してきた面があったことも否定できない。

第三に政治的な意味として、コメは管理の対象だった。コメをめぐる法制度的な管理の強化（その頂点が一九四二年の食糧管理法）は、食糧法が施行される一九九五年まで続いた。同時に食べ方の管理として、古くは明治期の兵食改善のための白米食廃止（脚気予防）にはじまり、戦時中は玄米食奨励にまでいたる。だが今日まで続く重要な管理手段は学校給食だ。明治期に端を発する学校給食は、昭和恐慌下の欠食児童救済対策として全国に普及していく。だが同時に学校給食は栄養改善の実験場でもあった。国民の健康が国家管理される要石の役割を担ったともいえる。そして戦後の学校給食（一九五四年学校給食法）を通して米食にかわってパン食が普及する。コメ余りのなか学校給食に米飯が導入されたのは一九七一年、本格的に減反がはじまった翌年のことであった。

コメに付与されてきたこれら三つの意味は今日明らかに変質した。だが消失したというのは正確ではない。意味が変質したのである。消費者はより食味のよいコメを選択するようになった。どんな日本米を食べるのかへと豊かさのグレードが高くなっている。その一方で、健康面から米食を中心とする日本型食生活が見直され、環境や景観の観点から棚田の維持が重視される。またナショナル・セキュリティとして（自給率の向上）米食への誘導もみられている。しかしこうした新たな動きに共通しているのは、コメは単なる食糧や、ましてや単なる商品を超えた存在だという、古くて新しい事実なのである。すでに戦前期に農業経済学者・東畑精一は、棚田を「日本の〔生きた〕ピラミッド」だと称賛する声に対抗して、そういう非効率的な農業を経済的批判の対象にしなければならぬと述べていた。コメのもつ多義的な意味は消えていない。

（岩崎正弥）

いまなお日本社会にとって重要な意味をもつコメ

（撮影＝大石和男）

8．国民経済と農業
——食料自給率を起点に考える

原山浩介

日本では、しばしば「食料自給率」というものが話題にされる。近年、この自給率（カロリーベース）は四〇％前後で推移しており、これが数値としては低いとして、問題にされることがある。そしてこの自給率を上げるためにはどうしたらよいのかということが、政治の場面でも議論される。

この「食料自給率」は、実に味わいの深い指標である。報道などでは、その数字ばかりが先行するが、その中身に立ち入ってみると、わたしたちの食がどのように成り立っているのかがよくわかる。さらにいえば、この指標自体が、戦後日本の農業政策の流れを象徴するものでもある。

以下では、この「食料自給率」を糸口にしながら、日本社会の食の歴史と現在を紐解いていきたい。

一　食料自給率とは

食料自給率の論理

輸入農産物の増加を示す指標としてしばしば用いられるのが、「食料自給率」である。これは、日本の農業生産の低迷をいうときや、低迷を克服するために財政支出をともなった農業保護が必要であることを説くときの根拠として、しばしば用いられる。

自給率の数値として用いられることが多いのは、金額ベースの自給率と、カロリーベースの自給率の二つである。二〇〇九年の数字でいうと、金額ベースでは七〇％と高めの数字が出るが、カロリーベースで算定すると四〇％という低い数字になる。今日、新聞報道などで一般的に用いられる自給率は、カロリーベースの数字である。

金額ベースの自給率のほうが高い数字になるのは、輸入農産物が一般的に低価格であることによる。スーパーマーケットで売っているニンニクを例に、二〇〇九年の自給率を反映するような買い方をするならば、次のようになる。ニンニクは、国産のものは一つで一〇〇円程度の値段がつく場合が多いのに対し、中国からの輸入品は同じ値段で三つは買える。仮に一年間に五つのニンニクを消費するとして、そのうち三つは中国産、二つを国産で買うとすると、カロリーベースの自給率は四〇％（二個／五個）、金額ベースでは六六・六％（二〇〇円／三〇〇円）という数字になる。

ところで、過去の『農業白書』を開いてみると、食料自給率の推移を示した表のなかに、カロリーベースの数字がはじめて登場するのは一九八九年である。それ以前は、金額ベースの自給率のみが掲載されており、年によっては白書の記述のなかで、カロリーの自給率が低いことが示される程度である。

実はこの金額ベースとカロリーベースの数値の違いが、しばしば議論の的になる。よくある批判は、金額ベースの自給率は高いのに、農林水産省は、日本の自給率が低くみえるカロリーベースの数字ばかりを宣伝し、いたずらに危機感を煽って、多くの予算を獲得しようとしている、といったものである。

たしかに、カロリーベースの自給率は万能ではない。レタスやキャベツといった低カロリーの野菜をいくらたくさんつくっても、カロリーベースの自給率の向上には大きく寄与しない。一方、金額ベースの自給率では、一般的に国産よりも輸入したもののほうが安いという状況においては、低価格農産物の輸入増大を数字に反映するのが難しい。

あるいはまた、食料ベースであれ金額ベースであれ、自給率という指標そのものが、けっして通時代的でも通文化的なものでもなく、状況に応じて見え方が変わってくるものであるということはふまえておかねばならないだろう。仮にすべての食料輸入が途絶し、日本列島が食料不足に見舞われた場合、たとえ餓死者を出したとしても、輸入がない以上、自給率は一〇〇%を達成できる。別の角度からいえば、経済力が弱く食料も不足気味な国々においては、自給率が高いということは、食料を輸入しようにもできない状況にあるということを意味する。

カロリーベース四〇%の中身

食料自給率として一般によく用いられるのは、カロリーベース、すなわち摂取カロリーのうちどれだけが国産で賄われているのか、その割合を示したものである。約四〇%という数字ばかりが取り上げられるが、品目別にどのような構成になっているかをみてみると、興味深い事実がわかってくる。

圧倒的に自給率が高いのは、九六%の数値を示すコメである。ミニマム・アクセス(最低輸入量)米などの輸入はあるものの、日本で流通するほとんどのコメが国産である。次いで高いのは、七九%を占める野菜である。ただ、野菜はそもそも低カロリー食品であるため、食料自給率全体を押し上げることにはつながりにくい。

逆に、油脂類(三%)、小麦(一四%)、そして畜産物(一七%)の自給率の低さはいちじるしい。このうち、日常のわたしたちの食生活を考えるうえで身近に感じられるのは、小麦と畜産物であろう。

いまや、毎食必ずコメを食べないと気がすまないという人は、少数派だろう。朝はトーストを食べることが習慣になっている人も少なくないだろうし、「お昼は麺類」と決めている人もいる。車でバイパスなど大きな道路を走ると、沿道にはファミリーレストランとともに、ラーメン屋やハンバーガーなどのファストフード店が多く立地している。麺やパンに用いられている小麦のかなりの部分が輸入物であることが、食料自給率を押し下げる大きな要因になっている。

もう一つの畜産物については、話は少し複雑である。国内で生産される肉などの畜産物は、全体の六八%を占めている。こう考えると、国産の占める割合が高いかにみえるが、実はその国産物をつくりだ

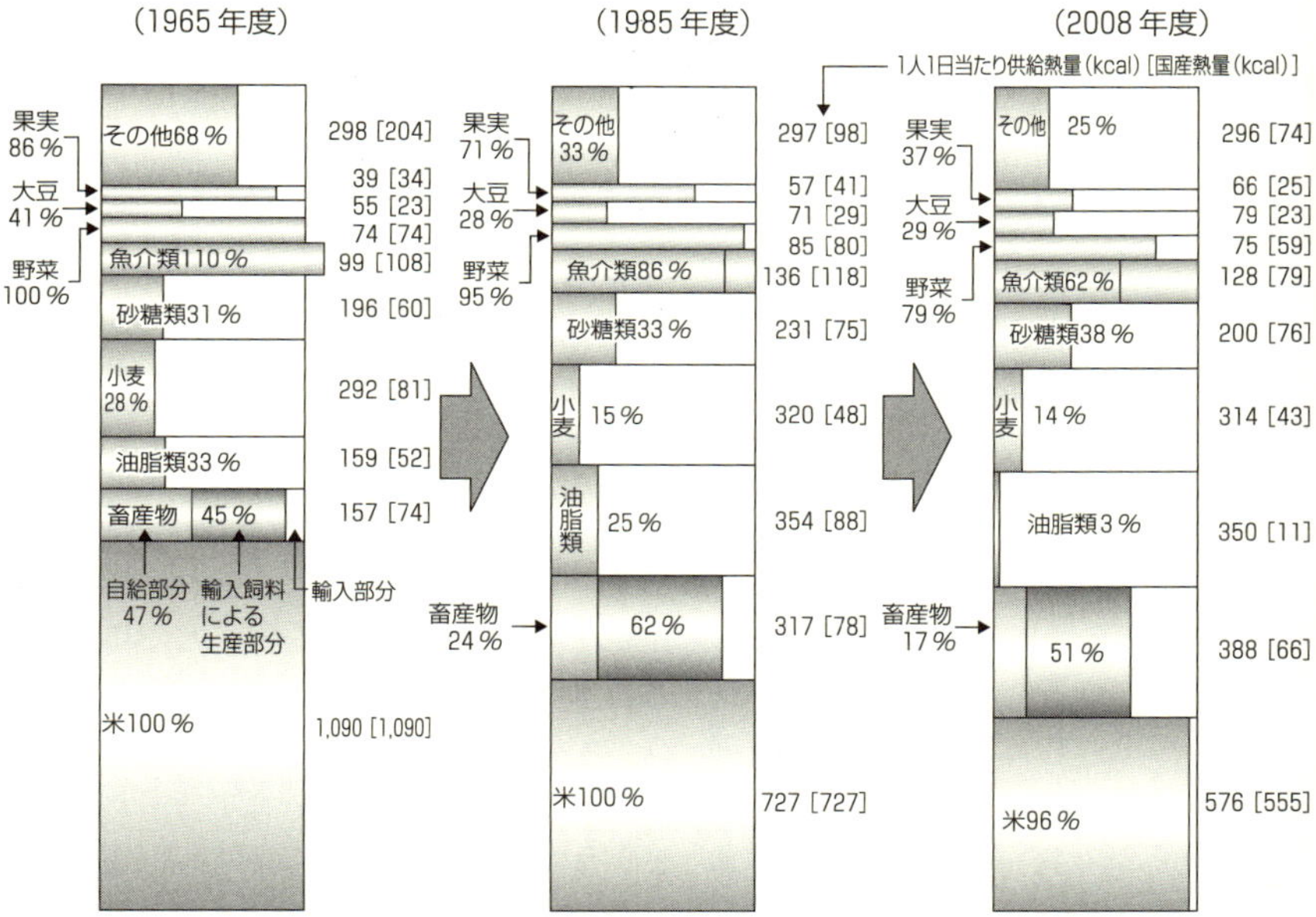

	1965年度	1985年度	2008年度
食料自給率（供給熱量ベース）	73％	53％	41％
1人1日当たり供給熱量	2,459 kcal	2,597 kcal	2,473 kcal
農家数	566万戸	438万戸	252万戸
販売農家	−	331万戸	175万戸
基幹的農業従事者数	894万人	346万人	197万人
65歳以上	−	20％	59％
耕地面積	600万ha	538万ha	463万ha
作付延べ面積	743万ha	566万ha	427万ha
耕地利用率	124％	105％	92％

図1　日本の食料自給率（カロリーベース）

出所）平成21年度『食料・農業・農村白書』37頁。

すために必要となる飼料の多くは輸入によってまかなわれている。たとえば豚肉を食べるという行為は、実は間接的に豚が食べた飼料を肉というかたちで人間が摂取していることを意味する。つまり、国産の豚肉を食べていても、もとをたどればその多くの部分が輸入されたものということになる。

輸入される家畜の飼料のほとんどは穀類である。小麦とあわせて考えると、わたしたちはかなりの輸入穀物を食べていることになり、これが食料自給率が高くならない大きな要因であるということになる。

こう考えると、食料自給率を上げるためには、小麦など、コメ以外の穀類の国内生産を拡大するとか、あるいは食生活を野菜とコメを中心としたものに替えるといった、大規模な変革が必要となるはずである。

もっとも、仮に小麦などの穀類を生産しようとしても、価格面では輸入物にかなわない。安い輸入農産物に高い関税をかけて、国内産の農産物を保護するという考え方もできなくはないが、むしろ関税の低減ないし撤廃を目指すのが今日の貿易をめぐる国際交渉における世界の趨勢である。

最近、米粉入りのパンやクッキーなどが注目を集めている。こうした商品が開発されるようになった背景には、国内で供給できるコメの消費量を拡大しようという運動がある。また近年では、飼料用米の生産に力を入れようとする動きもある。全体の食料自給率をどれだけ動かす力になるかは未知数ではあるが、農林水産省も米粉の活用や飼料用米の生産には、積極的に取り組もうとしている。

二　自給率低下の歴史

なぜコメの自給率が高いのか

コメをつくっているのは、けっして日本だけではない。にもかかわらず、なぜ、コメだけが高い自給率を維持できているのか。

今日的な現象だけに着目するならば、それはコメにかけられる例外的に高い関税に原因がある。販売目的で海外からコメを輸入しようとすると、一キログラム当たり三四一円の関税（WTO協定税率）がかかることになっている。国産米は値下がりが続いており、スーパーなどでは一〇キログラム四〇〇〇円程度で買うことができるし、通信販売などでうまく探すと、一〇キログラム三〇〇〇円のものまである。つまり、米を輸入するときの関税相当の金額で、国産米が買えてしまうのである。

関税によって国産のコメが守られているこの現状は、とても不思議に映るかもしれない。ただこの不思議さには、日本の農業政策と食生活の歴史が刻み込まれている。

このような高い関税が設定される契機となったのは、一九八六年から一九九五年にかけて行われた、GATTウルグアイ・ラウンドであった。これは、GATT（関税と貿易に関する一般協定）による、貿易の自由化を目指した多国間の通商交渉で、交渉課題のなかでももっとも難航したのが、農産物の貿易自由化であり、このとき、日本にはコメの輸入自由化が求められていた。

日本では、戦後、コメを輸入しようという発想が基本的になかったといってよい。

戦時期までは、朝鮮・台湾などの植民地からの移入を含め、日本列島の外からコメを持ち込んでいたのだが、敗戦によりそうしたかたちでのコメの調達が困難になった。他方で、一九四二年には、戦時下で食料の不足が見込まれるなかで、コメなどの穀物の生産・流通・配給を政府が管理するための「食糧管理法」が制定されていた。

敗戦によるコメの移輸入の途絶と、これによる深刻な食料難を経験するなかで、戦後の農業政策は食料、それもとりわけコメの増産に向かっていくことになった。もっとも、戦後になってすぐに、必要となるすべてのコメを自給できたわけではなく、必要かつ可能な分については輸入を行っていた。しかし、必ずしも十分な外貨をもっていたわけではなく、また輸入の途絶という強烈な経験があったことを背景に、輸入に頼らずコメを自給できる状態に到達することを目指し、コメの増産への努力が積み重ねられた。そしてそこに、従前からの食糧管理法が合流するかたちで、コメの流通・販売にいたるまで政府が関与し、コメの供給体制を確立しようとしたのである。

「粉食」の普及

しかしその一方で、海外からの小麦などの穀物の流入がはじまり、日本中に「粉食」が普及していく。

その画期となったのは、一九五四年に日本とアメリカのあいだで締結されたＭＳＡ（日米相互防衛援助）協定である。[1]これはアメリカ合衆国が、西側陣営の防衛力増強を企図したものであり、そのなかにはアメリカからの農産物購入協定が含まれていた。アメリカではこのころ、農産物の供給過剰が発生しており、そのはけ口を求めていた。この協定をめぐっては、軍備増強という目的に対する批判はもちろんのこと、日本国内における小麦生産に対する影響の強さから反対もあったものの、協定は締結され、大量の「ＭＳＡ小麦」が日本に流入した。

日米間で締結されたＭＳＡ協定では、日本がアメリカの小麦と大麦あわせて五〇〇〇万ドルを受け入れ、売り上げを円で積み立て、その八割は日本におけるアメリカ政府の物資買い付けなどに使い、残りの二割を日本政府が軍備増強に使うことになっていた。このころ、ちょうど日本では「再軍備」が進められており、協定が締結された一九五四年には、それまでの保安隊を改組して自衛隊が発足した。

この後さらにアメリカでは、一九五四年七月に「農産物貿易援助法」（ＰＬ四八〇）が成立した。ＭＳＡ協定では、農産物の売り上げが軍備増強に使われることになっていたのに対し、この法律では広く経済復興に使ってもよいことになっていた。日米間では一九五五年に調印され、日本は一億ドル（三六〇億円）の農産物（小麦、綿花など）を受け入れた。このうち、現物贈与分を除いた三〇六億円の売り上げのうち、七割がアメリカからの融資というかたちになり、電源開発や愛知用水の整備などの経済復興に用いられた。

ＭＳＡ協定とＰＬ四八〇は、いずれもアメリカの余剰農産物の処理と連動していた。そればかりか、パンなどの「粉食」を日本で普及させるきっかけにもなった。学校給食にパンが普及し、ＰＬ四八〇によってアメリカ側が得た資金によって用意された「キッチンカー」が日本中を走った。「キッチンカー」

は栄養改善指導を名目としつつも、小麦を使った料理、食卓の欧風化を進めるような献立を教えて回った。

日本政府にとってこれらアメリカとの協定が魅力的だったのは、農産物を円建て、つまり外貨を用いずに輸入できること、そして何より、アメリカに農産物の代金として支払うべきお金を国内復興に使えることだった。

コメへのこだわり

このように、戦後の農業政策においては、敗戦時の経験を背景にしながら、コメの増産に邁進してきた。しかしその一方で、小麦の受け入れも積極的に行い、これが食の洋風化に結びつき、食卓のあり方を大きく変えていった。つまり自給率という角度からいえば、一方でこれを高めるような増産を続け、他方でその足を引っ張るかのように小麦を輸入した。

こうした矛盾のなかでも、コメへの関心はひたすら高いままであり続けた。食糧管理法のもとでは、日本で生産されるコメについては全量を政府が買い取り、流通させていた。それゆえコメの価格は、市場で決まるのではなく、米価審議会が決めていた。

この米価審議会の行く末は、農家にとっても消費者にとっても大きな関心事であった。ニュースでは、この米価審議会の動向が報道された。一九七〇年代になって、コメが余りはじめてからは、こうした傾向は、とどまるどころか、むしろより強まっていった。というのも、コメが余っているなかで、消費者はコメの価格が下がることを期待するのだが、農家にとっては物価が上がり続けるなかで値下げを認めたくない。米価には、政府が農家から買い取る「生産者米価」と、消費者に売り渡す「消費者米価」があった。政府が高く買い取って安く売れば話は解決するのだが、財政負担をともなうそうした価格設定はそう簡単にはできない。そうしたなかで、たとえば一九七〇年には、消費者代表の委員の発言が曲解され、「米価を下げて農家が死んでもかまわない」と報じられるなど[2]、委員のあいだの応酬やマスメディアの報道に熱がこもることもあった。

もっとも、米価をめぐっては、農家や消費者の期待とは別の次元で影響力がはたらいた。たとえば労働組合が賃上げを要求する際に、米価が上がったことが根拠に持ち出されることがあった。コメ離れが進んでいたとはいえ、米価は依然として、賃金を考えるうえでの重要な指標だったのである。こうした発想はさらに、永田町と霞ヶ関の政治的な駆け引きにも発展することがあった。次の記事は、一九八二年一〇月五日付の『エコノミスト』に掲載されたものである。

〔昭和〕56年産米生産者米価の引き上げ問題で、大蔵省が財政難を理由に抑制方針を主張した〔結果は0・5％上げ〕ことから、自民党は農村政党の体質を露呈。「米価を抑制するなら人勧〔人事院勧告＝人事院による、国家公務員の給与改訂に関する勧告〕も抑制せよ」との空気が一気に盛り上がった[3]。

ここでは、米価と国家公務員の給与を天秤にかけた駆け引きが、国会議員と官僚のあいだで展開された様子が描かれている。

たしかに、効率の良い労働力の再生産のためには、安価に食料が供給されることが必要である。一九一八年の米騒動のあと、都市部に公設市場がつくられていった理由の一つには、安い賃金で働く労働者が、賃金に見合った価格で安く食料を手に入れることができる仕組みが必要だと考えられたことがあったし、戦時中に政府が食料の流通をコントロールし、配給制をしいたのも、少ない食料を効率よく分配し、国民を戦争に動員しようという意図があったためである。

こう考えると、戦後のコメをめぐる農業政策は、単にコメの増産や自給の達成といった表面的な目的ばかりでなく、食料の確保と価格設定の両面において、国民経済を成り立たせるかたちへと導こうとする意味があり、また現実にそのようなものとして受け止められていた面があったということになる。

三　国民経済の解体

一九八〇年代から九〇年代にかけての輸入自由化

先にも指摘したとおり、一九八六年から一九九五年にかけて、ＧＡＴＴウルグアイ・ラウンドと呼ばれる通商交渉が行われた。日本では、コメの扱いがもっとも大きな問題となった。ウルグアイ・ラウンドでは「例外なき関税化」が目指されており、日本のコメのように、政府が全量を管理し、貿易についても国家が管理するような仕組みが認められなくなる可能性が高かったためである。

このウルグアイ・ラウンド交渉とともに、一九八〇年代後半から九〇年代にかけて話題になっていたのは、牛肉・オレンジの輸入自由化であった。この要求は主にアメリカ合衆国から発せられたもので、当時のアメリカ通商代表を務めていたクレイトン・キース・ヤイターの名と、この「牛肉・オレンジ」というフレーズは、テレビや新聞などに頻繁に登場していた。

輸入牛肉は、いうまでもなく、日本の畜産への脅威になる。また輸入オレンジは、みかんなどの柑橘類一般と競合するばかりでなく、オレンジ果汁の輸入により国産のジュースが売りにくくなるなど、みかんなどの生産地にとりわけ大きな打撃を与えると考えられた。さらに、輸入農産物の安全性に対する懸念、とりわけ果物などに、輸送中の腐敗やカビの発生を防ぐ目的で使用される、ポストハーベストと呼ばれる防かび剤や殺菌剤などが問題視された。

農産物の輸入自由化そのものは、もっと前から進んでいた。とくに高度経済成長期にはその勢いはすさまじく、一九六一年に一〇三あった輸入制限品目数が、一九七二年には二四にまで減少している。しかし牛肉・オレンジの自由化要求は、ウルグアイ・ラウンド交渉と相まって、いよいよ食生活の根幹にかかわるところまで自由化の波が押し寄せていることを感じさせるものだった。最終的にこの交渉は一九八八年に決着し、牛肉・オレンジのほか、プロセスチーズなどを含む一二品目の自由化が決まった（牛肉・オレンジの自由化実施は一九九一年）。そしてついに一九九五年には、コメのミニマム・アクセス（最低輸入量）の受け入れにより、五〇年以上続いた食糧管理法体制は終焉を告げることとなり、法律も

「新食糧法」へと衣替えした。さらに一九九九年四月からは、このミニマム・アクセスとは別に、コメの関税化が適用され、いちおうのところ輸入自由化が実施された。

牛肉・オレンジの輸入自由化交渉とウルグアイ・ラウンド交渉が続いた八〇年代後半から九〇年代はじめにかけては、農産物、とりわけコメに関する議論が活性化した。この時期、輸入自由化の要求は、アメリカなどからの「外圧」として受け止められ、これを日本政府がどれだけはねのけることができるのか、という図式で受け止められていた。そこには、食料というものは国が責任をもって守るものであり、それがいわば国民経済の根幹をなすものだとする観念が強かったといえる。

これを象徴するのが、この時期に数多く出版された農業関係書籍のなかでも比較的よく読まれた、祖田修の『コメを考える』における次のようなくだりである。

わたくしはこれまで述べたところを総括し、国民経済あるいは地域経済には一定の守るべき限界や規範があるのではないかとの考え方を提示したい。すなわち、農業はもはやこれ以上縮小しえないという意味での「アグリ・ミニマム」(Agri-Minimum)と、商工業活動もこのセンを超えて逸脱してはならないという意味での「インダス・マキシマム」(Indus-Maximum)である。(4)

ここでのポイントは、地域経済はともかく、「国民経済」という枠に意義をみいだそうとするこの当時の時代性と、そして「インダス・マキシマム」という発想の根幹にある、日本の工業への評価の時代性である。

前者についてはこれまでに述べてきたところなので、ここでは後者の点について少し立ち入ってみたい。この当時、日本が農産物の輸入自由化を受け入れねばならない一つの弱みとして考えられていたのは、日本の工業が優秀であり、とりわけ日本の製造業の世界への進出が顕著だったこと、それゆえ貿易摩擦が起こっており、工業製品の輸出で多くの富を得ている日本が農産物を輸入しないのはアンフェアである、という図式だった。まだ工業分野における世界市場での中国や韓国などの企業との競合がさほど現実感をもって受け止められていないこの時期、日本企業のみが独り勝ちをしているようにみえていた。

もちろんこの図式は、日本国内でも、まったく逆の主張に使われることがあった。つまり、日本は比較優位にある製造業で外貨を稼ぎ、海外から安い農産物を買うのが合理的であるとする国際分業が主張されることもあった。

ただ、いずれにせよ共通するのは、日本の世界経済におけるポジションがいまよりははるかに優位にあり、これを前提としながら、日本の農業をどのように守り抜くのかというところに焦点が当たっていたということである。

価格破壊と輸入農産物の日常化

しかしながら、牛肉・オレンジの輸入自由化に続き、コメについても輸入を受け入れて以降、農産物輸入をめぐる状況は少しずつ変化していく。

一九九〇年代半ばには、それまで想定しなかったかたちでの安価な食品の流通が目立つようになってくる。一つは、冷害などで野菜の価格が高騰したときに、中国などから空輸された生鮮野菜がスーパーマーケットの店頭に出るようになった。さらには、ダイエーが一九九五年に三五〇ミリリットルの輸入缶ビールを一〇〇円で売り出し、「一〇〇円ビール」として話題になるといった現象もみられるようになった。さらにいえば同じく一九九五年、マクドナルドがそれまで二一〇円だったハンバーガーを一三〇円に値下げし、さらに一九九八年には「平日半額」セールを開始し、ファストフードの低価格競争がはじまっていった。

一九九〇年代前半には、いわゆる「バブル崩壊」による景気の低迷がはじまっており、これら価格破壊はその流れに呼応したものだったといえる。この過程で、なかばなし崩し的に、食に対しても安さを追求し、安価な輸入農産物や輸入食品を消費者が受け入れる素地が急速につくられていったといえる。これは、ウルグアイ・ラウンド交渉のさなかに日本を覆っていたコメの輸入への拒否感とは大きく異なる。興味深いことに、コメの輸入自由化をめぐっては、輸入によって安くなる可能性があるにもかかわらず、それまで物価をめぐって鋭く企業や政府を批判してきた消費者団体の多くが、八〇年代には反対の立場をとっていた。

九〇年代半ば以降の流れのなかで、輸入農産物は人びとの生活のなかに、少しずつ、しかし確実に入り込んでいった。そしてそのときにはすでに、政府が食料の確保や価格をめぐって責任ある役割を果たすという観念は薄らいでいき、そうした問題は国際市場のなかでバランスがとられるべきものであるというムードが、徐々に広がっていった。もっとも正確にいえば、そうしたムードに対して人びとが無批判であったわけではない。また、ムードそのものを多くの人びとが自覚していたわけでもない。むしろ静かに、ゆっくりと浸透するなかで、この九〇年代から二一世紀にかけての時期を過ごしたといったほうが妥当であろう。

この結果、国民経済という枠は、農業を考えるうえで、さほど説得力のあるものではなくなった。そして他方で、ウルグアイ・ラウンドのころに前提となっていた日本の製造業の強さ、つまり「インダス・マキシマム」を想定すべきだとするほどの圧倒的な地位も、徐々に崩れはじめた。

最近になって、FTAやTPPといった、国際的な自由貿易の協定が議論されるにいたっているが、そこではもはや、日本の工業製品の輸出と農産物の輸入を対置して考えるような余地はなくなってきている。そして輸入自由化への要求は、ここではもはや「外圧」として存在するのではなく、世界がグローバリゼーションの波に呑み込まれていこうとするなかで、日本の産業のポジショニングをどう探すのかというところにまできている。

四　食と農業のゆくえ

あらためて、食料自給率の話に戻ってみたい。

食料自給率は、たしかに低いよりは高いほうがよいだろう。これについて即座にいえるのは、国家レベルで考えたとき、自給率の低さは危機への対応能力の低さにつながるためである。しかもこれは、何も日本という一つの国だけの問題ではない。これだけ世界規模で食料を含むさまざまな商品の流通が活発になるなかで、ある特定の地域において発生する干ばつなどの事態が、即座に世界に波及する可能性があり、農業生産力を有していることは単に日本国内の問題解決のみならず、世界の食糧需給の逼迫への貢献にもなりうるからである。

ただ、それは食料自給率が四〇%から四一%になったら一歩前進、というほど簡単な話ではない。最初のほうで示したグラフからもわかるように、そもそもいまの日本の食料需給の構造は、自給率が上がりにくいものとなっている。その原因は、一九五〇年代のMSA小麦にはじまる、アメリカからの小麦の受け入れと、それにともなう食生活の変化、ならびに穀物輸入を前提とする農畜産業や食品加工業などの一連のスタイルを長い時間をかけてつくってきたことによるところが大きい。

今日の食料自給率の問題は、いうなればそうした戦後六五年間かけて積み上げてきた農業の歪みの顕在化である。コメを基軸とした国民経済における農業の重要性を説く発想が、もはや有効ではないなかで、わたしたちはいま、どの方向を向いて、何を考えるべきなのか。

グローバリゼーションが進展し、その行く末を見定めることが難しいいま、この問いに対する明確な答えを用意するのは、残念ながら非常に難しい。ただ、現時点で、次の二つのことはいえる。

まず一つは、「農業の担い手不足」というフレーズがいわれて久しい今日、これが、後継者がいないという水準から、集落の存続が危機に瀕する可能性のみえるところまで進みつつあるなかで、農業が継続的に取り組まれる地域がどれだけ減る／残るのかという問題をみなければならないだろう。「残る」部分のなかには、将来的には移民労働者を雇用する農場や、近年よくいわれる、高付加価値で儲かる農業を営む農家が含まれることになるだろう。ただ、はたしてそれだけで食料の供給がほんとうにまかなえるのかどうかを注意深くみなければならないし、またそうした構造のなかへと農家を追いやっていくことが社会的に妥当なのかどうかもあわせて考えていく必要がある。

もう一つは、農産物の国際貿易が、今後どのような方向へと向かうのかを考えたとき、その前提となるべきそれぞれの国や地域の農業生産や食料消費の状態が、けっして現在と同じではありえないということである。中国をはじめ、多くの国や地域で産業構造の高度化が進み、食生活の変容が起こるなかで、それまで農産物の供給元であった国々が今後も同様に大量の農産物を輸出し続けることができるという保証はない。同じことは、ウルグアイ・ラウンド交渉のころから論じられてはいたが、いまやそうした変化はより現実性の高いものとなりつつある。

これらの点をふまえながら、目先の自給率の数値にとらわれるのではなく、日本を含むそれぞれの国や地域の食と農の現状がどのような構造のなかにあるのかをみいだす作業が、ひとまず必要になるだろう。

(1) 戦後のアメリカからの小麦輸入については、鈴木猛夫『「アメリカの小麦戦略」と日本人の食生活』藤原書店、二〇〇三年を参照。

(2) 比嘉正子『女の闘い』日本実業出版社、一九七一年、三‐一四頁。

(3) 「公務員ベア凍結で強まる政治対決」『エコノミスト』毎日新聞社、一九八二年一〇月五日号、七頁。〔 〕内は引用者補足。

(4) 祖田修『コメを考える』〈岩波新書〉、岩波書店、一九八九年、一二〇頁。

コラム⑨
TPP参加、FTA・EPAの締結と農業

二〇一〇年以降、ＴＰＰ（the Trans-Pacific Strategic Economic Partnership Agreement 環太平洋戦略的経済連携協定）への参加が、大きな話題になっている。推進しようとする政府、財界、マスメディアに対して、農業団体、政治家、学者などが、反対運動を展開し、二〇一一年二月現在では、参加するのかどうかはまったく不明である。このＴＰＰとはどのようなもので、もし、それに参加すれば日本の農業はどうなるのだろうか。

農産物を含むあらゆる商品の貿易を行うときのルールは、ＷＴＯによって、全世界的に統一的な枠組みで決定されることになっている。しかし、ＷＴＯは、先進国・途上国の利害の対立やグローバリゼーションに対する激しい反対運動などによって、合意形成が困難になっている。そのため、二〇〇〇年以降、各国は競ってＦＴＡを締結するようになった。ＦＴＡ（Free Trade Agreement）とは、ＷＴＯのようにすべての国に同じ条件を要求するのではなく、合意できるいくつかの国、地域が、関税や貿易制限を相互に撤廃して、より自由に貿易を行うことができるようにするために結ぶ協定である。ただし、日本の場合は、ヒトやカネの移動などを含むより包括的な経済協定であるＥＰＡ（Economic Partnership Agreement　経済連携協定）を結んできた。

ＴＰＰは環太平洋版のＦＴＡ・ＥＰＡで、はじめに、ブルネイ、チリ、ニュージーランド、シンガポールの四カ国によって、二〇〇五年六月に協定が締結された。この合意では、二〇一五年までに、加盟国間の取引に適用されるすべての関税を撤廃することになっている。その後二〇〇八年になって、アメリカ、オーストラリア、マレーシア、ペルー、ベトナムが参加を表明したことによって、大きな話題を集めることになった。日本の菅首相も二〇一〇年一一月に横浜で行われたＡＰＥＣにおいて参加を検討することを表明した。

政府は、ＴＰＰへの参加に向けて、「平成の開国」というキャッチフレーズを掲げ、参加すれば輸出が増え、日本のＧＤＰが増加するとア

ピールした。ただし、参加する場合に、もっとも大きな問題となるのは、これまで関税によって保護されてきた日本の農業分野である。日本がこれまでに結んだＥＰＡでも、コメは関税引き下げの対象外とされ、そのほかの農産物についても関税はあまり下げられていない。たとえば、現状では、コメの関税は一キログラム当たり基本税率四〇二円（ＷＴＯ協定税率三四一円）で、コメの輸入価格は一〇〇円以下だから、輸入しても価格は五倍以上になり、実質的に日本に輸入できないようになっている。ところが、ＴＰＰに参加すれば、安いアメリカ産、中国産のコメが輸入され、日本のコメ生産が壊滅する可能性がある。

関税引き下げの影響はどのように予測するのだろうか。影響を推計する方法としてはＧＴＡＰモデルと呼ばれるものがよく知られている。このＧＴＡＰモデルは、アメリカのパーデュー大学農学部のグローバル・トレード分析センターが提供する貿易政策の効果を推計するためのモデル（https://www.gtap.agecon.purdue.edu/）で、モデルとともに、世界経済についてのデータベースも提供されている。それを使って、関税引き下げの生産、貿易などへの影響を調べることができる。

政府もこのＧＴＡＰモデルを使って、ＴＰＰ参加によって日本のＧＤＰが〇・四八〜〇・六五％増加することを明らかにしている。ただし、政府は日本のＧＤＰの増加だけを発表していて、個別の産業、商品の生産がどのように変化するのかを発表していない。しかし、実際には、コメ、小麦、牛肉など個別の商品の生産の変化がより重要であることは明らかである。それを発表しないのは、都合の悪い結果を隠しているのではないだろうか？

わたしが独自に行った計算では、日本だけがＴＰＰに参加した場合、日本はＧＤＰを〇・二九％増加させるが、日本のコメ生産額はマイナス六四・五％、小麦の生産額はマイナス六二・三％、肉類の生産額はマイナス二三・九％となって、日本の農業は壊滅的な打撃を受けるということになった。また日本、韓国、中国、台湾、

ASEAN諸国がすべてTPPに参加した場合、日本のコメ生産はマイナス八三・七一%になる。ここで、政府の発表とGDP増加の数字が少し異なっているのは、使っているモデルが政府は動学モデルなのに対してわたしは基本モデル（静学モデル）を使っているためである。(1)

このように、TPPへの日本の参加は、あまり大きなGDPの増加をもたらさない一方で、日本の農業に致命的なダメージをもたらすことが予想される。したがって、農業をどのように保護するのかを決定しないかぎり、参加することは困難であろう。

政府や一部のマスメディアは、農業の競争力を高めることによって対処可能であるというようなことを言っているが、もしそんなことが可能であるならば、これまでに行われていただろうし、関税も徐々に引き下げられてきただろう。日本の農産品で輸出できるのは、りんごくらいで、その金額も二〇〇八年でわずか五四億円にすぎない。

これらのことからも、政府の積極的な姿勢やマスメディアによる報道が、客観的な状況を冷静に検討しない、非常にバイアスのかかったものであることがわかるだろう。

現実的な政策として考えられるのは、韓国と同じように可能な国・地域と可能な条件で、EPAを順に締結していくことである。とはいっても、日本がEPAを締結するときに、やはり農業が問題になるのは確かである。したがって、農業をどのように保護し、育てていくのかは早急に検討されるべき重要な課題である。

民主党はマニフェストで農家に対して個別所得補償を行うことを公約し、それを実行しているが、その金額はコメについて、一〇アール当たり、一万五〇〇〇円であり、一〇アールの平均収穫量を五〇〇キログラム、コメの買い取り価格を一キログラム二五〇円とすると価格を三〇円下げる程度の効果しかない。一キログラム一〇〇円以下の外国産のコメと競争し、関税を引き下げるためには、より大きな補助が必要であるが、巨額の財政赤字を抱える政府に、それは可能であろうか？

日本だけがTPPに参加した場合

GDPの増加（単位：%）

日本	韓国	中国	ASEAN TPP加盟国	オセアニア
+0.29	−0.02	−0.02	+0.30	+0.03
ラテンアメリカ TPP加盟国	ラテンアメリカ TPP非加盟国	アメリカ	EU	
+0.01	−0.01	0.00	−0.01	

各セクターの生産額の変化（単位：%）

	日本	ASEAN TPP加盟国	オセアニア	ラテンアメリカ TPP参加国	アメリカ
コメ	−64.50	11.48	190.86	−0.21	125.92
小麦	−62.30	6.57	−4.57	−5.02	2.41
穀物	−11.24	−5.95	2.44	−0.09	1.08
野菜・果物	0.98	−2.58	−0.02	0.27	−0.75
肉類	−23.90	−1.35	9.20	7.17	4.12
漁業	0.22	0.05	0.72	0.25	0.12
資源	−0.10	−1.07	−1.15	−0.19	−0.16
加工食品	0.57	2.22	5.93	0.52	0.41
繊維	3.19	41.22	−1.46	−1.58	−1.09
軽工業	3.11	−0.30	−3.91	−1.06	−0.54
重工業	0.39	−0.91	−2.90	−0.63	−0.28

（1）詳細は、高増明「農業に関するＴＰＰ参加の経済効果のシミュレーション——ＧＴＡＰモデルによる推計」二〇一一年、http://www.takamasu.net/pdf/tpp.pdf を参照。

東アジアの国・地域がすべてTPPに参加した場合

GDPの増加（単位：%）

日本	韓国	中国	台湾	ASEAN TPP加盟国	ASEAN TPP非加盟国	オセアニア
0.43	0.83	0.22	0.42	0.69	0.29	0.07
ラテンアメリカ TPP加盟国	ラテンアメリカ TPP非加盟国	アメリカ	カナダ メキシコ	EU	その他	
0.05	−0.05	0.01	−0.01	−0.04	−0.04	

各セクターの生産額の変化（単位：%）

	日本	韓国	中国	台湾	ASEAN TPP加盟国	ASEAN TPP非加盟国	オセアニア	アメリカ
コメ	−83.71	−58.66	10.85	−85.56	7.86	6.09	46.23	1.52
小麦	−62.80	32.67	−1.60	15.41	5.91	−10.96	-8.43	2.39
穀物	−13.48	15.01	3.62	6.53	−11.25	−1.61	0.21	-0.25
野菜果物	0.40	−15.65	0.03	−5.89	11.71	−0.88	-0.54	0.42
肉類	−24.61	5.95	−2.13	−3.06	−2.62	−3.06	16.64	-0.75
漁業	0.14	−0.06	0.58	−0.51	0.31	0.34	1.01	0.05
資源	−1.59	−6.24	−0.76	−3.26	−1.46	−1.75	-1.09	0.51
加工食品	0.45	3.67	0.55	−0.33	0.87	1.45	6.81	-0.24
繊維	0.85	19.57	3.94	33.35	46.09	11.28	-11.5	-5.54
軽工業	3.16	1.60	1.69	2.13	−2.19	−4.54	-4.60	0.19
重工業	0.70	−1.16	−1.33	−0.21	−0.08	−0.82	-2.76	0.64

（高増明）

コラム⑩
えさ米と米粉

日本人はコメを食べなくなっている。食料需給表によると、加工用や飼料用を除く日本人のコメ消費量（供給量ベース）は一九六〇年に年間一人当たり約一一五キログラムだったが、その後一九六二年に一一八キログラムを記録したのをピークに、年々減り続けてきた。それでも一九六〇年代末まではなんとか一〇〇キログラム台を維持していた。ところが六八年に一〇〇キログラムを下回ると、七四年に八〇キログラム台へ、さらに七九年に七〇キログラム台へとわずか一〇年あまりのあいだに二〇キログラム以上も減少してしまった。その後、弁当産業やコンビニのおにぎりなど堅実な需要があったために、減少速度はやや緩やかになっていたが、二〇〇八年には五九キログラムとついに六〇キログラムを割り込んでしまった。

一方で国内生産量は一九六九年にはじまる稲の生産調整（減反）政策にもかかわらず、国内消費量を上回る八〇〇万～一〇〇〇万トンを維持してきた。それに加えて、一九九三年のガット・ウルグアイラウンド合意を受けてはじまったミニマム・アクセス米の輸入がある。こうして、一九九三年の「平成のコメ騒動」などを除くと、基本的に過剰基調のコメの需給構造が生まれた。

そこで課題となったのが、新しいコメの需要開拓である。その方向は大きく二通りに分けられる。一つは減反政策の開始時期から細々と行われてきた家畜の飼料用米（えさ米）であり、もう一つは米を粉末にして利用する方法である。

そのほかにも、コメの菓子やビーフン、デンプンのり、化粧品などへの加工があるが、いずれも量としては限定的である。最近ではコメをバイオエタノールとして利用しようという動きも生まれているが、商品化にはいたっていない。またイネ全体を家畜の飼料として使うＷＣＳ（Whole Crop Silage　イネ発酵粗飼料）もあり、畜産の集中している九州でＷＣＳ用の水田利用が相対的に盛んである。ただ、ＷＣＳはコメの利用に重点があるのではなく、まさに水田で牧草を栽培するのと同じ発想なので、コメの需要拡大とは考え方が違う。

まずえさ米については、農民にとっても消費者にとっても最初は抵抗感が大きかった。何よりも、観念的には主食として特別の地位におかれてきたコメを家畜に食べさせるというのだから、考え方の転換が必要だった。そのため、二〇〇〇年まではえさ米の生産はほとんど無視できる程度の水準だった。それが二〇〇〇年ごろから増勢を強めてきて、二〇〇九年から二〇一〇年に大幅に伸びたと推測される。とくにコメどころの東北でえさ米の生産が大きく伸びている。このことから判断すると、えさ米が増加している理由としては、食料自給率向上のためには飼料用穀物の生産強化が避けて通れないので政策的な支援がいろいろと行われていること、米価の下落傾向がはっきりしているなかで主食用コメに手間暇をかける意欲が薄れたこと、畑作物をつくりにくい水田ではえさ米のほうが省力的に作業をできることなどが考えられる。

そしておそらく一番重要な理由は、消費者の需要が変化したことにある。というのは、山形県庄内地方の平田牧場の例にみられるように、コメブタやコメたまごというブランド形成の可能性が生まれてきたからである。外国産飼料や輸入の肉に何とはなしに「不安」を感じる消費者が、国産のコメを食べている家畜の肉やたまごに「安心」という価値をみいだすようになった。その結果、畜産農家がえさ米を需要するようになったのである。ここに新しいかたちの耕畜連携の可能性が生まれている。とはいえ、えさ米の生産者価格は低水準で、それだけで経営を維持するわけにはいかない。コストの大幅削減を可能とするほどの多収量米の開発や省力化した分の労働を使えるような基幹分野の工夫が必要である。

もう一つのコメの粉（いわゆる米粉）は、粒食を当然としていたコメの食べ方に粉食というまったく違う発想を持ち込んだ点で革命的だったといってよい。米粉でつくったパンも人気を集めるようになり、最近では家庭でも米粉パンをつくることができる製パン機が販売されて生産が追いつかないほどの好評を博している。米粉を使った加工食品の開発も熱心に行われており、地域おこしのシンボル的な役割を担っている地域もある。たとえば有機農業で知られている兵庫県丹波市の市島には、有機農業の振興を目指すＮＰＯ法人の「いちじま丹波太郎」が中心になって「米っこ工房」をつくり、直営の「緑提灯」食堂で地元産の米粉を使ったうどんやラーメンを提供している。

（注）緑提灯というのは、地元産の食材を利用している飲食店のシンボルとして掲げられている。その運動は地産地消の振興を目的としている。

（池上甲一）

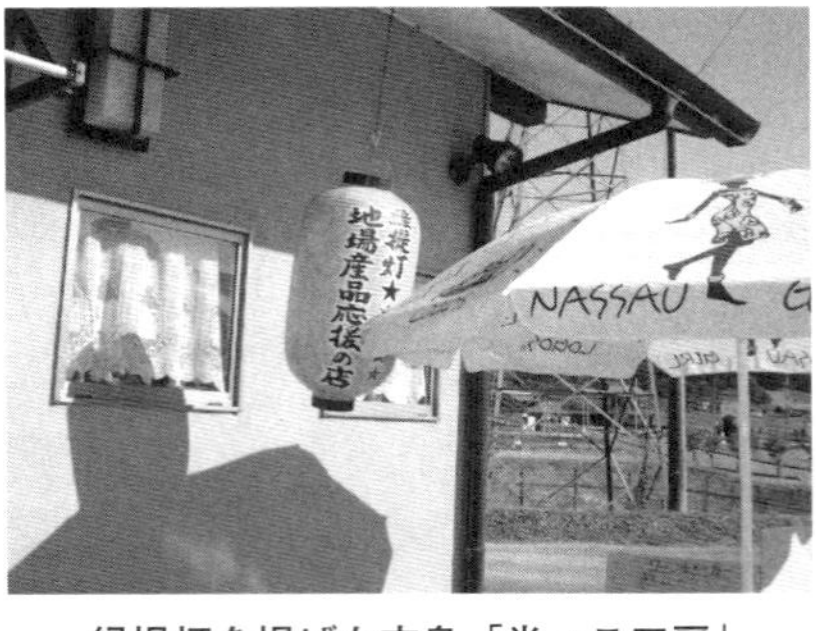

緑提灯を掲げた市島「米っこ工房」

9. 作物遺伝資源をめぐる管理の多様性

須田文明

経済のグローバル化と、八〇年代以降、急速に進行した市場重視の経済政策のもとで、農業・食品部門は大きく変容している。先進各国の農政、職能団体、食品企業は、国際市場では効率的に調達できないような資源、すなわち近接性や「ホンモノらしさ」、地域の特異性《テロワール》といった多様な価値を含んだ資源を活用することで、消費者の多様な需要に応えようとしている。主要な農産物輸出国のフランスでさえ、地産地消的な施策を積極的に支援するようになっている。

農業・食品部門におけるこのような変容過程において重要な意義をもつのが作物や家畜の遺伝資源である。地域ブランドにおける在来種の活用のように、遺伝資源が食品に対してその特異性を与える事例がしばしばみられる。大量生産大量消費型のフォード主義的農業では、生産性や収量が品種改良の選抜目標となってきた。しかしいまや、生産性のみを目標にした育種は、時代遅れになっている。農産物市場が飽和に達して、有機農産物や地域性、ホンモノらしさ（直売や在来種など）といった多様な品質による製品差別化が追求されているからである[1]。

本章は、フランスの農業・食品部門の変容と、作物育種の実態を取り上げる。フランスでも、地域遺伝資源を活用した農産品の高付加価値化の施策が展開しており、日本についても貴重な教訓が得られるであろう[2]。

一　資本主義の現代的変容と農業・食品部門

フォード主義的農業のメカニズム

フォード主義的農業では、「合理化と機械化」や「構想と実行の分離」といった原則が貫徹されていた。構想は中央行政や職能団体中央組織が担当し、農民は「農地を所有した労働者」となって農業生産を実行する。このような原則こそが大量生産をもたらす農業部門の組織化を促進した。また大量生産された農産物は国家による市場介入により販路が確保されていた[3]。

他方、食品企業や流通企業の戦略にとって、都市労働者世帯の増加を通じたその市場拡大に対応できるように、均質的で標準的な農産物や食品原料を全国いたる所から調達することが重要となる。そのためには専門特化され、均質化された産地の形成が望ましい。そうした産地形成が進むと、食品企業や流通企業はたとえばその集積効果を通じて、集荷費用を削減することができる。こうした企業にとっては、生産者の能力が全国レベルで標準化されていることが好ましい。そこで国家が介入し、農業教育訓練の

表1　作物および家畜の生産額の割合、専門タイプ別の経営数の割合

専門別	作　物			家　畜			複合経営			経営実数（千）
額割合	作物	家畜	経営数	作物	家畜	経営数	作物	家畜	経営数	
1970	40	2	5	14	64	61	46	34	34	804
1987	76	7	30	9	75	54	15	18	16	491
1994	79	7	32	7	75	53	14	18	15	378

出所）　RICA

広範なインフラ整備が進められたのである。

こうしたフォード主義的農業を通じて、フランスの大平原では耕種および甜《てん》菜《さい》を中心とした作物生産に、また耕種に向かない山地では畜産への特化が進展した。表1のように、作物と家畜の複合経営は持続的に減少し、かわりに専門経営が存在感を増した。一九九四年の作物部門では、経営総数の三割にすぎない専門農家が、生産額の八割を占めた(4)。

フォード主義的農業の構造的危機と新しいレジーム

ところが七〇年代に入ると、農産物の過剰生産と市場の飽和を通じて農業・食品部門も構造的危機に陥ることになった。フォード主義的農業の大量生産大量消費体制は、食品品質の劣化のみならず、牛のＢＳＥや農薬多投に示されるように、環境的危機と健康リスクを生み出した。反対に、消費者は自然や「ホンモノらしさ」を求めるようになり、それまでの支配的な農業生産方法が疑問視されることになった。

農産物・食品が量的に飽和してくると、多様な品質を求める需要のあり方と、生産部門の厳格な組織化とがあわなくなる。生産力主義的な部門管理方法は、大きさや重量、外形、衛生的規格を重視した品質規格には向くが、新しい多様

な需要には対応できないからである。新たな品質的要請が、規模の経済からコンピテンスの経済（多品種少量生産）への移行を促したのである。

上述のようなフォード主義的農業の危機は、農村振興や環境保護といったさまざまな論理を取り入れた欧州レベルでの新たな政策展開を生み出すことになった。その動きは、一九八八年の農村振興をめぐるOECD勧告や一九九二年の地理的表示に関する欧州規則の発布などに具体化された。

また農業活動も、農場ツーリズムのようなサービス活動を含むようにその性格を変えた。さらに、品質差別化による製品の高付加価値化にともなって、農業生産地域は、大規模集約型農業、「地域に特異な産品《テロワール》」の農業、環境的農業などに差別化されていく。このような地域レベル、経営レベルでの適応は、経営資源や農業者の能力《コンピテンス》、製品についての評価基準そのものを修正せずにはおかなかった。総じてこうした適応は新たな「品質の経済」モデルを生み出した。このモデルではマーケティングや市場調査などを通じて得られた需要に関する情報が、食品工業や農業経営へとフィードバックされ、このことが新しい生産組織化や、関連産業とのネットワーク化をもたらす。こうした農業・食品部門の歴史的段階（「フード・レジーム」）における変容は表2のようにまとめることができる。

「品質の経済」下の農業・食品部門

現代経済は知識やサービスのダイナミズムにもとづいた経済へと移行している。それはとりわけ新製品や新しい製造手法の構想やマーケティング、販売、コミュニケーション、情報、ロジスティックなど

表2　フォーディズム農業から品質の経済へ

	フォーディズム農業	品質の経済
特徴	大量生産大量消費：画一的産品への増大する需要の充足。規模の経済	品質と範囲の経済：消費者の関心を捉えた品質差別化。消費者による品質の共同生産
組織原理	• 環境の標準化、産地の均質化。労働合理化、機械化、化学化。産出量最大化（品種標準化＋農法標準化） • 生産すれば売れる（供給の経済） • 構想→生産→販売（イノベーションの直線的委任モデル） • 品質標準化、費用逓減的に最小品質の産品を生産。部門組織化＋規模の経済。	• 生産要素の全体的生産性を最適化、経営資源のフレキシブルな多角化 • 売れるものを生産（需要の経済） • 市場的、市民社会的、世論的な価値にもとづいた協働的で地域分散的イノベーション • （機能的品質、有機、地理的表示、市民社会、嗜好などの）さまざまな価値に応じて差別化された品質の産品を、費用逓減的に生産。
「調整（レギュラシオン）」	中央集権的かつ部門的な調整（レギュラシオン） • 農業の部門化：脱地域化 • 経営と産地の専門特化 • 職業的地位、社会保障、職能の統治システム。 • ジェネリック技術による製品標準化。「工業的」品質のコンヴァンシオンとジェネリック知識にもとづいた部門	市場的調整（レギュラシオン）と地域的レギュラシオンとの併存 • グローバル化と民営化への方向、需要の経済への方向、地域的コーディネーションの復興への方向 • イノベーション過程への需要の統合。非物質的品質をめぐるコーディネーション。イノベーションシステムの分散化。 • 加工業者や消費者、流通、河川流域圏住民など、職能団体以外により主導される労働ノルム（契約栽培、仕様書、環境憲章）
危機	過剰生産危機	市場の非物質性を反映した世論の危機（BSE, GMO）

出所）　Bonneuil, C., Thomas, F. *Génes, Pouvoirs et Profits*, Ed.　Quae, 2009, p. 528 をもとに筆者作成。

にかかわる。一つの企業をとってみても、知識や研究開発、教育訓練、コミュニケーション、経営コンサル、コーチングなどへのモノをともなわない投資（非物質的投資）がこの企業の競争力の源泉となっている。農業・食品部門もまた多様な価値を体現した産品による、多様な消費者セグメントへの訴求が競争力の源泉となるような「品質の経済」下にある。量販店や食品企業でさえ、環境や食品安全、動物愛護、機能性、「ホンモノ」らしさといった新しい需要を喚起するようにニッチ・マーケットを構築したり、新たな規格を生み出している。地域ブランドや有機農業もまさにこうした新しい需要の中心にある。こうした非物質的価値が市場で表現され、それに対応した生産体制を構築しないと、「品質の経済」は確立しない。

以下では、こうした変動過程にある農業・食品部門について、作物の育種を事例に検討することにしよう。品種こそは、上述の「ホンモノらしさ」や環境、地域、機能性などの多様な価値を新しい農業・食品部門における蓄積体制に統合するために戦略的な位置を占めているからである。

二　「品質の経済」体制下での育種研究

品種市場での差別化

遺伝資源の管理手法は作物ごとに異なっている。トウモロコシや大豆では民間企業が中心になっているが、小麦では公的な研究機関がなお大きな割合を占めている。作物と家畜でも異なる。農業生産にかかわる遺伝資源管理手法は、人類史とともに存在してきた普遍的な現象であると同時に、歴史的、社会経済的な段階や形態によって規定されてもいる。

農業・食品部門におけるフォーディズムと品質の経済という二つのレジームの存在を前節ではみてきたが、育種にもそれに対応した二つのレジームがあると、筆者は考えている。筆者がここで品種改良や育種といった概念ではなく、品種イノベーション・レジームという表現を使用するのは、品種を中心とした遺伝資源管理に関する知識の生産と使用が、所与の歴史的社会構造のなかに埋め込まれていることを強調するためである。

フォーディズム下の品種イノベーションは準公共財として位置づけられていた。そこでのモデルは、農産物の規格化を通じた大量生産と大量消費、化学化と機械化を通じた農業生産環境の標準化、規模の経済を構成要素とし、品種の育成についても収量を評価基準としていた。しかし、市場の量的飽和を背景に、いまや価値の源泉はブランドのような非物質的な価値を統合した「品質の経済」にある。フランスの農業者の二割が、地理的産品（統制原産地呼称ＡＯＣや地理的表示保護ＩＧＰ）や有機農業、ラベルルージュ（注1を参照）といった品質表示産品の生産に関与している。

こうして種子や品種のイノベーションもまた、「品質の経済」に統合されることになる。品種市場は差別化された需要のために、ますます競争的になり、とりわけ次のような市場へと差別化されている。(5)

• 多国籍企業による種子と農業投入材との結合を追求した品種開発（農薬耐性や除草剤耐性ＧＭＯ）

- 食品加工業者の使用の用途別に応じた差別化。たとえば菜種ではエルシカ酸の含有率や菓子用の小麦品種、契約栽培による加工向けの野菜品種など。
- 消費者に対する食品の機能的ないし、官能的品質の差別化。これはマーケティング調査からの情報を組み込んだ差別化をもたらす。たとえばオメガ3の含有量が豊富な菜種品種や独身者用の小玉スイカなどがある。
- 有機農業などの特別な仕様書に適合した品種。
- 地理的表示（AOC、IGP）による差別化に適合した品種の仕様。

トマトにおける育種目標の変容——品種差別化の事例

フランスでは現在三九〇のハイブリッドトマトと八四の家庭菜園向けの古い品種が公式カタログに登録され、登録品種の種子のみが販売されている。(6) 慣行的なトマトの品質の評価基準は、生産者の段階では収量や集約的生産への適応力、集出荷レベルでは外形や均質さ、輸送レベルでは硬さや長もちするか否かにあり、量販店でも売り場での長もちの可否が基準をなしてきた。さらにトマトの消費者はその商品の選択に際して、主として外形を重視してきた。ところが、直売をする生産者は粗放的な生産への適応力を品種選択の基準としており、直売トマトの消費者は新鮮さや味覚という官能的品質を重視している。さらに直売トマトの消費者は、調理方法としての品質にも関心を示していることが指摘されている。

直売トマトの消費者にかぎらず、各種の消費者調査によると、三分の一の消費者が慣行的な多段階流通を経て届くトマトの味に満足していない。慣行的に販売されているトマトは、輸送に適した硬さを得るために完熟する前に収穫されるからである。またトマトは六月から九月が旬の季節であるが、年間消費量の四割が旬の季節以外で消費されていることも味への不満をもつ一因となっている(7)。

ところが九〇年代以降は、トマトでも、積極的に品種改良が行われてきた。九〇年前後にミニトマト、二〇〇〇年ごろに伝統品種の導入、二〇〇五年前後に色や形が特殊なトマト、二〇〇六年ごろにはリコピンの豊富なトマトなどが開発されている。たとえば「牛の心臓」と呼ばれる古い品種が復活し、ブルターニュ産トマトの多くを出荷している農業協同組合のサヴェオルが量販店などに積極的に販売しているし、シンジェンタ社の開発した商標トマトの「クマト」がその黒いエキゾチックな形状と甘いフルーティな食感により、消費者の好評を博している。

ほかにも、多様な品種イノベーションの試みがある。たとえばオード県のビオ・シヴァムという有機農業普及機関は、二〇〇二年以降、同県の農業者プート氏のコレクションとＩＮＲＡ（フランス国立農業研究所）遺伝資源センターのコレクションに存在する古い品種のトマトを使って、有機農業による栽培試験や、その食味試験などを行っている。また国立研究庁ＡＮＲの財政支援を受けて、ＩＮＲＡと種子企業リマグラン、農協サヴェオル、量販店カジノグループなどが協力して、アヴィニヨンの研究開発クラスター（ＰＥＩＦＬ）において生産から流通までを含んだトマトの栄養的、官能的品質についての研究プロジェクト（Qualitomfil）を行っている。さらにＩＮＲＡのモンペリエ支所を中心としたプロジェクトは、農村振興に資する直売の研究という枠組みのなかで、直売トマトの官能的品質に関する研究を行っている。

二つの品種イノベーション・レジーム

上述のフォード主義的農業と「品質の経済」ないし非物質的蓄積体制と対応したそれぞれの二つの品種イノベーション・レジームを示せば表3の通りである。

以下、それぞれの項目について簡潔に説明しておこう。

①品種市場：フォード主義的品種イノベーションにあっては、品種は均質的で、標準的であることが求められる。一般的に、こうした品種の育種には長い時間がかかるために、多額のコストが必要となる。このコストを回収するためにも、大量に、かつ広範に販売できるようなかぎられた品種が育成される。こうした品種は、農業生産の機械化と化学化によって標準化された生産条件において高い収量を示す。

他方、「品質の経済」下での品種イノベーションは、有機農業や食品加工専用品種、各種ブランドや地理的表示産品、農民の自家採種といった多様な需要に対応できるように細かく分かれている。そのなかで開発された品種は、製品そのものの差別化のためのキー・インプットをなしている。

②イノベーションへの抵抗：フォード主義的イノベーションにおいては、とりわけ収量や食品加工適性を育種目標とすることで育種専門家と職能団体のあいだに合意が成立しており、また市民社会からの抵抗もみられなかった。しかしGMOのような新しい品種イノベーションには市民社会の関与がみられるようになった。

表3　品種イノベーションの二つのレジーム

	フォード主義的品種イノベーション（1940年代～70年代前半）	「品質の経済」下の品種イノベーション（1980年代～）	
品種市場	• 均質的、標準的 • 長期の育種期間 • 規模の経済 • 遺伝資源喪失のおそれ（病気や気候等の環境変化への脆弱性）	• 複数の需要への断片化（有機農業、食品加工専用品種、ラベルや地理的表示産品、農民的種子の多様性）、品種を通じた製品差別化 • 短期の育種期間（マーカー支援選抜などによる） • 学習と範囲の経済：市場規模よりもネットワークの質が重要	
批判	なし。科学者と職能団体とのあいだでの選抜目標の交渉	市民社会による抵抗。品種イノベーションをめぐる討議の開放	
調整	• 部門的で中央集権的、目標を絞った品種評価 • 知識の基礎：農学的実験 • 近代技術の古い技術への代替 • 遺伝的進歩の中央集権的管理	• 部門により集権的に管理されたジェネリック品質の危機：適切な評価基準の断片化、品種の「標準的」評価への批判、グローバル化経済下での利潤追求 • イノベーションの知識土台としてのシミュレーションモデル化 • GMOとの共存条件の交渉	
モデル	委任モデル	寡占的イノベーションモデル（シンジェンタ社の商標トマト「クマト」）	分散的な地域イノベーションモデル（タルブのインゲン豆など）
評価基準	• 工業的基準：予測可能性、収量、純粋性、化学的、機械的投入物との適合、長距離流通への適応 • 市場的基準：育成者にとっての利益、ハイブリッド • 市民社会的基準：農業の栄養的機能、品種市場への国立農業研究所の投資	グローバル経済下での工業的基準と市場的基準、さらに世論の基準（評判と商標）	• 家内的基準：伝統、種別性、種子の贈与 • 市民社会的基準：環境、地域的特徴、持続性、倫理、公平性
過程	• 上流から下流への直線的モデル：研究から種子市場へ。構想と実行の分離。 • 委任モデル：イノベーションと資源保全がいくつかのセンターに集中	• ボトムアップ：マーケティングを通じたイノベーション構想を企業が管理 • バイテクとゲノムによる標準化（マーカー支援選抜） • 集権的な委任モデル：イノベーションと保全の集中	• 仲間のあいだでの交換と参加型イノベーション • 複数の、分散的で地域的なイノベーションアクター：地理的表示産品、参加型選抜のネットワーク
地位	• 準公共財（育成者権、農業者特権） • 農業発展に資する種子への全員のアクセス	• 私有財（ゲノム特許、品種特許） • 工業部門への専用的投入財	• 地方的公共財 • 品種アクターによる栽培

出所）Bonneuil, C., et al., "Innover autrement? La recherche face á l'avénement d'un nouveau régime de production et de régulation des saviors en génétique végétale", in *Dossier de l'environnement de l'INRA*, no. 30, 2006, p. 42 および、Bonneuil, C., Thomas, F. *Génes, Pouvoirs et Profits*, Ed. Quae, 2009, p. 133 から。

③**調整**：旧来のレジームでは増収を目的に公的研究機関と大規模な種子会社のあいだで品種改良が作物別に分担されていた。ところが新しいレジームになると、収量や均質性のほかに、品種の評価基準が多様化して、いろいろな品種が開発されてくる。こうした育種には、環境の多様性と遺伝子型の多様性、栽培方法の多様性を組み合わせるためのシミュレーションモデル化が重要な技術となった。

④**評価基準**：古いレジームでは収量が基本的な評価基準であり、そのほかに機械化・化学化、長距離輸送との適合性も重要だった。新しいレジームでは作物のもつ評判やイメージ（伝統的な、ホンモノらしい品種）が大きな位置を占めるようになり、農民間での種苗交換や直売との相性（皮の柔らかさなど）を配慮した品種が重視されている。

⑤**過程**：古いレジームでは公的研究機関や種子会社が品種を研究開発し、農業者はその成果を受けて実際に栽培するといった、構想と実行の分離がみられた。また遺伝資源の保全もいくつかのジーン・バンクに集中している。新しいレジームでは巨大会社による消費者調査やマーケティングを通じて、消費者が主導するかにみえるボトムアップ型のイノベーション過程が導入されている。またマーカー支援選抜のようなバイオテクノロジー技術により有用遺伝子を短期間で特定し、育種期間を短縮させることができるようになっている。他方で、有機農業品種の農民参加型育種（後述）や地理的表示産品向けの品種の育種のように地域のアクターに分散されたイノベーション過程も誕生している。

⑥**レジームにおける品種の地位**：古いレジームにおいては、品種育成者権とペアをなす農業者特権（農業者は自家採種された種子を農場で使用することができる）に示されるように、品種は準公共財として取り

扱われてきた。新しいレジームでは、品種は特許制度を通じて純粋な私有財へ変わる傾向にあるとともに、他方では地方アイデンティティの担い手として、地方的公共財の地位を確立している。つまり、正反対の性格をもつ二つのタイプの品種が併存しているのである。

「品質の経済」下の多様な品種イノベーション

①ゲノプラント・コンソーシアム：現在、育種にかかわる多国籍寡占企業は積極的にゲノムを獲得し、その解析を進めている。解析結果はＷＴＯの知的所有権制度のもとで生物特許として強く保護されている。ゲノムは育種において決定的に重要な役割を果たすから、ここに激しいゲノムの獲得競争が起こる。ＩＮＲＡも、これらの企業に生物特許を押さえられることのリスクを回避するために、[8] その育種研究を植物ゲノムへとシフトさせ、一九九九年にゲノプラントを設けた。これはＩＮＲＡと国立科学研究センター（ＣＮＲＳ）、開発研究機関（ＩＲＤ）、国際農業開発センター（ＣＩＲＡＤ）といった公共研究機関のほか、農業協同組合系企業ビオジェンマとローヌ・プーラン社、ビオプラント社を統合した「科学的性格の独立法人（ＧＩＳ）」である。公共機関と民間部門の出資比率は半々である。ここには、公立農業研究機関と職能団体が資金と遺伝資源を共有することで多国籍企業主導型の品種イノベーションに対抗する姿勢がみられる。とはいえ、米国の全米作物ゲノム・イニシアチブ（二〇〇三〜〇五年）の年間予算二億六〇〇〇万ドルに対して、ゲノプラントのそれは二〇〇五年で一三〇〇万ユーロと二〇分の一の予算規模でしかない。

②農民資本による生物遺伝資源管理：公的研究機関によるゲノム研究へのシフトは、育種現場にも変化をもたらさずにはおかなかった。たとえばブルターニュのような野菜大産地の協同組合は、以前にはINRAブルターニュ支部による育種に依存していたが、この研究所が基礎研究に重点を移したことにより、満足のいく品種を得られなくなった。そこで、協同組合はみずからが共同で所有する育種関連会社OBSを通じて、地域に適した野菜の品種を育成することとした。OBSは国内発送向けのみならず輸出向けのキャベツやブロッコリのほか、有機栽培用の各種野菜品種、当地のAOCタマネギ向けの品種を育成、増殖し、この地方の野菜農家の需要に応えている。

③テロワールの構成要素としての遺伝資源：AOCやIGPといった地理的表示産品は、しばしば在来品種を指定する。「アルデシュの栗」の場合、INRAが育成し、公的機関により登録され、認証された品種を生産者団体が拒否した。生産性は高いものの、在来品種ではなかったからである。ここではむしろ遺伝資源のローカルさが製品を特徴づけるものとして高く評価された。生産性の論理よりも、むしろそのテロワールのイメージを強調することで、在来種のクリに高い付加価値をつけようというのだ。さらに、「アルデシュ山」州自然公園と結びつけ、ハイキングやグルメをテーマとしたツーリズムとの連携が図られている。ここでは希少な在来種の保全と市場的活用が、地理的表示により可能となっている。また「エスペレットのトウガラシ」は、「バスク地方の在来種ゴリアの品種集団に属し、この集団は遺伝的なへテロさを示し、このことがその頑強さをこの作物に与えている(9)」。

有機農業向け参加型育種と農民アイデンティティの変容

有機農業に関する欧州規則二〇九二／九一は、二〇〇四年以降、有機農業でつくられた種子しか使用してはならないと規定した。この規則により、有機農業向け種子のニッチ市場が成立した。たとえばＩＮＲＡの出資会社の「アグリ・オブタンション社」は有機農業用品種をいくつか育成している。有機農業には、化学肥料や農薬の投入なしに収穫できる品種が不可欠である。だから、その育種には地域環境への適応性が必要となる。従来の遺伝研究は、地域環境への適応性を消去し、全国レベルで広範に普及するような品種開発に多大な労力をつぎ込んできた。したがって、有機農業用の品種開発は選抜戦略に大幅な見直しを迫ることを意味する。すなわち、有機農業用品種は環境の時間的変化（たとえば温暖化など）に適応できるように、品種内での異質性を維持し、遺伝子型の時間的可変性を確保しなければならないのである。

有機農業で使用される種苗は、地域ごとに異なる環境に適応できるように開発されるので、大量の販売量を期待できない。したがって種苗会社からみれば規模の経済を達成しにくいために、育種への動機がはたらきにくい。そこで地域の生産者が育種に参加することが、当該地域に適した品種育成のために重要な要因となる。その際、育種研究者と農業生産者との協力関係はどのようなものとなるのであろうか。この問いを検討するために、フランスの遺伝資源局ＢＲＧプロジェクト「農場とジーン・バンクでの生物多様性の管理手法の補完性の研究」（二〇〇五〜〇七年）について紹介したい[10]。

このプロジェクトにはＩＮＲＡの集団遺伝学の研究者（ゴドランジェールなど）や穀物遺伝資源コレク

ションを管理するＩＮＲＡクレルモンフェラン支所の担当者、小麦の在来種の保全と選抜に関心のある「農民＝パン職人」グループなどが参加している。「農民＝パン職人」は、有機農業パンを製造するのに適した有機小麦をみずから栽培している。科学専門家と農民とをつなぎ、彼らの期待と行動を調整する役割を担っているのが品種や品種集団の物質的支えとしての種子であり、「生物多様性」といった観念なのである。しかし、科学者と農民は当初、生物多様性について、異なった考えをもっていたという。農民にとって、それは「品種の多様性」を意味していたのであり、これは品種の発現型を通じて直感的に評価できるものだった。しかし集団遺伝学者にとって、それは「遺伝子の多様性」を意味しており、同一の品種のなかでさえ認められるものだった。具体的にいえば、農民にとって「良い小麦」とは、基準となる品種のもっとも純粋なコピーを示すが、集団遺伝学者にとっては良い小麦とは、環境変化に対して高い適応力をもつ小麦なのであった。それは、環境制約に直面したときにもっともうまく適応した発現型であり、そうした能力をもつ集団の遺伝学的へテロさを示しているのである。もちろん有機農業育種にとっては後者の観念のほうが適切であることはいうまでもない。

こうした農民と科学者との出会いは、農民による栽培実践を変化させた。その変化は、品種についての固定的観念を脱却し、遺伝子の流れとして生物をみるようになったことに現れている。二〇〇三年のプロジェクトがはじまる以前には、彼らは品種の混作など思いもよらないことであったという。誤って品種が混じることがあったとしても、それは取り返しのつかないこととして拒絶されていたのである。しかし集団遺伝学者との出会いにより、今後、数十年にわたり同一の状態で品種を維持することが無意味であるという意識が芽生えてきた。つまり、環境との相互作用によって小麦の進化を展望するという集団遺伝学の立場を彼らも採用するようになったのである。

こうした農民の一人が次のように語っている。「これまでわたしは、品種をあるがままのかたちで保全しようとしてきました。しかし二〇〇三年以降、別の方法に着手したのです。わたしは内なる苦悩を感じはじめていました。というのも、長期にわたって、自分の小麦コレクションを維持することができないことがわかっていたからです。わたしはイザベル〔INRAの集団遺伝学者ゴドランジェールのこと〕に、混作すべきか否か、混作するとどうなるかたずねました。彼女は「混作も保全の一つの方法ですよ」と言いました。わたしはこんなふうにして新しい方法に着手したのです。保全よりも多様性を向上させる方法を試みることにしたのです。あるがままのコレクションを保全することに、わたしの希望があるのではなく、誰かがこのコレクションを評価してくれること、この人たちがいたる所にわたしの小麦を持って行ってくれて、この小麦がどこかで存在していてくれることが、わたしの希望なのです[11]」。

生物の進化についての集団遺伝学的な観念を受け入れることによって、農民たちは安定的で均質的な品種という考えを放棄するようになった。こうして、在来種は当該地方でのみ栽培され、保全されなければならない、という考えとは異なった考え方が生まれることになる。

またドゥムルナエルとボヌウィユは、参加型育種の登場とともに開始された農民アイデンティティの変容について述べている[12]。彼らはフランスの「農民的種子ネットワークRSP」のなかに、文化遺産としての在来種をそのままのかたちで保全しようとするグループと、これらの在来種を地理的に無制限に流通させることで生物多様性を維持し、発展させようとするグループとの、二つの異なった傾向が生まれていることを指摘している。最初の潮流は品種をテロワールと関連づけ、農業の過去の証言としてそのまま次世代へ伝達するべきだ、と考える。これに対し、第二の潮流は、集団の異質性が大きいほど、その環境適応能力は高い、という上述の集団遺伝学の知見を導入する。在来種をそのままの状態ではなく、むしろ栽培のサイクルを通じてダイナミックに進化させるべきだと考えるのである。農民は異なった品種を並べて栽培し、自然の交配を許す。「もしわたしの品種がお互いに交配しようとするなら、わたしはそいつらの好きなようにさせてやろう(13)」ということになる。こうした考え方は、在来種を通じたテロワール産品の高付加価値化を志向する「地域ブランド」戦略とは異なる。ドゥムルナエルたちはM・オジェを引用して、ポストモダン社会は、ますますとらえようのなくなっている「空間」に対して意味を付与しようとして、「ローカルなこと」を製造しがちだとする。こうした傾向とは正反対の、農民たち自身による選抜ノウハウの獲得こそが農民固有の権利に属するというのである。

三　農民による遺伝資源管理の復権

知識や感情にかかわる非物質的労働が、現代の資本蓄積において重要性を有している。農業・食品部門の蓄積と再生産においても、環境や「ホンモノらしさ」、機能性、地域、社会的公正といった多様な価値を統合して農産品や食品を構想することが要をなすようになっている。とくに育種は、農業・食品の新たなレジームを確立するうえで戦略的なキー・インプットとなっている。本章での議論をふまえ、今後はさらに、食育などの消費者コミュニケーション、小売店や直売所でのホンモノらしさの構築にかかわる労働についても分析が必要である。

いまや大手量販店も、ホンモノらしさの構築に品種が果たす役割に注目して、「近接性」やテロワールといったイメージをセールスポイントに据えようとしている。もともと、多様な社会運動が提起してきたはずの「近接性」やテロワールが、このような資本による「回収」[14]をまぬがれ、それとは異なる品種イノベーションに向かうためには、農民たち自身による選抜ノウハウの奪還こそが不可欠なのである。

(1) たとえばフランスの農業基本法(二〇〇六年一月五日付)は、農産物・食品の品質政策をめぐって、以下のように「品質および原産地の識別表示」として三つをあげている。つまり「ラベルルージュは高級品質を保証し」、「原産地呼称AOおよび地理的表示保護IGP、伝統的特性保証ASは、原産地もしくは伝統と結合した品質を保証し」、「有機農業表示は環境的品質を保証する」というものである。なおラベルルージュとは鶏肉や生鮮肉などに多く、決められた製品仕様により(たとえば家禽肉では八〇日間以上の飼養など)、通常の製品よりも高級な品質のものに与えられる。

(2) 本章は一連の拙稿の叙述に基づいている。詳しい内容と文献については以下を参照されたい。須田文明「フランスにおける地理的表示産品の高付加価値化――レギュラシオン理論とコンヴァンシオン理論の展望から」『フードシステム研究』一七巻二号、二〇一〇年、「フランスにおける有機農業の現状と参加型育種」『関東東海農業経営研究』一〇〇号、二〇一〇年、「フランスにおける作物育種研究の展開――生物多様性の分散的管理のために」『総合政策』一〇巻二号、二〇〇九年。

(3) G. Allaire, "L'économie de la qualité, en ses secteurs, ses territories et ses mythes", *Geographie, Economie, Soiété*, vol. 4, no. 2, 2002, pp. 155-180; G. Allaire, "Agriculture", in R. Boyer et Y. Saillard (eds.), *Théorie de la Régulation: l'état des savoirs*, La Découverte, 2002.

(4) CESE, *Semences et Recherche: Des Voies du Progrès*, Rapport presenté par M. Joseph Giroud, 2009, p. 15.

(5) C. Bonneuil, *et al.*, "Innover autrement? La recherche face à l'avènement d'un nouveau régime de production et de régulation des saviors en génétique végétale", in *Dossier de l'environnement de l'INRA*, no. 30, 2006, pp. 29-50.

(6) F. Bressoud, "Produire des tomates pour des circuits courts: Vers nouveaux critères d'évalutation variétale", *Façsade*, no. 29, 2009.

(7) E. Reynaud, "Segmentation par la qualité dans les fruits et légumes: entre espoirs et contraintes", *Ciag*, INRA, 2010.

(8) たとえば二〇〇六年に世界での種子市場の販売額は一九六億ドルで、うちライセンス料が二七億ドルである。このライセンス料は主としてトウモロコシと大豆である。フランスのリマグラン社の米国子会社アグ・レリアン社は、モンサント社の技術ライセンス料の主要なクライアントの一つである。モンサント社がそのロイヤリティの一〇%上昇を決めたとすれば、とりわけトウモロコシや大豆の種子の多くが消失することは明らかである（CESE, *op. cit.*）。

(9) 当該AOCのホームページ（http://www.pimentdespelette.com）、二〇一〇年八月一二日アクセス。

(10) 以下の記述の多くはE. Demeulenaere, "Agriculteurs et chercheurs dans la gestion à la ferme des ressources génetiques: dynamiques d'apprentissage autour de la biodiversité", in B. Hervieu et B. Huber (eds.), *De l'Etude des Sociétés Rurales a la Gestion du Vivant*, Ed. L'Aube, 2009による。

(11) Gastonさん、二〇〇六年一月。ただしDemeulenaere, *op. cit.*, p. 89からの引用）。

(12) E. Demeulenaere, et C. Bonneuil, "Cultiver la biodiversité: Semences et identité paysanne", in B. Hervieu, *et al.*,

Les Mondes Agricoles en Politique, Science Po., 2010, pp. 73-92.

（13） *ibid.*, p. 84.

（14） Luc Boltanski et Eve Chiapello, *Le nouvel esprit du capitalisme*, Gallimard, 1999.（ナカニシヤ出版より邦訳近刊予定）

コラム⑪
種子の自給率

日本の食料自給率（供給熱量ベース）が約四〇％であることはよく知られている。国際比較で用いられる穀物自給率（重量ベース、二〇〇七年）にいたっては二八％であり、世界一七七カ国・地域のうち一二四番目、OECD加盟国三〇カ国のうち二七番目という低さである。他方、農業生産に不可欠な投入資源である種子の自給率もまた極端に低い水準となっていることはあまり知られていない。食料自給率のような公式データがなく、推計値を出すのに必要な基礎的な統計調査（農水省「野菜種子生産統計調査」）さえも一九九八年を最後に行われなくなった。水稲・麦・大豆という主要農作物については、国内使用種子にかぎり一〇〇％の自給率となっているが、作物生産の自給率が八〇％水準で維持されている野菜については、国内使用種子の自給率は一〇％程度にまで落ち込んでいるとされる。一九九六年のデータによると、国内採種量は一三七〇トン（二年後の一九九八年には七〇七トンまで激減）、輸出量は一三九四トン、輸入量は八〇〇四トンだった。単純に計算して、当時の野菜種子自給率（重量ベース）は約一七％だったことになる。その後、国内採種基盤は著しく弱体化し、全国各地の採種地では採種農家の高齢化・後継者不足が深刻で、国内種苗会社の多くが海外採種の割合を大幅に増やしている。コラム⑭で取り上げる京野菜のような地方在来種でさえ、商業栽培されているものについては海外採種も珍しくない。

社団法人・農林水産先端技術産業振興センター（STAFF）は「わが国における野菜種苗の安定供給に向けて」と題する報告書を二〇〇九年末に発表した。国内採種については、原種や優良種子の生産、試験採種、海外委託の難しい少量多品目野菜の種子生産等の用途、あるいは遺伝資源としての価値もある地方在来種の維持といった観点から、その基盤強化と公的試験研究機関の役割がうたわれているものの、実際には海外採種を前提とした種苗安定供給体制の確保を柱に据えなければならない状況にある。

（久野秀二）

コラム⑫
エコダイエットで地球とつながる

台所とは、地球（大地）とのつながりを感じとれる重要な場所だ。

これからの台所とは、食材を調理するにあたって、たんに栄養評価からだけでなく、どれだけの距離を移動してきたか、どれだけエネルギーを消費して生産・運搬されたか、どれだけの耕地面積や水などを必要としたか、といった指標で評価して環境影響を考えるエコロジカルな食のあり方（エコダイエット）を重視する場になっていくのではなかろうか。

生産に必要な耕地面積という指標から計算すれば、たとえば現状ベースの世界の農耕地の生産で、アメリカなどに代表される大量輸送・大量消費する飽食の食生活（肉食過多で大量廃棄型食生活）を世界中の人間がとった場合、大ざっぱにいって、世界人口は現状の半分も養うことは難しい。他方、仮にインドなどのような菜食を中心とした食生活になれば、現状をはるかに超える世界人口を養うことができる。

季節感を忘れ、地域の農業を見失い、風土に育まれた伝統的な料理や食事の知恵から切り離された不自然な〝現代的〟食生活が向かう方向は、自分の健康ばかりでな

食卓メニューの面積換算

JACSES「地球にダイエット」試算

栄養（約 750 kcal）	面積（m²）
洋　食	2.13
パン	0.29
ステーキ	1.81
小ポテト	0.02
コンソメスープ	0.01
和　食	0.87
ごはん	0.22
豆腐のみそ汁	0.02
魚の干物	—
肉じゃが　牛肉	0.60
ポテト	0.03
ファストフード	1.42
ハンバーガー（牛・豚ひき肉）	1.20
玉ネギ	0.02
パン	0.18
フライドポテト	0.02
コーラ	—

く、地球の環境にも過大な負荷をかけてしまうのである。

表に示したとおり、同じ栄養（カロリー）をとる場合でも、食事メニューと食材によって環境への負荷（耕地面積）は大きく変わる。

食と農を通じてのライフスタイルの見直しが重要だ。すなわち、自分の生活をスリムに健康的にしていくとともに、外なる環境負荷をも減らして地球に対する環境保全となるエコダイエットやエコクッキング、こうした消費のあり方の再構築こそ、かぎられた資源・環境の世界のなかで安心して暮らすための新しい21世紀のライフスタイルなのである。

（古沢広祐）

第Ⅲ部　食と農の新しい局面

食はいうまでもなくわたしたちの日常と密接にかかわるものである。これは、わたしたちが日々、食べているというもっとも基本的な現実があるからであり、さらにいえば、食と農にかかわって問題になる事柄が、人が生きようとする素朴な欲求と深く絡んでいることによる。

たとえば、農薬の危険性や有機農業の問題は、それ自体としては化学などに関する専門的な議論をともなうことがある。しかしこれは根源的には、わたしたちの体の問題であり、わたしたちの生活をとりまく自然環境の問題であり、そして実際に農業を営む人の暮らしと健康の問題でもある。

こうした、多様な論点が折り重なった農業をめぐる諸問題に向きあううえで必要なことは、煎じ詰めれば、農業生産を、農村に生きる人びとの生活の問題としてとらえる視角だろう。そしてそのうえで都市住民が、市場を通じて、あるいは個別の関係性のなかで、彼らとどのようにかかわりをもとうとするのかということが問題となる。グローバリゼーションとは、わたしたちの生活がモノと資本の流れのなかにおかれているという、考えてみればごく当たり前の資本主義の原則が、きわめて苛烈にわたしたちを覆うものだといえる。これは、自分の、あるいは隣人の生活をどのように成り立たせるのかという、ささやかな問題をかえってみえにくくする思想と経済の潮流である。

きわめて日常的な事柄が、さまざまな要因からみえにくくなり、時として生活実感とはかけ離れた、抽象的な対立の契機をもたらす。そうしたなかでわたしたちは、なぜそうなるのかを解き明かす必要があり、そのためには、その背後にある政治や経済といったマクロな構造をみることや、安全や危険に関するミクロな科学的分析をすることが必要になる。しかしそのことによって、しばしば話はさらに専門特化した迷宮に入り込み、かえってわたしたちが議論すべきことがみえにくくなることさえもある。

たとえば「健康」という問題は、とくにその傾向が強い。健康とは、わたしたちにとって望ましい生活を成り立たせるための方法だったはずが、逆にそれ自体が目的に転化してしまい、わたしたちを束縛する奇妙な「食育」を現出させることがある。あるいは農業政策は、本来ならばより良い農業の方法や、農業従事者のより良い働き方を導き出すためのものであるにもかかわらず、合理性や収益性に関する複雑な議論に足を取られ、本来の目的を忘れがちになってしまう。

もちろん、専門的な議論はけっしてないがしろにすべきものではなく、困難な問題を解くためにはむしろ必要なものである。しかし、議論が過熱したり細分化されていくことで、そこから再びわたしたちの日々の現実や実感に引き戻す回路がみえにくくなってしまうことが少なくない。

第Ⅲ部では、さまざまな現象として今日のわたしたちの前に現れる、食と農にかかわる新しい論点をめぐって、わたしたちの日々の現実とつなぎ直していくことにしたい。そこには、健康、安全、食料生産、労働、土地、村といった、一つの言葉ですませてしまうと抽象的にすぎるテーマが内包されている。抽象的で、専門的で、わたしたちの生活とは遠く感じるさまざまな議論を、どうしたら自分の手に届くところの問題として置き直すことができるかを探ってみてほしい。

10・グローバルとローカルを結び直す
――日本・アジア・世界の食と農を考える

古沢広祐

一　食と農のいまを問う

ある日、スーパーの生鮮野菜の目玉商品に出ているオクラをみて驚いた。食べやすそうなオクラが一〇～一二個パッケージされていて、値段は九八円。タイ産の表示の下に、毎日空輸便で届くと書いてある。別のコーナーには、メキシコ産カボチャとアボガドが並んでいる。季節を問わず、遠距離を世界中から運ばれてくる食材に囲まれたわたしたちの食生活。「信州で天ぷらそばを食べても、国産は水とネギだけ」といわれてきたが、そのネギさえいまや外国産（中国）に置きかわってきた。日本の食料自給率は、熱量換算（カロリーベース）で四割ほど、約六割は海外に依存して成り立っている。

最近の食料輸入の中身をみると、グルメ・ブームや消費の高級化を反映した品目構成になり、一九八〇年代半ばまで第一位を占めていたトウモロコシがエビに置きかわるとともに、一九九〇年代後半から二〇〇〇年代には、豚肉と牛肉が首位を占めるようになり、海外依存度はより高度化している。世界中からやってくる食材を賞味できる日本の食卓の〝豊かさ〟は、今日、さまざまな局面で問い直しを迫られている。

飽食の裏側では、多くの矛盾が進行しており、依存する海外の現場においては、土地の荒廃、水資源の逼迫、漁業資源や地下資源の枯渇、大量の化石燃料消費による温暖化の進行など、その持続性に暗雲が立ちはだかりつつある。また、これまで経済大国としてお金にまかせて世界中から食料を買いあさってきた日本だが、近年は中国や韓国、ASEAN諸国やインドなどが台頭するなかで、その地位は後退しはじめている。飽食と豊かさを謳歌してきた〝物質的肥満国家〟日本だが、リーマンショック後の世界経済の低迷下で景気後退から抜け出ることができず、デフレ経済や地域経済の衰退に先行き不安は高まっている。

こうした事態は、わたしたちの生活や経済が、かつてのような高度成長を謳歌する時代状況から一転して低成長ないし成熟社会に入ってきたことを示しており、過去の幻影を脱して今後は一種の〝スリムな生活様式〟に向けた方向転換が求められているのではなかろうか。それは危機ではなく、転機となりうる可能性の世界としてとらえるべきものであり、転換期を上手に舵取りできるかどうか、大きな岐路にさしかかっているといってもよかろう。そして、その方向転換とは、日本の将来を切り開くことを意味するのみならず、アジア諸国や世界の未来を先取りする試みとして認識すべきものととらえることができる。

それを食と農の世界でみたとき、飽くなき飽食や、季節と距離感を忘れた遠距離輸送を前提とする大量消費・廃棄（使い捨て）の生活様式の見直しを意味する。いち早く経済の近代化と物質的豊かさを手に入れた日本のわたしたちが、有限な地球社会において、環境的な適正化と社会的な安定性の道をみいだして真に持続可能な社会へと転換できないとすれば、おそらくアジア諸国の将来もまた、破局的な危機をまぬがれることはできないだろう。日本に生きるわたしたちはいま、地球市民的な共通の問い直しをいち早く求められているのである。

しかしながら、わたしたちの現状をみたとき、それはきわめて困難な課題であることは、冒頭の日常生活の一こまを思い浮かべればわかるだろう。その困難さを克服するための一つの糸口として、身近な生活における第一歩を、わたしたち自身の食卓の問い直しからはじめてみることは有意義なことだと思われる。

二　「フード・ウォーズ」の時代

現代という時代状況に関して、わたしたちは「食と農の文明的危機」という視点に立って、根源的な問いかけと長期的な展望をみいだす作業が求められている。自然への人間のかかわり方は、二〇世紀以降ひときわ激しさを増しており、それは地球環境問題の深刻化のみならず、とくに農や食の世界においても、その変貌ぶりはきわだっている。大きくとらえると、科学技術の発展と産業化・商業化の拡大によって、人工的な介入と改変が急速に進み、その結果として生態系やいのちの連鎖に重大な影響が起きはじめているのである。

その帰結は、端的に表現すれば、生命を成り立たせている生体組成（遺伝子、タンパク質）において各種異変現象が生じ、個人レベルでいえば健康面で問題が顕在化しており、より大きな生態系レベルでは生物多様性の消失（崩壊）が起きている。具体的現象としては、各種の食物や化学物質にかかわるアレルギー現象のまん延、栄養的疾患、悪性腫瘍（ガン）への罹患の増加、牛のＢＳＥで顕在化した異常プリオンによる生物種を超えた感染現象、新種の食中毒や感染症の脅威（Ｏ‐１５７、エイズ、ＳＡＲＳ、鳥インフルエンザ）などが次々と顕在化している。こうした事態は、大きくは人為の自然への過剰な介入が影響しているものと考えられるが、なかでも「食と農」をめぐる変化との結びつきを見落とすことはできない。

食と農に焦点を絞って、現代社会に起きている異常事態を多少センセーショナルな言葉で表現すると「フード・ウォーズ」の時代といってよいのではなかろうか。大宇宙に展開されるＳＦ映画「スター・ウォーズ」を比喩的に取り込んだ表現である。同名の書籍が、イギリスで刊行され、翻訳する機会を得たのでここで一部を簡潔に紹介しよう。同書の共著者の一人は「フード・マイル」の概念を提起したティム・ラング氏だが、問題意識が筆者と共通するところが多いことから、その問題提起に耳を傾けてみよう[(1)]。

人類の歴史では比較的最近登場した大規模な工業的食料供給と食料経済システムは、空前の人口増加に十分な食料供給と年中便利な加工食品を数多く提供することに成功した。だが、この近代システムは生産性の急拡大の反面で、持続可能性への懸念や先進国・途上国それぞれに食をめぐる危機的状況を進行させている。大きくは世界人口の一割を超える人びとが飢餓にあえぐ一方で、ほぼ同数の過剰な飽食と肥満疾患の増加、BSE問題から漁業資源の枯渇まで環境の異変にかかわる諸問題、遺伝子組替え技術の導入、世界的規模で拡大する企業（アグリビジネス）支配、不適切な食事から生じるさまざまな深刻な健康問題（心臓疾患、ガン、肥満、糖尿病など）、これらの問題は、食と農を支える社会・経済の構造が生み出したものである。

同書では、食の未来の形成において、三つのパラダイム（生産主義、ライフサイエンス主義、エコロジー主義）が攻めぎ合い、二〇世紀から引き継がれている生産主義が二一世紀にどのような修正と展開に向かうかを考察している。人間の健康を、産業化のなかで科学的な分析手法によって個別的に対応し統合していくのか（ライフサイエンス主義）、個々人の健康を環境全体と密接につながる存在ととらえて経済的資本・社会的資本・自然資本の再編成と調整（エコロジー主義）において達成を図るのか、重大な岐路に立つとしている。

人類社会の危機的状況に対して、「食と農の政策」が重要な鍵をにぎっており、それは疾病、不健康、生態系の破壊の解決につながるものととらえられる。「フード・ウォーズ」とは、食の未来について、人びとの心理（精神世界）、市場（マーケット）の世界、消費者としてのあり方、産業化社会をめぐってくり広げられる闘いとして位置づけられており、欧米を中心に途上国との関係を視野に入れて世界状況が考察されている。

三 「フード・ポリティクス」と食生活指針をめぐって

同様の問題意識上にあって、とくに消費者が食品産業の強い影響下で健康への脅威にみまわれている事態(食生活支配の構図)を告発した最近の書物としてマリオン・スネルの『フード・ポリティクス』[2]やラジ・バテルの『肥満と飢餓』[3]も参考になる。

前者では、巨大食品ビジネス、政治家、栄養学者が三位一体となって形成する食生活支配の実態を豊富な資料で明らかにしている。著者は、ニューヨーク大学栄養食品学科教授で、『栄養と健康に関する公衆保険局長官報告書』(一九八六年)の編集にたずさわった過程で、食品業界からのさまざまな圧力を受けた経験をもつ人物である。アメリカ人の一〇人中六人は標準体重を超過し、約三割が肥満に陥っている。食べる量を減らす、とくに動物性脂肪と糖類の削減は、すでに一九七〇年代から警告が発せられてきたが、食をめぐる状況は改善どころか悪化してきた。その背後には強大な食品産業群をはじめとする業界団体があり、そのマスコミなどメディアへの影響力と政治圧力が、今日のアメリカ社会の肥満症を助長してきたという。

後者では、グローバル化する世界経済下において、肥満問題の対局において途上国の飢餓問題や地域経済のモノカルチャー化（商品・換金経済への従属）と自給体制崩壊が進行する状況がダイナミックに分析されている。わたしたちの身近な地域社会（農山村）の衰退は途上国の飢餓や貧困問題と共通した現象として進行しており、いわば世界経済の歪んだ発展様式の矛盾が、食と農の世界において出現している様子がリアルに描き出されている。

わたしたちの身近な生活に目を向けると、健康志向の高まりとともに食と健康にまつわる問題関心が増大している。日本でもメタボリックシンドロームが話題となっているが、肥満と健康問題をコミカルに映画化した話題作に「スーパーサイズ・ミー」がある。「マクドナルドを朝、昼、晩と一カ月間食べ続けたらどうなるか？」監督みずからが人体実験を試みたドキュメンタリーとしてその様子が克明に記録され、典型的なアメリカ人の食生活が凝縮された姿として映し出されている。しかし、こうした事態は米国にかぎったことではなく、いまや途上国を含めて急速な展開をみせている。途上国の都市部を中心に近代化の波とともに、食生活の洋風化、とくにアメリカ化が浸透し、深刻な栄養過多と肥満症が蔓延しはじめているのである。すでにアメリカでは一九九〇年代後半、肥満症に対する医療費支出が、全保健医療費支出の一二％を占めたと推定されたが、[4] この問題は近年急速にグローバル化し出している。

こうした問題自体の指摘は古くから行われており、その草分けにアメリカ上院栄養問題特別委員会の有名なマクガバン報告（一九七七年）がある。この報告はその後、本家のアメリカ以上に日本を含め世界の栄養、健康、医学に関する流れに影響を与えた。日本では、農水省による「日本型食生活」の提起（一九八〇年）や、厚生省（現厚生労働省）による「健康づくりのための食事指針」（一九八五年）もマクガバン報告の影響下で策定された。

現在、世界一の長寿を誇る日本ではあるが、一〇人に一人が糖尿病などというように生活習慣病は深刻化しており、けっして楽観視できる状況ではない。その意味では、望ましい食生活に向けて「食生活指針」が策定され（二〇〇〇年）、食育基本法の成立（二〇〇五年）や「フードガイド」が最近打ち出されたことは注目してよい。しかし、アメリカと同様だが、実際の食生活指針の内容は、どちらかといえば個別的な栄養主義に偏しており、食・農・環境をめぐる「フード・ウォーズ」の時代状況をふまえた問題認識に関してはほとんど話題に上ることはない。

四　食と農からみたアジア的世界

食と農に関連して、より長期的に「持続可能な発展」の視点に立ってアジア地域の今後をどのように考えたらよいのであろうか。ただし、アジアと一口にいっても、東、東南、南、中東地域などでの差違は非常に大きい。また東南・東アジア地域だけみても、たとえば島嶼地域と大陸地域とでは、文化・生業形態・交易圏などで大きく異なる。ここでは、そうした差違には触れずに、かなり抽象レベルでとくに食と農の側面からみた地勢的特徴についてみていこう。

世界の農業・食料生産の形態について、広く歴史的・地勢的にみて、アジア型農業、欧州型農業、新大陸型農業の三つのタイプに類型化することができる。すなわち、新大陸型農業とは、アメリカやブラジル、オーストラリアなどでみられるように、一人が何百ヘクタールという広大な農地を粗放的に経営する農業形態である。他方、アジア型農業とは、狭い土地を丹念に耕しながら（おおむね一ヘクタール以下）古くから多数の人口を養い文化的蓄積を重ねてきた農業形態である。その意味では、欧州型は中間に位置している。

新大陸型は、植民地的色彩と無限拡大が可能であるかのようなフロンティア的性格をそなえ、モノカルチャー（単一栽培）型で輸出商品生産という特徴をもつ。アジア型は、どちらかといえば自給的な側面を保持しており、多数の品目を複合栽培（土地の多面的利用）する性格をもっている。これはあくまで概況把握であり、アジアにおいても細かくはタイのようにコメのモノカルチャー・輸出志向の強い農業形態も含まれてはいる。

こうした区分けを前提に、時代状況的には、伝統アジア型からフロンティア拡大志向をもった新大陸型が、世界をリードする主役に浮上してきているのが現状である。アジア地域自体も、グローバル化の影響下でフロンティア型へと変質を迫られてきた。しかし、長期的かつ根源的な視点に立つと、再度、伝統的特性に立ち戻ったうえで時代の方向性を見定めていく視点が重要ではないかと思われる。

ここで農業形態の差違に関連して、とくに東アジア農業について、その特徴を興味深く述べた書物があるので紹介しておこう。明治時代にさかのぼるが、米国の土壌学者F・H・キングが中国、朝鮮、日本の農村と農業を視察して著した書物『東アジア四千年の永久農業』(5)がある。当時は、農業の近代化が西欧においていち早く進められ、広大な農地を粗放的に単一耕作して機械化が発展・普及しはじめる時代であったが、それはややもすると土壌を酷使して土壌劣化を招くなど非永続的性格をはらんでいた。

他方で、東アジア地域では、封建制のなごりを有した遅れた伝統的農業ではあったが、その農業形態はきわめて永続可能なシステムを保持していることに、キングは着目したのだった。題名に象徴されるように、たとえば中国には四〇〇〇年間も水田耕作を継続的に営んできた農地が存在していることへの驚きが示されており、反面で多くの古代（西欧）文明が過剰耕作などで砂漠化や耕地の劣化を招いて、永続的な耕作の維持が難しかったことの反省が含まれている。本書の復刻版を戦後アメリカで出版したのは、アメリカの有機農業の草分け的普及団体「ロデイル・プレス」であった。同じくインドについても、西欧諸国において有機農業の古典とされる『農業聖典』(6)という書物がある。

こうした例をみてわかるのは、環境と資源制約に直面しだした現代社会において、アジア型の伝統農法の特質が再評価されだしている動きが出ていることである。ただし、その動きはまだ小さい動きであり、主流は、あくまで新大陸型の大規模・粗放・モノカルチャー型農業であることをふまえての動きである。

過去を振り返れば、つい最近までは、それぞれの農業形態がそれなりの独自性を保持してある程度住み分けてきたのであったが、経済のグローバリゼーション（農業貿易の拡大）の流れのなかで相互浸透と市場競争による再編と組み込みが急速に進んだ。それは単一の経済価値評価だけで、競争力あるものが他を駆逐していく現象を世界的に引き起こしてきた。しかし、持続可能性という視点からこうした動きを見直すと、食と農のあり方に関しては、無限拡大志向ではない地域の視点からの問い直しが浮上しはじめているように思われる。

五　持続可能なアジアと日本

こうした問いかけの動きは、今日、「ファストフード」化に対抗して急速に広がりだしている「スローフード」運動などにおいても提起されている。すなわち、生産効率ばかりの議論ではなく、国土の保全、農業がもつ地域経済・コミュニティの下支え機能、食文化に象徴される風土・文化形成など社会的基盤形成の再評価が起きており、いわゆる地域社会のバランスのとれた維持・発展の重要性を喚起する多面的価値の議論とも相通じるものとなっている。

先に引用した世界の三つの農業類型のもう一つの極である欧州における農業政策の動向においても、フロンティア・拡大競争型とは一線を画した持続可能な地域社会の維持・保全という方向性が提起されだしていることに注目したい。すでに欧州では、条件不利地域や環境保全のために農家への直接支払い（所得補償）の政策をいち早く導入してきた。背景には、いわゆる文明の成熟化過程を経るなかで、福祉概念の発展や環境重視が大きくクローズアップされてきた経緯がある。とくに欧州統合過程においては、各国の地域社会の安定化のために、農業・農村の維持が重要な柱として位置づけられてきたのである。

現在、アジア地域は、中国、インド、アセアン諸国をはじめとして各国が経済発展過程を歩みながら相互連携を深めつつ巨大な経済成長力を胎動させつつある。欧州と比較した場合、地理的、歴史的、さらに経済発展過程においても大きく異なっている。とはいうものの、かつて日本が経験した急速な経済発展にともなう公害問題や過疎・過密の弊害などが、より大規模かつ深刻なかたちで起きつつある地域でもある。高齢化、環境問題、福祉政策も、待ったなしの課題としてアジア各国の目前に迫っている。独自性と特異性をもつ地域であることを前提にしつつ、日本の今後の推移がとくにアジア地域においてより大きな意味をもつ状況となりつつあると思われる。すなわち、持続可能な社会の形成に向けて、地域農業の振興、環境の保全、食文化の重要性を積極的に評価する試みを、生活レベルから再構築することの重要性がとりわけアジアであらためて認識されるときを迎えているのではないかと思われる。

六　ローカルの可能性をひらく――地域と世界が相互交流しあう視点

現在、持続可能な農業として広がりつつある有機農業は、とくにアジア地域では「緑の革命」の反省から近代農法を見直し、伝統的な農業技術を取り入れた試みとして普及してきた。しかし、他方では最近は、野菜類など日本の有機農家が従来栽培してきた産品も開発輸入の品目に入りだし、安価なアジア地域の有機農産物が日本の国内産物や農家にとって脅威となる時代を迎えはじめている。

自国内での流通や地域市場の発展を飛び越えて農産物を先進国へ輸出する結果、自国民には食料が行き渡らない問題（飢餓輸出）、また有機農業本来の多品種栽培が崩れてしまうといった問題、さらに安価な輸入農産物が先進国の農業を破壊するなど、有機農業においても従来型の矛盾が再現しだしているのである。その矛盾を解決する試みとして数年ほど前、途上国内にあるべき流通を確立する「オルタナティブ・マーケティング」の普及・教育プログラムが、日本有機農業研究会やＩＦＯＡＭ（国際有機農業運動連盟）ジャパン、ＩＦＯＡＭアジアのグループなどによって取り組まれたことは注目してよい。

日本はアジアのなかでも有機農業運動の歴史が長く、とくに産消提携、朝市、八百屋、宅配、共同購入、生協活動など、生産者と消費者との交流を特徴とする地域密着型のマーケティングを発展させてきた。アジアの有機農業団体から関係者を日本に招き、日本の生産者と消費者が取り組む「提携」や「地産地消」の活動を実地研修して、有機農業を地域自立や地域社会とコミュニティの活性化を図る手法としても学びとってもらうことが企画の趣旨であった。アジアにかぎらず、産消提携に代表される日本独特の運動展開に関しては、すでに世界の有機農業運動のなかではかなり知られるようになってきている。すでにアルファベットで「ＴＥＩＫＥＩ（提携）」という言葉も普及しだしている。

同様の事例として、日本の国際協力ＮＧＯの活動が、海外の農村・農業開発分野で有機農業運動を土台に展開しはじめている。そのなかでも興味深い事例にＪＶＣ（日本国際ボランティアセンター）タイによる地場の市場プロジェクトの取り組みや日・タイ農民交流プログラムがある。

タイ東北部（コンケーン県ポン郡）の村では、農薬や化学肥料を使用しない複合農業をはじめるとともに、村人自身による地場の市場づくりが広がりだしている。ＪＶＣタイ、イサーン農村開発ＮＧＯ連絡調整委員会（イサーンＮＧＯ－ＣＯＲＤ）、オルタナティブ農業ネットワークの三つのＮＧＯが共同で支援してはじまったプロジェクトである。朝市は、プロジェクトがはじまった二〇〇〇年当時、二地域四村だったものが、広域の村々にまで広がりだしている。この活動は、村落レベルから近くの町の中心部にまで展開して、有機野菜の朝市が開かれることで村と町を結ぶ地域展開もはじまっている。地域活性化により出稼ぎが減少するといった効果や、これまで排除されがちであった女性、子供、年寄りが朝市に参加することで、村の連帯感が育まれるとともに、いままで外部に依存して失ってきた地域文化、暮らしの知恵に気づき、それを取り戻すきっかけにもなっている(7)。

さらに興味深いのは、こうしたタイの有機農業運動と地場の市場グループが、JVCと日本の市民団体の招きで日本の朝市・直売所の活動や生ゴミの堆肥化グループを視察して、相互交流が生まれだしていることである。訪日の際は、生活協同組合、産消提携、朝市・直売所、有機農業や自然エネルギーの取り組み（埼玉県小川町）などを視察している。

まさに、グローバリゼーション時代の農業・農村が直面する課題について、ローカルな活動がグローバルな文脈のなかで意味をもつ時代となっている。持続可能な農業・農村・町・消費者のあり方は、南北間の隔たりを超えてより普遍的な共通課題（コモンアジェンダ）となりはじめているのである。

(1) ティム・ラング／マイケル・ヒースマン『フード・ウォーズ――食と健康の危機を乗り越える道』古沢広祐・佐久間智子訳、コモンズ、二〇〇九年。
(2) マリオン・スネル『フード・ポリティクス――肥満社会と食品産業』三宅真季子・鈴木眞理子訳、新曜社、二〇〇五年。

（3）ラジ・パテル『肥満と飢餓——世界フード・ビジネスの不幸のシステム』佐久間智子訳、作品社、二〇一〇年。

（4）クリストファー・フレイヴィン編『地球白書　2002‐2003』エコフォーラム21世紀日本語版監修、家の光協会、二〇〇二年。

（5）F・H・キング『東アジア四千年の永久農業——中国・朝鮮・日本』上下巻、杉本俊朗訳、久馬一剛・古沢広祐解説、農文協、二〇〇九年（『東亜四千年の農民』栗田書店、一九四四年の復刻版。原著はF. H. King, *Farmers of Forty Centuries, Or Parmanent Agriculture in China, Korea and Japan* で一九一一年に出版された）。

（6）アルバート・ハワード『農業聖典』保田茂・魚住道郎訳、コモンズ、二〇〇三年（Albert Howards. *An Agricultual Testament*, 1940）。

（7）松尾康範『イサーンの百姓たち——NGO東北タイ活動記』めこん、二〇〇四年。同地域には、筆者も学生を連れて二〇〇五年、現地調査実習に訪れている（http://kuin.jp/fur/index.html）。

コラム⑬
仮想水とリアルウォーター

農産物輸入は、土と水の輸入であるといわれることがある。土ではなく培地としてロックウールを使ったり、あるいは培地さえ使わずに養液のなかで育てたりする植物工場を除けば、ふつうの農業生産には土と水が必要である。農産物の輸出国は往々にして、環境に負荷をかけて無理な増産に走りがちであり、そのために土壌が流出するとか、地下水をくみ上げすぎて枯渇しかねないとかの問題に直面している。そのことは農産物輸出国自身の持続性を弱体化させかねない。つまり、海外の土と水に頼っている日本の食卓が、農産物輸出国の環境悪化の原因となっているのである。

このような議論を行うときに、感覚的にわかりやすいからだろうか、よく仮想水（バーチャルウォーター）という概念が利用される。だが、それはしばしば誤解にもとづいている。もともとの仮想水とは、イギリスのA・アランが提示した概念である。A・アランは、水資源が大変貴重な中東地域で無理をして農業生産をすると、国全体の水収支に大きな影響を与えると考えた。それよりもむしろ、水の豊富な地域で生産された食料、だから生産物単位当たりの水コストが安くつく食料を輸入するほうが合理的である。そうすれば、農業生産を止めることで不要になった水（仮想水）を民生や工業生産に転用することができる。その結果、水をめぐる紛争の危険性が軽減できるというのである。

以上のようなA・アランの提唱をふまえると、仮想水のポイントは次の三点に集約することができる。第一に水資源が逼迫していてそのシャドープライスが大きいこと、第二に農産物の輸入によってそれだけの量を国内で生産した場合に必要な灌漑水が不要になること、第三にこの不要になった水に対する需要の存在が前提されていること、の三点がそれである。

この第二のポイント、すなわち食料輸入国において該当する食料を生産するときに必要な水の量が仮想水なのである。それは、結局のところ食料を輸入することでどれだけ水を節約できたかを示す概念である。食料生産国（輸出国）で、消費された水の量ではない。

輸入農産物の生産国で使われた水の量はウォーターフットプリント（リアルウォーターと呼ぶこともある）と呼ばれる。一般に水の輸入というときには、このリアルウォーターのことを意味していることが多い。日本は食料輸入にともなって、年間六四〇億立方メートルの水を輸入しているという計測は後者のことであるが、仮想水の例として引用されることが多い。そして、このリアルウォーターが国内の灌漑用水量である年間五七〇億立方メートルを大きく上回っていると付け加えられるのも共通している。

その議論は厳密な意味でいうと、A・アランの仮想水とは異なっているが、輸入農産物の背後に大量の水（リアルウォーター）が隠されており、輸出国に負荷を与えていることを理論的に明らかにしたという意味で注目に値する。カリフォルニアの稲作に水を供給するオガララ帯水層の減少が深刻化している現在、安くカリフォルニア米が入ればいいという考え方に対して、資源枯渇の環境コストをどうするのかと問題提起できるからである。世界的な水資源へのインパクトという観点に引きつけると、仮想水よりはリアルウォーターのほうがより重要である。

仮想水論の問題は、輸出国のリアルウォーターが生み出す外部不経済を覆い隠してしまい、輸入国の仮想水と輸出国のリアルウォーターとのバランスを分析するという点にある。輸入国において、この収支バランスがマイナス（仮想水のほうがリアルウォーターよりも多いかコストが高い）であれば、水の収支的には輸入が正当化される。だからこの考えは、農産物貿易自由化の正当化理論としても利用されかねない。

さらに、水需給が逼迫していないところでは、食料輸入によって水を節約しても、需要がないのでそのまま捨てられてしまいかねない。こうした場合には、仮想水の計算は意味をなさない。しかも、水の豊富な輸入国で節約された仮想水を農産物の生産国に輸出しないかぎり、輸出国の水不足傾向に手を貸す（リアルウォーターの不足、環境悪化）ことになりかねない。

（池上甲一）

コラム⑭
日本の野菜品種と地方在来種

日本の野菜には、タキイ種苗の桃太郎トマトや千両二号ナス、向陽二号ニンジンのようなロングセラー品種が高い占有率を誇っている品目がある。サカタのタネのホウレンソウ・ブロッコリー・スウィートコーン、七宝のタマネギ、埼玉原種育成会のキュウリのように、多くの優良品種を手がける特定種苗会社の独壇場となっている品目もある。野菜種苗会社のなかには卸小売や花卉に特化したものが数多く含まれ、野菜の育種と採種に携わっている種苗会社は全国で一〇〇社前後と思われる（日本種苗協会の野菜種子部会は一一七社）。これら種苗会社は長年、多収性、安定性、耐病性、効率性、流通加工適性、良食味性、機能性などを高めるための品種改良に取り組んできた。日本の野菜は早い段階からハイブリッド化（F１化）が進み、多収性や耐病性、揃いの点で利便性が高いだけでなく、育種者の権利と経済利益も守られることから、現在では野菜のほとんどがF１品種である。そのため農家も園芸家も栽培ごとに種子を購入している。

他方、最近は京野菜や加賀野菜に代表されるように、地方野菜のブランド化による地域農業活性化が全国各地で取り組まれている。昭和以降に公的農業試験研究機関によって育成ないし改良されたものも含まれるが、地方伝統野菜の多くは、江戸時代から昭和初期（京野菜の場合は明治期以前の導入が伝統野菜認証の条件）にかけて各地の篤農家によって育成され、栽培農家や生産組合が自家採種・種苗交換を繰り返しながら維持してきた地方在来種である。商業的に成功している京野菜でも、みず菜や聖護院かぶのように生産が全国化しているもの、賀茂なすや万願寺とうがらしのように京都府の農業試験研究機関で系統保存と改良が施され京都府下で広く栽培されているものだけでなく、すぐき菜や辛味大根、鹿ヶ谷かぼちゃなど、京都市域の数少ない栽培農家が代々受け継いできた在来種の遺伝資源を現在でも他出させることなく厳格に管理しているものもある。

しかし、中山間地域を中心に細々と守られてきた他府県の伝統野菜の多くは、自家採種ゆえ、その土地と気候に適し、地方伝統食としての利用に向いた個性的な品種として高く評価される一方で、耐病性や栽培適性などの点で少なからず弱点を抱えているため、高齢化・後継者不足に悩む栽培農家・採種農家だけでは維持しきれなくなるのではないか、遺伝資源がやがて消失してしまうのではないかといった懸念も生まれている。大阪府（なにわ伝統野菜）や奈良県（大和伝統野菜）、長野県（信州伝統野菜）などすでに一部で取り組みがはじめられているが、地方自治体と公的試験研究機関を軸にしながら、その遺伝資源の特性と栽培ノウハウを熟知した農家、育種および採種技術を有する民間種苗会社、とくに地域農業に根付いた地方種苗会社、そして地方伝統野菜のブランド化・高付加価値化とその利用を進める地元商工会や消費者グループなどが連携しながら、地方在来種の保全と利活用を通じた地域農業活性化のさらなる発展が期待される。

（久野秀二）

11 結びつく医療・健康政策と食・農政策

池上甲一

あなたの腹囲は八四センチですと言われて、ほっとする男性、逆に、八六センチだったとがっくりする男性。いわゆるメタボ検診（特定健康診査・特定保健指導）のときにしばしばみられる光景である。男性の基準値とされた腹囲八五センチを超えると、内臓脂肪型肥満と判定されていわゆる「生活習慣病」をもっているか、その予備軍だとみなされる可能性があるからだ。まわりの人たちからは、自己管理ができていない人間だと白い眼でみられるかもしれない。自分では健康のつもりだが、定められている基準からすると病気のグループに含まれるのかという不安にも駆られる。

二〇〇三年には健康増進法という法律ができているし、その前から「健康日本21」という国の政策も推進されている。生活習慣病対策は、こうした健康政策のなかで一番重要なものだと位置づけられている。生活習慣病対策としては食事、運動、禁煙がしばしば強調される[1]。健康増進法でも基本方針として盛り込まれているし、健康日本21の数値目標にも食事や運動に関する数値目標が事細かに定められている。

ここに、医療↓健康・保健↓食という一連のつながりが形成される。このつながりは、日本では厚生行政の持ち分として考えられてきた。他方で、食の背景には、もちろんその生産側面としての農林水産業と食品産業、および流通産業が存在している。食料の生産・流通・加工・販売↓食というつながりである。このつながりは基本的に農業行政の管轄範囲として扱われてきた。とすると、同じ食に向かって厚生行政と農業行政が逆方向のベクトルで向かいあうことになる。この章では、逆方向のベクトルがどのように結びつくのかについてできるだけ広い視野から明らかにしたい。

一　健康という幻想――特定健康診査（メタボ検診）の背景にあるもの

WHOの健康概念

この節のタイトル「健康という幻想」は、ルネ・デュボスによる同名の著書[2]に倣っている。デュボスはこの著書のなかで、「人間が完全な健康と幸福を手中におさめられるという妄想[3]」をもつにいたった過程、すなわち古代から近代科学と医学技術の時代にかけて、人間が継続的に行ってきた「健康獲得」の過程を批判的に解明している。そのうえで、「健康と病気とは、単なる解剖学的、生理学的、心理学的属性では定められない。その本当の尺度は、自分自身とかれの属するグループに認められている形式で、活動できる個人の能力である[4]」との希望を表明し、「人間がいちばん望む種類の健康は、必ずしも身体的活力と健康感にあふれた状態ではないし、……各個人が自分のためにつくった目標に到達するのにいちばん適した状態である」[5]と定義する。

しかし、現代のわたしたちはデュボスの定義するような個人の能力としての健康ではなく、社会的に画一化された健康システムのなかにある。そこからいかに抜け出して、自分にふさわしい健康を手中におさめる権利を確保できるのだろうか。この問いを考えるために、この節ではまず近代的な「健康」概念の基礎だとみなされている世界保健機関（ＷＨＯ）の定義とその変化を整理し、次に現代日本の健康概念をよく示しているメタボ検診の論理構造と特徴を考察しよう。

健康の問題を検討する際には、必ずといっていいほど、一九四六年に署名された世界保健機関憲章[6]の前文に記されたＷＨＯの健康概念が参照される。それほどに影響力をもった考え方である。そこでは、「完全な肉体的、精神的及び社会的福祉の状態であり、単に疾病又は病弱の存在しないことではない(Health is a state of complete physical, mental and social well-being and not merely the absence of disease or infirmity)」[7]と記されている。ＷＨＯ憲章前文はさらに、「最高水準の健康に恵まれること（the highest attainable standard of health）は、あらゆる人々にとっての基本的人権のひとつで」、「健康を完全に達成する（the fullest attainment of health）ためには、医学、心理学や関連する学問の恩恵をすべての人々に広げることが不可欠」[8]との見解を披露している。

大変格調高い文章で高邁な目的を記しているように思えるだろう。ところが、この健康概念には多くの批判が寄せられた。とくに、“complete physical, mental and social well-being”の部分をめぐる理解が議論を集めた。「完全な」というような大変規範的な用語の問題性のほかに、「社会的」に「完全」であることを課する道筋を開く危険性が批判されたのである[9]。

一九八六年のヘルス・プロモーションに関するオタワ憲章では、これらの批判を意識したのか、その定義からは「完全」がなくなった。しかし、それは達成すべき目標として残された。このため、子どもの出生前診断や遺伝子診断などによって、親が（その実は社会が）望まない子どもを産まない選択をすることを正当化するとか、あるいは産まない選択を奨励するとかのように、生命の恣意的な操作が強化される危険性が大きくなった。換言すれば、「WHOにより強化された「健康」を「完全」と結びつける思考が「社会」の方向性を形成するのみならず、その「社会」の方向性が政策やその具体的施策へとつながっていく可能性が高まっている[10]」のである。

メタボ検診の政策意図と本質的な問題性

このような懸念は、弱まるどころかますます大きくなっているのではないだろうか。メタボ検診は、この問題を考えるのにふさわしい好例である。メタボ検診はよく知られているように、四〇～七四歳の成人を対象にメタボリックシンドローム（内臓脂肪症候群）の有無を検査し、その該当者と予備軍を選び出して、保健士や管理栄養士の保健指導を受けさせるというものである。メタボリックシンドロームは内臓脂肪型肥満に高血糖、高脂血症、高血圧などのいわゆる「生活習慣病」が複合している状態として定義されている。該当者は、心疾患や脳卒中のような循環器系の病気、あるいは糖尿病にかかるリスクが高くなるので、検査をして早期にそのリスクを取り除こうというわけである。

だから、検診の内容はこの章の冒頭で述べたように、内臓脂肪型肥満をみるための腹囲の測定と血圧・血液検査からなる。腹囲が基準値（男八五センチ、女九〇センチ）を上回る（必須条件）か、BMI[11]が二五以上の場合に、血圧、血糖、脂質（中性脂肪およびHDLコレステロール）、喫煙習慣のなかで基準を超える項目が二つ以上あるとメタボリックシンドロームと判断され、特定健康指導（積極的支援）の対象となる。これに該当しなくても、腹囲またはBMIに加えて、ほかの項目が一つあてはまるといわば予備軍として特定健康指導（動機付け支援）の対象となる。その眼目は、メタボリックシンドロームの原因が生活習慣、とりわけ脂質過多の食生活や運動不足にあると考えられているので、このような「不健康」な生活習慣をあらためさせることにある。

このように、メタボ検診の政策的意図を説明すると、素晴らしいことだと思うかもしれない。しかし実際には、メタボ検診に対してさまざまな批判や疑問が寄せられている。たとえば、腹囲をメタボリックシンドローム判定の必須条件とすることには科学的有効性がないという研究が数多く報告されている。実際、日本が依拠してきた国際糖尿病連合（IDF）もほかの機関と歩調をあわせ、アメリカコレステロール教育プログラム（NCEP）の基準に近づけて、腹囲、中性脂肪、HDLコレステロールなど五項目のうちで三項目が該当すればメタボリックシンドロームに該当するという国際統一基準を作成している。[12]

医学的な見地からの批判はこれくらいにとどめ、ここからはメタボ検診の論理にみられる本質的な問題を考えてみたい。最大の問題は「有病者」の創出とその社会的排除にある。メタボ検診が導入されたころ、しばしば「メタボ狩り」という表現がマスコミを賑わした。大変嫌な語感をもつ言葉だが、それはメタボ検診の本質を突いているかもしれない。メタボ検診は、医学的にも疑問の出されている腹囲基準によって「病気」を機械的に判定し、「有病者」をつくりだしている側面がある。しかも、食生活や運動という日常生活がその「病気」の原因なので、食生活のはしばしまで生活指導の対象に据えられてしまう。「有病者」は自己管理ができていないのだから、そうした指導を甘受しなければいけないのである。にもかかわらず、症状に改善がみられなければ、「自己責任」を果たせていないものとして社会的に白眼視されかねない。加えて、腹囲基準は単純で、外観上もたいへんわかりやすいので、それが社会的圧力、監視という役割を果たさないともかぎらない。

そうした危険性がわが身に降りかかるのを避けるために、人びとはライフスタイルの変更ではなく、健康食品に手を伸ばして、もっと手っ取り早くもっと効率的に腹囲を減らそうとしがちである。市場には、栄養機能食品、特定保健用食品、健康補助食品などの認定を受けた健康食品や、規制対象とはなっていないダイエット商品があふれている。誰しも健康には高い優先度を与えているし、メタボ狩りの対象になることも避けたいので、少々高額でも購入しようとする。しかしそれでも、つねに不安がつきまとうので、新しい商品に次々と飛びつく。この行動様式は、まさにＷＨＯの定義した「完全な健康」の追求とぴったり重なっている。

メタボ検診は、そうしたヘルシズム（健康主義）をかぎりなく助長する。人間はみんな、健康でありたいと願っている。しかし、健康とは何かと考えだすと際限がない。完全に肉体的、精神的、社会的に良好な状態といわれても、どのような状態が良好なのかあいまいである。だから、健康ではない状態を引き起こすもの、つまり健康リスクを減らす、できればなくしたいという志向に傾きがちとなる。「より健康な状態を目指そうとすると、異常の範囲がどんどん広がり……異常の細分化が進む[13]」。大きな汚れ（シミ）を消し去ると、次に小さなシミが気になり、それを消すともっと小さなシミが気にかかる。こうして、完全な健康は、砂漠の蜃気楼のようについに達することのできない目標に転化する。ここに、絶えざる健康不安が生み出され、健康不安をともなう健康社会というパラドックスが生まれるのである。

二　健康増進法の論理と健康の義務化

健康診断制度の変化

今も昔も毎年四月か五月になると、自治体では健康診断事業として住民検診が行われる。しかし、二〇〇七年度までと二〇〇八年度以降では大きな違いがある。二〇〇八年度からは、二〇〇二年に制定された健康増進法にもとづいて前の節で述べたメタボ検診が導入され、健康診断事業が組み直されたからである[14]。旧制度では身長体重測定や、尿検査、血圧、血液検査などとともに、ガン検診を同時に実施するところが多かったが、新制度では健康増進法による健康増進事業としてのメタボ検診とは別に実施される。腹囲の測定が必須の検査項目として追加されたことも大きな違いである。またメタボ検診は医療保険者ごとに受診するのが原則なので、企業の健保組合や共済組合の扶養家族は、保険者の指定する医療機関で受診することになり、旧制度のように国民保険の加入者と一緒に地元自治体の行う検診を受けることはできなくなった。

もっとも大きな違いは、医療保険者にメタボ検診の実施を義務づけ[15]、しかも目標値を達成できなかった場合にはペナルティーを課すことになった点にある。目標値としては、二〇二〇年度までに受診率六五%、保健指導実施率四五%、メタボリックシンドローム該当者・予備軍の一〇%減少が掲げられている。この目標に達しないと、後期高齢者医療制度の自己負担割合が最大一〇%アップすることになる。そこで、医療保険者は加入者や住民に対してメタボ検診の受診を強く訴えかけてきた。

しかし厚生労働省の発表によると、二〇〇九年度の実績は受診率が四〇・五%、保健指導の実施率が約一三%にとどまった[16]。このままだと、目標達成はかなり難しそうである。そうすると、医療保険者が財政悪化を避けるために、保険料を値上げしたりサービス内容を低下させたりすることになりかねない。そもそも、メタボ検診による健康診断制度の変更は、生活習慣病を抑制し、医療保険の国庫負担を減らすことを目的としていたはずである。それなのに、保険者の負担が増大して医療保険制度が崩れてしまいかねないという事態さえ生まれているのである。

より大きな問題は、メタボ検診への拘泥が医療・健康政策をゆがめている点にある。とりわけ、医療政策として重点をおくべき死因トップのガン対策の位置づけが相対的に低下している。ここで、死因別の死亡率を確認しておきたい。図1からわかるように、かつて死因がトップだった結核は大きく減少し、

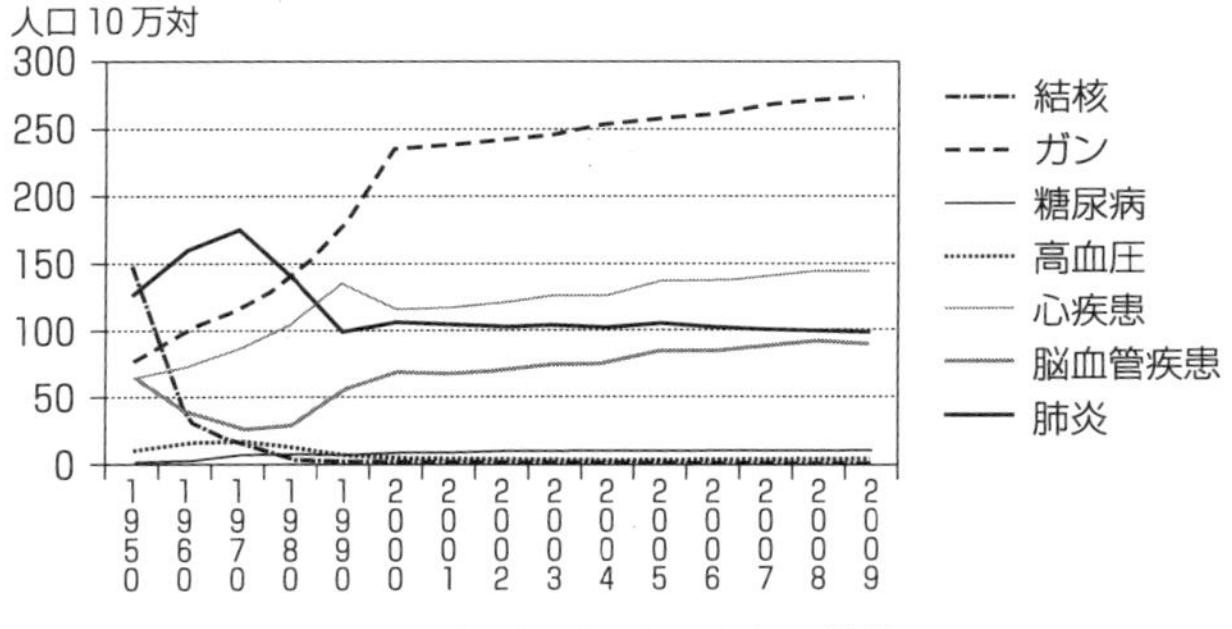

図1　主要死因別死亡率の推移

出所）厚生労働省『平成21年　人口動態統計』より作成。

かわりにガンが他を大きく引き離してトップに躍り出ている。その次にメタボ検診が目の敵にしている心疾患、脳血管疾患が続いている。ただし、脳血管疾患は横ばいから微減に転じているし、糖尿病による死亡率は人口一〇万人当たり一一人という低水準である。死にいたる病気を防ぐことが医療・健康政策の目標ならば、最大の焦点はガンにあることは明白である。だが実際には、メタボ検診は保険者に義務づける一方で、ガン検診は別建てになっている。なぜそれほどに、メタボ対策に重点をおくのだろうか。答えのヒントは健康増進法にある。

権利としての健康から義務としての健康へ――健康増進法の論理

健康が、食と並んで基本的生存権の一部をなすという考え方は、一九四八年の世界人権宣言にさかのぼることができる。同二五条は「すべて人は、衣食住、医療及び必要な社会的施設等により、自己及び家族の健康及び福祉に十分な生活水準を保持する権利並びに失業、疾病、心身障害、配偶者の死亡、老齢その他不可抗力による生活不能の場合は、保障を受ける権利を有する」[17] と高らかにうたった。問題点の多いWHOの健康概念も、誰でもが「完全な健康」を享受できるように社会制度の整備を求めるための権利の源泉として行使する場合には有力な手段になりえるだろう。

ところが、健康増進法の論理はこうした権利としての健康を義務としての健康に転換してしまう危険性を内包している。もとより、近代社会が健康政策や医療政策を通じて、人びとに健康制度を提供してきたのは、産業社会のなかで組織化された労働力として社会的役割を果たしうるように身体的・精神的な健康水準を一定に保つ必要があったからで[18]、人びとの生活向上が一義的な目標だったわけではない。しかしそれにしても、整備された上下水道や中毒を起こさない食品の販売などは人びとの厚生水準を高めるように作用したし、権利としての健康の要求に応えるものだったことは間違いない。こうした権利としての健康を、義務としての健康に換骨奪胎しているのが健康増進法である。

このことをもっともよく表しているのは、国や地方公共団体の責務（第三条）に先立つ第二条で「国民の責務」を規定している点である。同条では、「国民は、健康な生活習慣の重要性に対する関心と理解を深め、生涯にわたって、自らの健康状態を自覚するとともに、健康の増進に努めなければならない」と規定する。しかも、国や地上公共団体の責務は「健康の増進に関する正しい知識の普及」や、健康増進事業者（医療保険者など）に「必要な技術的援助を与えること」に限定されている。ここでポイントになっているのは「健康増進」という考え方である。

それでは、「健康増進」という発想はいつごろから生まれてきたのだろうか。日本的（あるいは東洋的な）発想では、健康は与えられたものであり、その維持に努めるべき（養生する）もので「増進」できるようなものではなかった。いわゆる「食育」の起源として言及される石塚左玄も食養生を主張していた[19]し、のちにマクロビオティックを広めることとなった二木《ふたき》謙三《けんぞう》や桜沢如一《ゆきかず》たちも自然食をベースとする食養生を追求した。こうした流れを考えると、健康増進という発想はかなり近代的な進歩主義に基礎をおいていると考えてよいだろう。

この起源を探ることは今後の課題であるが、現在の健康政策に引きつけると、健康増進という発想が広がっていくのは、「成人病」という概念が導入され、それが「生活習慣病」に収斂していく過程と重なりあっている。成人病は一九五七年に厚生省によってはじめて使われた。結核に代表される感染症対策にめどがつきはじめ、医療の主要な関心分野から後退していった時期である。「成人病は、原因を取り除けば治療や予防ができるものではない……さまざまな病気が成人病の範疇に入れられ……60年代〔一九六〇年代〕のはじめには、国民の死亡原因の6割を成人病が占め[20]」るにいたった。

そのため病気の早期発見と早期治療が重視されるようになったが、同時に健康の自己責任論が登場してきたことに注目したい。「これらの疾病〔成人病〕は慢性に経過する非感染性の疾患であって、疾病成立の危険因子は、個人の素質や生活様式の中にある。成人病の時代にあっては、……その予防の実践は公的な責任よりも、個人の責任の比重が極めて大きい[21]」。一九八六年にまとめられた厚生省の「高齢化に対応した新しい民間活力の振興に関する研究会」の報告書に記載されている一文である。

この発想をさらに推し進めたのが「生活習慣病」の発明である。この概念は一九九六年に登場した[22]。それは、食生活、運動、喫煙、飲酒などの生活習慣要因によって発症したり進行したりする疾患のことで、とりわけ心臓や脳血管などの循環器系疾患と代謝系疾患の糖尿病が生活習慣病の典型としてとらえられた。そして生活習慣そのものが病気と直結するというとらえ方は、二〇〇五年に提起されたメタボリックシンドロームと関連づけられて、人びとのあいだに急速に定着していく。

こうして、健康の位置づけは、個人の責任において増進させることができるものに転換し、自分の健康は自分で守るのが当然で、国はそのための手伝いをするだけだという現在の健康政策が確立されてきた。健康増進法によると、国は「健康増進基本方針」を定めることになっている（第七条）。この基本方針は二〇〇三年に作成され、さらに二〇〇七年に改正されているが、地方自治体の役割が強化された以外には大きな変更はない。どちらの基本方針も、一次予防（生活習慣の改善→健康増進→生活習慣病の予防）に重点を移し、「健康の実現は、元来、個人が主体的に取り組むべき課題」であるとか健康増進は「最終的には、国民一人一人の意識と行動の変容にかかっている」とかの立場を繰り返し表明している。「基本方針」がいみじくも示すように、健康は自己責任による国民の義務だとみなされる時代になったのである。[23]

三　食育で結びつく医療・健康政策と農業・食料政策

健康日本21と日本型食生活

健康の増進は国民の責務だということを十分自覚し、実際の日常生活に反映させなければいけない。

このために、国は「健康日本21」という国民健康づくり運動を二〇〇〇年から推進している。健康づくり対策の歴史は割合長く、第一次健康づくり対策は早くも一九七八年にスタートしている。この段階では健康診査の充実、市町村保健センターなどの整備、保健婦、栄養士などマンパワーの確保が三本柱だった。その一〇年後には、運動指針の作成など運動習慣の普及に重点をおく第二次健康づくり対策がはじまった。健康日本21は第三次の健康づくり対策として位置づけられ、その後の医療制度改革の一環として成立した健康増進法が健康日本21に法的根拠を与えた(24)。

健康日本21はしたがって、最初から国民運動という性格をもっていた。具体的な体制としては「健康日本21推進国民会議」が二〇〇〇年一二月から年一回開催されているほか、「全国連絡協議会」が二〇〇一年三月に結成され、二〇〇七年には一三〇の団体が加入しているという(25)。

健康日本21の特徴は、二〇一〇年を目標とする数値目標を分野ごとに設定していることにある。表1は、主要な分野についての目標と設定当時（一九九六～九九年）の現状値を整理したものである。分野としては栄養・食生活、身体活動・運動、休養・こころの健康づくり、タバコ、アルコール、歯の健康、糖尿病、循環器病、ガンの九領域が掲げられている。とくに、栄養・食生活や運動について事細かに目標数値が設定されている。栄養・食生活について表示していないものをあげてみると、食塩やカルシウム含有食品の摂取量、外食時の栄養成分表示を参考にする人の割合などにまで及んでいる。というのも、「栄養・食生活は、多くの生活習慣病との関連が深く、また、生活の質との関連も深い」（「健康日本21」の第三目標等について）からである。

表 1　健康日本 21 の主要な数値目標

項　目		現　状*	2010 年目標
栄養食生活	肥満者の割合（20～60 歳代男）	24.3%	15%以下
	肥満者の割合（40～60 歳代女）	25.2%	20%以下
	成人の野菜摂取量（1 日当たり）	292 g	350 g 以上
	体重コントロールの実践男性（15 歳以上）	62.6%	90%以上
	朝食の欠食割合（男性 20 歳代）	32.9%	15%以下
	食生活の改善意欲（成人男性）	55.6%	80%以上
運動	意識的に運動する男性	52.6%	63%以上
	日常生活の歩数（女性）	7,282 歩	8300 歩以上
	外出意欲のある高齢者（80 歳以上）	46.3%	56%以上
自殺者の減少		31,755 人	22,000 人以下
タバコ	喫煙による健康影響の知識（肺ガン）	84.5%	100%
	喫煙による健康影響の知識（心臓病）	40.5%	100%
	未成年者の喫煙（高校 3 年男）	40.5%	0%
	分煙の徹底（職場）	調査なし	100%
フッ化物歯面塗布をした幼児		39.6%	50%以上
糖尿病	糖尿病に関する健康診断受診者	4,573 万人	6,860 万人以上
	検診異常所見発見者の事後指導受診	66.7%	100%
	糖尿病有病者の減少	690 万人	1000 万人**
ガン	毎日、果物類の摂取	29.3%	60%以上
	ガン検診受診者（胃ガン）	1,401 万人	2,100 万人以上
	ガン検診受診者（子宮ガン）	1,241 万人	1,860 万人以上
	ガン検診受診者（乳ガン）	1,064 万人	1,600 万人以上

出所）　財団法人健康・体力づくり財団のホームページに掲載の「21 世紀における国民健康づくり運動（健康日本 21）」(http://www.kenkounippon21.gr.jp/kenkounippon21/about/intro/menu1_p1.html）より作成。

注 1）　*現状は項目によって異なっているが、おおよそ 1996～99 年の数値。

2）　**何も対策を取らない場合の糖尿病有病者数は 1080 万人と推計されている。

栄養・食生活分野では、その目標を達成するために「食生活指針」を二〇〇〇年に閣議決定した。これは、文部省、厚生省、農水省が共同で作成したものである。その内容は、「食事を楽しみましょう」、「主食、主菜、副菜を基本に食事のバランスを」、「ご飯などの穀類をしっかりと」、「野菜・果物、牛乳・乳製品、豆類、魚なども組み合わせて」、「適正体重を知り、日々の活動に見合った食事量を」、「食文化や地域の産物を活かし、ときには新しい料理も」といった呼びかけである。ここには明記されていないけれども、いわゆる日本型食生活を想起させる内容が指針となっている。また文部省、厚生省、農水省の共同所管という方式など、後述する食育基本法の枠組みの原型を読み取ることができる。そこには、厚生行政が医療→検診→予防→リスク除去→保健・栄養指導というように本来的な業務からその発生源をさかのぼっていき、ついには食にまで踏み込むことになった過程が示されている。

基本法農政の行き詰まりと「日本型食生活」への注目

一九七七年に、アメリカ上院栄養問題特別委員会は大部のレポート（通称マクガバン報告）を公表した。この報告はよく知られているように、日本の食生活を高く評価している。一九六〇年代のアメリカでは多額の医療費にもかかわらずガンや心臓病などの疾患が増加しており、それが財政負担も含めて社会問題化していた。同報告は、その原因として脂質や糖分を過剰摂取し、逆にミネラルとビタミンが不足がちになっているアメリカの食生活にその原因を求め、対照的な食生活として日本のそれを高く評価したのである。

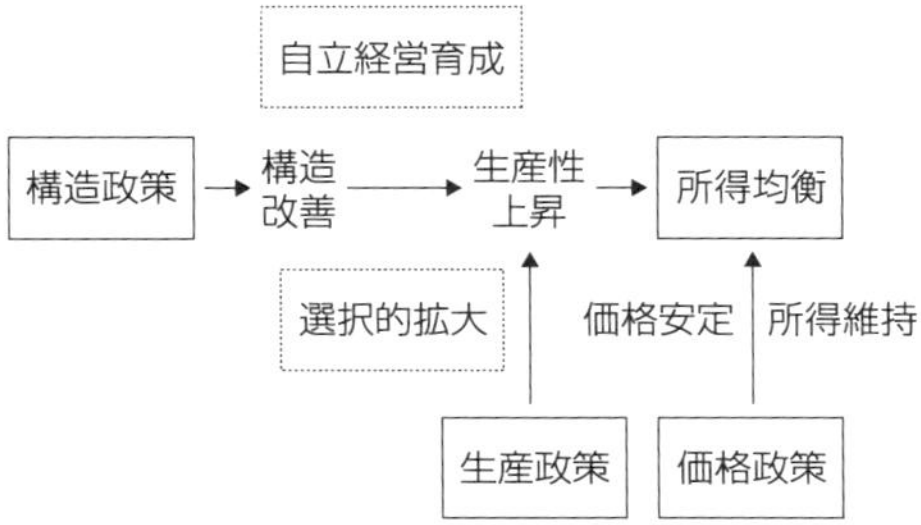

図2　基本法農政の基本的な枠組み

出所）　筆者作成。

この考え方にいち早く注目したのは農水省で、マクガバン報告が公表されてからわずか二年後の『農業白書』（一九七九年度）に日本型食生活という言葉を登場させた。そこでは、当時の日本の食生活が健康的な国民生活の実現に貢献していると高らかにうたいあげている。しかし医療・保健行政は、そのころすでに「成人病」対策の効果をあげるには食生活を含む生活様式を変えなければいけないと主張していた。一方では日本の食生活を健康の源と評価し、他方ではそこに成人病要因をみていたのである。日本型食生活論は、その出発点においてこうした齟齬をはらみながらスタートしたといってよい。

農水省が日本型食生活論に飛びついたのは、一九六一年以降推し進めてきた農業基本法にもとづく農業政策（基本法農政）が行き詰まり、その突破口を求めていたからである。基本法農政の政策枠組みはおおよそ図2のように整理することができる。日本の農業が発展できないのは狭い農地が分散して入り混じっている零細分散錯圃《さくほ》という構造問題に原因があるという理解に立って、まずは構造政策を基盤に据え、規模拡大（構造改善）によって生産性を上げ、その結果として農工間の所得均衡を果たすという、いわば構造政策の王道に沿った政策理念である。しかし、すべての作物を対象にするわけにはいかないので、高度経済成長の過程で需要が増えるとみられる酪農・畜産や果樹などに政策資源を集中させ（選択的拡大）、その部門を中心として競争力のある自立経営を育成する。選択的拡大と自立経営の育成を、政策手段の二本柱に据えて、構造政策を行おうとした。だが自立経営は伸び悩み、生産が拡大した部門は過剰に悩むようになった。

結局、基本法農政が描いた構造政策路線では所得均衡が達成できず、実際には兼業化と価格支持政策に依存せざるをえないという状況に追いやられた。それが一九七〇年代後半の状況だった。そこに、降ってわいたようなマクガバン報告の高評価が現れたのである。一九七九年度の『農業白書』だけでなく、同年に出された農政審議会報告「八〇年代農政の基本方向」もその路線を踏襲し、タンパク質、脂質、炭水化物の摂取比率（ＰＦＣ比率）がそれぞれほぼ適正比率[26]と等しくなっている日本型食生活を維持することが農政の課題であるとした。ここに、農業政策と食料政策とを結びつける誘因が生じる。しかし、それが農業政策の領域で一定の力を得るにはいま少し時間が必要だった。

というのは、一九八〇年代に入ると、日米構造協議や「前川レポート」をはじめとして農産物輸入自由化圧力が急激に高まってきたからである。加えて、一九八六年にはＧＡＴＴのウルグアイ・ラウンドで農業交渉がはじまった。こうした国際環境の劇的な変化、とりわけ国際競争の波に、日本農業は直接向きあわないといけなくなった。いわば、国際化に対応する農政の本格化である。その口火を切ったのは一九九二年のいわゆる「新農政」である。新農政は価格政策を放棄し、農業の経営体に焦点をあわせた、産業としての自立を目指す構造政策の推進と、そうした方向にはなじみにくい中山間地域に対してはシビルミニマムを確保するための農村地域政策の二つを柱に据えた。ウルグアイ・ラウンド合意後の農業対策は実質的には公共事業として実施された。こうした政策枠組みのもとでは、食料政策という視点は希薄にならざるをえない。

食料政策が、農業政策の前面に登場するのは一九九七年から食料・農業・農村基本法をめぐる議論がはじまって以降のことである(27)。その議論を経て、同法は一九九九年に成立した。農業基本法が農業のための基本法であったのに対して、食料・農業・農村基本法は「国民生活の安定向上及び国民経済の健全な発展を図ることを目的とする」国民全体の基本法だという位置づけである。その基本的な枠組みは図3に示すように、食料の安定供給、農業の多面的機能の発揮、農村の振興という三つの領域目標を通じて、農業の持続的な発展を図るという構成になっている。いわば、農業政策の枠のなかにはじめて明示的に食と環境と地域を取り込もうとしているのである。

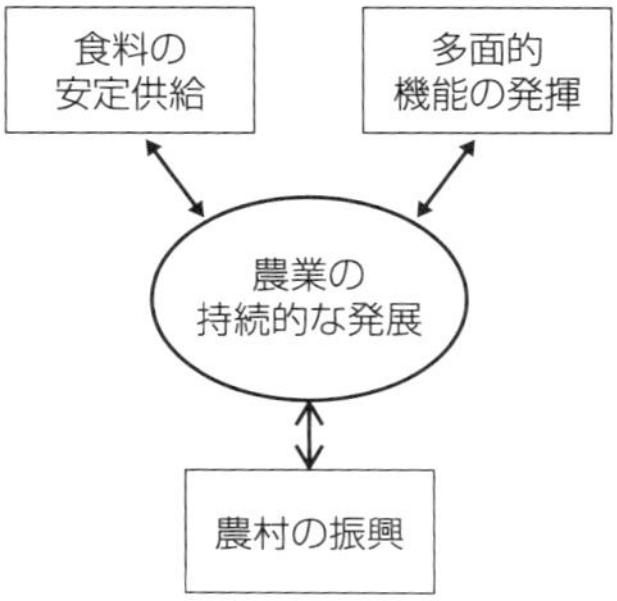

図3　食料・農業・農村基本法の基本的枠組み

出所）農林水産省パンフレットより簡略化。

ただし、食料政策の基本は食料の安定供給にあり、食料安全保障政策が中心におかれている。だから、食料自給率の向上が眼目になっている。とはいえ、消費者重視の立場も打ち出しており、旧来の生産側にあった軸足を動かそうという意図も見受けられる。その一環として、すでに述べた食生活指針が打ち出された。だが実際のところ、この指針はほとんど消費者に浸透しなかった。だから農水省だけでなく、厚生省にしても文部省にしてもそれを打開する手段が必要とされていた。それが、「食育」という皮袋だったのである。

基本法食育の登場と健康増進法との類似性

二〇〇五年四月に、食育基本法が成立した。筆者はこの基本法の考え方に依拠する「食育」を基本法食育と呼んでいる。食育基本法の政策的意図、経緯、基本法食育の問題性についてはすでに論じたことがあるので[28]、ここでは健康にかかわる領域を中心に基本法食育の限界を要約的に述べるにとどめよう。

食育基本法第二条は、「食育は、食に関する適切な判断力を養い、生涯にわたって健全な食生活を実現することにより、国民の心身の健康の増進と豊かな人間形成に資することを旨として、行われなければならない」と規定している。「心身の健康の増進」が健康増進法の目的と共通性をもっている。ただ、食育基本法はそれに加えて「豊かな人間の形成」までを対象としている。

共食のように、食べることが人間関係、社会関係（つながり）を創り出す可能性はおおいにあるが、個人レベルの人間形成にまで影響するかどうかは判断の分かれるところだろう。それはさておくとしても、食育基本法の意図する人間像が不明なまま人間形成に資するといわれると不気味な印象を感じてしまう。そもそも基本法食育には、その実践者にとって望ましいように、わたしたちの食のあり方を一つの鋳型にはめ込もうとする傾向があるからだ。鋳型の一つがあいまいな内容をもつ日本型食生活であり、それとは逆のファーストフードや食の洋風化は無批判的に生活習慣病の根源だと決めつけられる。

政策手段としてみたときに、生活習慣病対策としても「人間形成教育」としても、健康増進法と食育基本法に空疎さを感じざるをえないのは、それが言葉だけの世界で構成されており、具体的な食の場がみえていないからである。食べること、つまり生きることは、正しさや健全さだけで決まるものではなく、もっと猥雑で生々しいものだ。けっして「正しさ」に集約されるものではない。

たとえば、子どもを養うために夜遅くまで必死に働かざるをえない母親・父親が朝食の用意に手を抜いたとして、それを生活習慣病対策や基本法食育の「正しさ」から非難できるはずがない。大事なことは、そうした個々の「生きていくうえでの事情」を了解し、子育て途中の母親・父親が深夜まで働かざるをえないような社会のあり方がおかしいことに気づくことだろう。こうした気づきは、あらかじめ了解された「正しさ」や「健全さ」からは生まれてこない。むしろ、人間臭い社会の猥雑さゆえにみえてくる不条理の自覚が変革の力を生み出すように思う。

四　健康観をみずからの手に取り戻す

現代の日本社会は健康追求社会であり、それゆえに健康不安が蔓延している。健康増進法や健康日本21という国民運動、あるいは医療・健康政策と食・農政策が結びついている「食育」国民運動は、それが盛んになればなるほどますます健康不安を醸成していくというパラドックスを拡大再生産する。それはWHO流の「完全な健康」あるいは「社会的に良い状態であること」という健康観の反映である。こうした健康観のもとでは、一点のシミも汚れも許されず、真っ白な無菌状態の世界が追求すべき目標となる。

そうした世界に住むことは、人間にとってはたして幸せだろうか。おそらく、非常に息苦しく、生きづらい世界になるだろう。そうした世界ではもちろん、健康でないことは許されない。健康でないもの、健康でないと疑われるものは、隔離されるか排除されるかしかない。このような論理には、優生思想との共通性が見受けられる。

しかし「完全に健康」な状態にないと、人間はほんとうに幸せになれないのだろうか。あるいは逆に、「不健康な状態」にあることを自覚していても、人間は健康と感じることができないのだろうか。この点で、大井玄の「「健康」についての一考察――疾病とQOL」[29]という論考はたいへん示唆的である。大井は、カガワ・シンガーの「健康の再定義――がんとの共生」という論文を参照して、ガンを自覚している患者でも健康と感じている事例を紹介し、さらにそれを手掛かりにして「「健康である」という実存感覚の分析や社会的責任・貢献とも連関させて、疾病の存在が相対化・主観化されていることを示した。

無菌状態の世界を目指す健康観と、大井の議論とを重ねあわせてみれば、問題の所在がはっきりする。すなわち、前者においては健康だけが目的であり、そこでどのように生きるのか、健康な状態のもとで何をするのかが語られない。それに対して大井の世界では、肉体的・精神的な障害があっても、きちんと社会のなかに居場所があり、暮らしを組み立てていける社会システムや制度が存在していれば人間は健康だと認識できる。

このことは、生活習慣病対策あるいは基本法食育にも当てはまる。つまり、食生活を変えていくのは、まさに自分自身が何かをするためなのである。嗜好と財布に相談しながらではあるが、メタボ検診流の健康観とそこから生み出される食生活改善の誘導に従うのではなく、主体的に判断することが重要だろう。みずから何をしたいのか、そのためにどのような食生活と健康のあり方が必要なのかを、みずからの論理と暮らしに引きつけて考えることが、まずは健康システムの社会化というくびきから逃れる第一歩である。

(1) 健康日本21推進全国連絡協議会が主催した第一一回全国大会(二〇一〇年、愛媛)のテーマは食事、運動、禁煙による生活習慣病予防だった。
(2) ルネ・デュボス『健康という幻想――医学の生物学的変化』田多井吉之介訳、紀伊國屋書店、一九七七年。原著は一九五九年刊行。
(3) 同、二頁。
(4) 同、一九五頁。
(5) 同、二〇八-二〇九頁。
(6) 発効は一九四八年である。日本では一九五一年に公布されている。
(7) 厚生労働省ホームページ。「昭和二六年官報」に掲載された訳(http://www1.mhlw.go.jp/houdou/1103/h0319-1_6.html 二〇一一年一月二八日アクセス)。この訳では well-being を福祉と訳しているが、それは誤訳で、「良好な状態」(よくあること)が文意に沿った訳である。
(8) 日本WHO協会ホームページ(http://www.japan-who.or.jp/commodity/kensyo.html)二〇一一年一月二八日アク

セス。
(9) 根村直美「WHOの〈健康〉概念に関する哲学的考察」、原ひろ子・根村直美編『健康とジェンダー』明石書店、二〇〇〇年。
(10) 同、二八頁。
(11) BMIとはBody Mass Index（体重指数）のことで、（体重（kg）÷身長（m）÷身長（m））によって算出される。有病率が低いとされるBMI二二の体重を理想体重として痩せすぎ、肥満を便宜的に判断するのに使われることが多い。
(12) 『毎日新聞』二〇〇八年八月二〇日。Yahoo! Japan ニュース（http://www.big-c.or.jp/~makichan/080820metabo.pdf 二〇一一年二月二日アクセス）。
(13) 上杉正幸「からだへの不安」、飯島裕一編『健康不安社会を生きる』〈岩波新書〉、岩波書店、二〇〇九年、八頁。
(14) 厳密には、二〇〇六年度から老人保健法にもとづく健康診断が廃止され、介護予防検診（対象六五歳以上）が導入されている。
(15) メタボ検診を実施しないと、国からの助成が停止されてしまう。
(16) 産経ニュースのホームページ（http://sankei.jp.msn.com/life/news/110209/bdy11020908140000-n1.htm 二〇一一年二月九日アクセス）。
(17) 外務省ホームページの「世界人権宣言」（仮訳文）による（http://www.mofa.go.jp/mofaj/gaiko/udhr/1b_002.html 二〇一一年一月二五日アクセス）。well-being を福祉と訳すのは間違いだという指摘もある。なぜなら、近代社会において措定されている社会的役割に適合していることを良い状態と理解する意図を隠してしまうからだ。
(18) 上杉正幸『健康不安の社会学――健康社会のパラドックス』世界思想社、二〇〇〇年、五〇 - 五四頁。
(19) 石塚左玄『通俗食物養生法――一名・化學的食養體心論』博文館、一八九八年。なお同書の現代語訳が農山漁村文化協会の健康双書から刊行されている（丸山博解題・橋本政憲訳『食医石塚左玄の食べもの健康法』一九八二年）。

(20) 佐藤純一「「病気」の作られ方、「健康」の作られ方」、塩澤雄二『ここまで壊れた日本の食卓』マイクロマガジン社、二〇〇七年、五〇頁。〔 〕内は引用者による補足(以下同)。
(21) 日野秀逸『健康と医療の思想――健康の自己責任論をこえて』労働旬報社、一九八六年、一五頁。強調は引用者による。
(22) 佐藤、前掲論文、五〇‐五一頁。
(23) 健康は義務だ、という宣言はナチス・ドイツにおいて典型的に展開したという歴史的事実は何度強調されてもよい。ロバート・N・プロテクター『健康帝国ナチス』宮崎尊訳、草思社、二〇〇三年を参照してほしい。また健康増進法二五条で受動喫煙の防止が規定されたが、タバコを「民族の脅威」とみなし、本格的なタバコ撲滅運動を展開したのもナチス・ドイツであった。
(24) このパラグラフの記述は、(財)健康・体力づくり事業財団のホームページ(http://www.kenkounippon21.gr.jp/kenkounippon21/katsudo/kokuminkaigi/04/pdf/zosinho.pdf#search=‘国民健康づくり対策’ 二〇一一年一月二〇日アクセス)、にもとづいている。
(25) 厚生科学審議会地域保健健康増進栄養部会「「健康日本21」中間評価報告書」二〇〇七年四月、三頁。
(26) タンパク質一三%、脂質二七%、炭水化物六〇%が適正比率とされている。
(27) 総理府に「食料・農業・農村基本問題調査会」が設置され、食料、農業、農村という三つの部会ごとに議論が行われた。この間の経緯については、本間正義『現代日本農業の政策過程』慶應義塾大学出版会、二〇一〇年などを参照。
(28) 池上甲一・岩崎正弥・原山浩介・藤原辰史『食の共同体――動員から連帯へ』ナカニシヤ出版、二〇〇八年。
(29) 大井 玄「「健康」についての一考察――疾病とQOL」、原ひろ子・根村直美編『健康とジェンダー』明石書店、二〇〇〇年。

コラム⑮
食農教育と体験学習

二〇〇二年学習指導要領に示された「新しい学力観」や「ゆとり教育」は、その当否はおくとしても、明治以降の日本の教育における第三の画期であるという認識を広げた。こうした大きな変動のなかで出されたのが二〇〇五年の食育基本法施行であり、学校や企業、社会の現場で広がった食育、食農教育などの取り組みである。

ところで法律は「食育」なのに、なぜこのコラムでは「食農と」「農」の文字を入れることにこだわるのか。その理由は、ルソー以来の世界の教育学にしても、江戸期からの日本の教育思想のなかにも、「農」をベースにおく姿勢が強いと考えられるからだ。そして「食育」は食べることを中心としているので、それだけでは既存の栄養学や関連の生活科学などから大きく展開しがたいという懸念もあるので、あえて「農」を入れたいと思う。つまり「食」と「農」は密接なつながりがあるとしても、その母体にある学問としての栄養学などと農学とはそれぞれ独立した学問領域をもっているし、それらを結びつける役割を担うであろう新たな学問としては、ことに児童・生徒・学生のみならず、広く消費者まで含む教育対象を念頭においていることから、明確に双方から接近し、新たな領域を形成する必要があると考えられるので、積極的に「食農」教育という言葉にこだわりたいのだ。

さて「食」や「農」がもっているものとして、それらは主に生き物が対象となり、生活に密着した身のまわりの環境など人間生活の基本要素へのはたらきかけと、それらからの反応を軸とした体験学習の重要な題材になりうると考えられる。体験のない知識が、言葉だけで実感をともなわない「記号」としてバラバラに存在しやすいことがすでに各方面で指摘されている。これらを個々人のそれまでの知識や経験の蓄積のうえに統合化する作用が、食農教育を素材とする体験学習の大きな教育効果といえる。さらにこれを学校で展開することで、先輩たちや大人たちの姿をみて、低学年あるいは年少者が「やってみたい」という憧れを抱く可能性もある。

それは学習のもっとも基本的な動機である「学びたい」という欲求につながっていくだろう。

現在筆者は勤務する大学で「食農教育論」という講義を担当している。このなかでいくつかの体験学習の事例を取り上げ、各自にその教育的意義を考えさせて討論する機会を設けている。すでにそうした活動に積極的にかかわっているごく少数の学生もいるが、多くの学生にとってははじめて見聞する取り組みであることが多い。討論のあとの感想をみると、これまでに圧倒的多数を占めたのは「面白そう」、「やってみたい」というものや、「小さいうちから知っていれば、参加したかった」というものである。たとえそうした取り組みは学校外のものであっても、学校がそれらと連携する、あるいは教師たち、親たちもそうした情報を子どもたちに提供する、すなわち子どもたちの背中をちょっと押してやることができるのではないだろうか。もちろん実現にはさまざまな障害があるのは想像に難くないが、少なくとも四年間で七〇〇名あまりの学生のうち、大多数がそれを望んでいるのである。同時に教師にとっても、「何でも一人で被る」メンタリティからの脱出と社会性の復権、何より外の食農教育の取り組みから学ぶ絶好の機会になると思うのだが、いかがであろうか。つまり食農教育は、あらゆる方面から非常に大きな期待をかけられ、同時に重要性を内包したものであり、栄養学と農学を結びつけるだけでなく、生産者と消費者の関係、さらに学校と学校外など、多くの関係者をつなぐ架け橋にもなりうるものと期待している。

（稲泉博己）

コラム⑯
農地は誰が耕すのか

企業が農業を営むこと、たとえば居酒屋のワタミが農業に参入するといった動きは、新鮮さをもって受け止められている。これは、農業は農家によって営まれるものであるという一般的なイメージを変えるものであることによる。もっとも、こうした流れは単なるイメージの問題にとどまらない。制度的には、戦後の農地改革以来の農地をめぐる政策が大きく変わろうとしていることの表れでもある。

一九四七年、日本では農地改革が着手された。それまで、日本の農地の半分近くは、地主から小作人が土地を借りて農業をする小作地であったが、そのほとんどを、政府が安く買い上げ、小作人に売り渡した。これにより、戦後、日本の農業は主としてみずから土地を所有する自作農によって営まれることとなり、小作地は激減した。そして一九五二年には、この自作農を中心とする農業を恒久化し、再び地主‐小作関係に戻ってしまうことを防ぐ目的で農地法が制定された。

この農地法は、農地は実際に耕作する者が所有するべきだという「農地耕作者主義」を基軸に据えており、農地の貸し借りについて厳しい制限が加えられた。具体的には、地主が農地を小作人に貸すにしても面積が制限されたほか、地主は貸している土地を小作人以外に勝手に売ることができない、地主が簡単に農地の賃貸契約を解約できない、小作料（農地の賃貸料）の統制、といった内容をもっていた。その厳しさゆえに、地主は土地を貸すことをためらうようになり、農地の貸借が行われにくくなった。

さらにこの法律では、農地の所有者は、農家世帯を代表する個人にかぎられるとされ、企業などの法人は所有主体にはなれない仕組みになっていた。また、所有できる農地面積にも制限が加えられていた。こうしたことから、農地は規模の小さな農家に分散されて所有されることが定着した。

このような農地法のあり方に対して、農業の合理化を阻害しているとの指摘が出るようになり、一九六〇年代以降、農地所有や貸借に関する制限を緩和する方向で、何回かの法改正が行われた。一九六二年の改正では、農地の所有主体として農業生産法人が加えられた。その際、組織形態は、農業協同組合法のもとで組織される農事組合法人や、有限会社・合資会社・合名会社のいずれかとされた。さらに一九七〇年には所有面積の制限廃止や小作料統制の廃止などといった大幅な規制の緩和がなされた。ただこうした法改正も、個人・法人を問わず、農業への新規参入をすぐに促進するほどの効果はもたず、一般的には地域内での農地の売買や貸借にとどまっていた。

ところが二一世紀になって、農地をめぐる政策は大きく変わりはじめ、また冒頭で述べた企業の参入といった変化が目立ってくるようになった。

二〇〇〇年の農地法改正で、一定の条件を満たした株式会社が、農業生産法人として農地を所有することが可能になった。それまで株式会社は、株主が変わることによって経営方針も大きく変わりうることから、農業生産法人にふさわしくないと考えられてきたが、ここでは株式の譲渡制限などの条件を満たしていれば農地を所有することができることとされた。そして二〇〇九年の農地法改正により、農地の適正利用、地域社会との適切な役割分担、役員のうち一人が常時農業に従事することなどの条件を満たせば、農業生産法人ではない一般の法人（株式会社やNPO法人を含む）が農地を借用することができるようになった（ただし所有は農業生産法人以外は不可）。さらに、それまでは個人による農地の借用は、常時農業に従事する者にかぎられていたが、この改正により、法人と同様の条件（個人なので役員の規定はない）で、誰でも農地を借りることができるようになった。

このように、農地の所有や借用は次第に開かれていく傾向にあり、とりわけ二一世紀になってからは、株式会社の参入など大きな変化が起こっている。こうした流れは、農地利用の効率化とそれによる生産性の向上や競争力の強化を視野に入れた議論において、肯定的に受け止められることが多いとはいえ、いくつかの新たな課題をもたらしている。

企業の農業への参入を推進すべきであるとする立場からは、依然として株式会社などの農地所有に対する制限が厳しいことが問題とされる。農業生産法人は、売り上げの過半が農業によるものでなければならない。例にあげたワタミの農業への参入も、正確には「ワタミファーム」という関連会社によるものであり、居酒屋などで大きな売り上げがあるワタミ本体は農地を所有できる農業生産法人になることができない。また農産物加工業など関連事業者が農業生産法人に出資する場合は、議決権が制限されている。こうした制限は、農業への参入を促進するためにさらに緩和される必要があるとの議論がある。

ただ、そもそも農業に参入しようとする企業が、農地取得を強く望んでいるわけではないという現実もある。リスクの高い農地の取得よりも、むしろ借地による営農を指向する傾向が強く、その意味ではさらなる企業による農地取得への規制の緩和を唱える議論は、いささか的外れな部分もある。しかも、農業に新規参入しようとする個人による農地取得のハードルは依然として高く、常時農業に従事する者にかぎられており、はじめから兼業で農業をはじめることは想定されていない。ここには、生産性ということに過剰に傾斜するなかで生じている、法人と個人の農地取得をめぐる議論のアンバランスさがある。

また、これとは少し違った角度から、大きな資本をもつ法人が農地を取得ないしは借用できることに潜む問題も考えておかねばならない。高度経済成長期以来、農地の商業用地や宅地などへの転用（売却）が各地でみられた。農家は売却で得られる利益を見越して農地を有効活用しないまま財産として保有しているのだとする批判が、しばしばある。これは農家の行動のごく一面を全体に敷衍したものにすぎないのだが、そうした問題は法人による農地所有にもつねに潜在しており、資本力の違いをふまえるとその影響は個別の農家よりも大きなものとなる。

さらにいえば、農地法では農地の取得・借用をめぐり、外資の参入を排除していない。これは、日本での農業生産が国際競争上、コスト面

美しい農村の風景も変化にさらされている

で不利であるとの暗黙の前提ゆえの見過ごしであると考えられるが、移民受け入れなどにかかわる政策のいかんによっては、外資の参入が現実味を帯びる可能性もある。そうなると、ランド・ラッシュとも呼ばれる世界的な農地争奪の波に日本の農地が呑み込まれる可能性もある。その意味で、農業と企業のかかわりがもつ問題性は、必ずしも国内的な話にとどまらない。

そして、農地法をめぐる議論のなかで看過されがちなのは、将来にわたって農地を良好な状態で維持・管理していくビジョンであろう。農地は、交換可能な単なる生産手段の一つとしてしまえるほど、簡単なものではない。農地をとりまく生態環境や地域社会との連関のなかでみいだされるべき持続性のある農地運用の方策が、企業の参入という目新しさにすり替えられる傾向が強いことが、今日の農地をめぐる議論のもっとも大きな問題であるといえる。

（原山浩介）

12. 農業を支える労働と土地

原山浩介

一　身近にみえるようになった農業

二〇〇九年ごろから、マスメディアは一種の農業ブームを迎えている。このブームがなぜ起こったのか、いまの段階で確かなことはわからない。一ついえるのは、このブームが、農業に対してそれまで抱かれてきたイメージが少しずつ変わりはじめているということを、少なからず反映しているということである。

農家や農村とは縁遠い人びとが、農業を身近に意識するようになるようなきっかけは、二一世紀になるころから増えてきた。たとえば、日本テレビのバラエティー番組「ザ！鉄腕！ＤＡＳＨ」の企画である「ＤＡＳＨ村」にみられるようなポピュラーカルチャーのなかへの農業の登場、居酒屋を経営するワタミが「ワタミファーム」の経営をはじめたことなどは、それまで農業に付着していたあるイメージ、すなわち農業とは農家に生まれた子弟が家業を継ぐかたちで取り組むものだという観念を、少しずつ揺るがすものである。

数字をみると、新規就農者の数は、一九九〇年代以降、全体として増加傾向にある。とくに四〇歳以上の年齢層でその傾向がいちじるしく、背景にはこの時期に「田舎暮らし」がブームになったことや、また団塊の世代が仕事をリタイアするころに農業をはじめるといった流れがあるものと考えられる。

他方で、三九歳以下の若年・青年層も、全体としては目立たないものの、増加傾向にある。「DASH村」や「ワタミ」の影響は、むしろこちらに表れやすいだろう。なかでも注目すべき数字は、新規雇用就農者、すなわち農業法人などに就職するかたちで農業に従事するようになった人たちの増加である。調査がはじまった二〇〇七年からの三年間でみると、非農家出身者の就職が、毎年約六〇〇〇人から七〇〇〇人のあいだで推移している。このうちどれくらいの人たちが農業労働者として定着しているかはわからないとはいえ、この数字はけっして少なくはない。過去にさかのぼってのデータがないのが残念だが、これは二〇世紀には考えにくかった傾向である。

一方で、行政の側も、農業に就く人たちが多様化することを念頭におきつつ、二〇〇七年度に、「農業再チャレンジ推進事業」をスタートさせた。「再チャレンジ」というキャッチフレーズは、二〇〇六年に当時の安倍晋三内閣のもとで編み出されたもので、このころ流行した、若者を「勝ち組」と「負け組」に二分するかのような発想を前に、一度「失敗」したとしてもそれですべてが終わりではない、ということを強調しようとしたものである。二〇〇六年度版の『食料・農業・農村白書』では、「フリーターの就業意識調査によると、4割のフリーターが農業研修に興味を持って」いることが指摘され[1]、「再チャレンジ」層の農業への参入が期待されている。

もっとも、「再チャレンジ」は、一過性の政治的なキャッチフレーズにすぎなかった。この事業の内容も、就農を考えている人たちへの情報提供や、子どもを含む広範な世代への研修・教育、そして農業への参入支援と、全体として従前からあった施策の焼き直しが目立った。

ただ、長いあいだ、農業に就こうとする若者が減少するなかで、農業労働力の問題は、「農業の担い手問題」と称されることが多かった。そこでは、農業に就くことを考えるさまざまな属性の人びとのことを想定するよりも先に、「日本の農業」を守るべきであるという目的が先に立ち、だからこそ、その「担い手」を探さねばならないとの論理が一般的だった。

この論理は、一九九〇年代には、農家の子弟ではない若者が農業に参入しようとする動きが、「Iターン」という言葉によって注目されはじめるなかで、少しずつ崩れはじめてはいた。しかし二一世紀になって、定職をもたない若者をめぐり、「ニート・フリーター対策」と称される対応が検討されていくなかで、これと「農業の担い手問題」を合流させるかたちで農業が論じられたことの画期性には注目しておいてよい。つまり、農業が多様な人びとの就業先として、国の政策のレベルで俎上に上るという事態は、少なくとも二〇世紀には想定しにくかった。

こうした、多様な人びとが農業に就くことがイメージされるようになる変化をもって、いまや農業は、農家に生まれた子弟たちだけのものではなく、より多くの人びとに開かれているとみることもできる。こう書くと、二一世紀の農業の「明るさ」が少しみえてくる。

しかし、これは単に「明るい」だけの話ではない。実は、農業というものをとりまく、もっと根深い変化を象徴する動きでもある。以下では、そうした変化がどのようなものなのかを垣間見ていくことにしよう。

二　戦後日本における農業

土地と労働力の戦後

戦後の経済改革の一つとして実施された農地改革により、農地の所有をめぐる地主－小作関係は解消され、日本の農業は自作農を中心に担われることになった。これによりひとまずは、農村社会を覆っていた封建制が、土地所有の面から解体に向かった。

ただ、土地所有については、これとは逆のベクトルをもつ論点、すなわち農村における農業従事者数の過剰が問題となっていく。ここで問題になるのは、各々の農家の経営面積の狭隘と、これによる生産性の伸び悩みである。これは、経済成長が進展するなかで、「農工間所得格差」、つまり農業と他産業のあいだの所得格差というかたちで露呈する。したがって、理想的には、新たな農地の造成による経営面積の増大や、一部の農家への農地の集約を通じた、農業経営の大規模化が求められる。

これら二つのベクトルは、土地所有の民主化と、農業の生産性の向上という、それぞれ異なる目的と論理をもっていた。もっとも、自作農を中心とする戦後農業という体制はすでに一つの前提となっており、政策の論理としては、農村の過剰人口の解消が、食料の増産とともに求められ続けていくことになる。

農地の面では、農地の開発や改良が、農業構造改善事業の一環として、政策として取り組まれ続けていった。これは、人口よりも、むしろ食料の増産とのかかわりのなかで語られることが多い。

その象徴的な存在は、一九六七年に入植がはじまった秋田県の八郎潟干拓地であろう。八郎潟は、そもそもは琵琶湖に次ぐ日本第二位の面積をもつ湖だったが、その八割近くが水田用地として干拓された。ここは、大規模水田単作という日本の農業近代化のモデルと考えられ、入植農家は五～一〇ヘクタールという、平均的な稲作農家の数倍の面積の水田を手にした。

もっとも、こうしたケースは構造改善事業の全体からみるとごくわずかであり、一般的には灌漑設備の改善や圃場《ほじょう》整備など、小規模な事業が多かった。いずれにせよ、大小さまざまな事業が展開されたのは間違いない。

そうした、農地や生産基盤にかかわる対応とは別に、ヒトに対して行われた施策もあった。そのなかには、他産業への転職の促進や、海外への移民の送出が含まれていた。

前者の他産業への転職の促進には、日本各地で展開された土木事業のなかで吸収される労働力のほか、工場などの企業誘致、小規模な弱電工場の設置などがあった。今日でも、農村など地方の経済を語るうえで、公共事業や製造業の誘致が欠くことのできない要素になる背景には、単に現金収入が得にくいということもさることながら、戦後の地方経済をめぐるこうした歴史的経緯がある。

移民の送出は、すでに戦前から推進されており、とりわけ中南米への移民は戦時期の中断を挟んで戦後になっても行われ続けた。移民として中南米などに渡った人びとは、必ずしも農家ばかりではなかったものの、農林水産行政において移民の送出は政策課題の一つであり続けた。『農業白書』をたどっていくと、一九七二年度版まで、構造改善の章段で「海外農業移住」が言及され続け、その後は農村政策に関わる章段で一九九三年度版まで記述が残る。

時代の転換

ところが、『農業白書』に移民への言及が残り続けているにもかかわらず、全体状況としていえば、農村をめぐるキーワードは、人口の過剰ではなく、むしろその反対の「過疎」へと移り変わっていた。

一九六七年に示された「経済社会発展計画」においてすでに過疎化への言及がなされ、一九六九年の第二次全国総合開発計画では農村部の「過疎」と都市部の「過密」の解消が重要な課題として位置づけられた。さらに一九七〇年には、最初の「過疎法」(正式名称は「過疎地域対策緊急措置法」)が制定された。この「過疎法」は、一〇年の時限立法で、法律の期限切れのたびに新たな「過疎法」が制定され続けている。

一九七二年七月に内閣総理大臣に就任した田中角榮が唱えた「列島改造」は、まさしくこの過疎と過密の解消をうたうものだった。田中が総理大臣に就任する直前に出版した『日本列島改造論』では、「すべてが大都市をめざして集まるという過度集中の流れを思い切って転換し、開発の重点を地方に移していかなければならない」とし、「都市改造と地方開発を同時にすすめて、過密と過疎の同時解消をはかり、高能率でバランスのとれた国土をつくりあげる(2)」ことをうたいあげている。

日本中に高速道路や新幹線を張り巡らし、本州と四国の間に三つの橋をかけようという動きは、この「列島改造」論のなかで本格化した。このほかにも、ダム建設や港湾整備などを全国で展開するなど、言葉通りの「列島改造」が構想された。大都市を中心に進展した高度経済成長への反省から、農村の過疎化や地方の経済発展の遅れをにらみつつ、開発の仕切り直しをしようとの意志が示された。

この構想は、一九七三年の石油ショックで勢いをそがれたものの、多くの大規模公共事業のスタート地点であったのは間違いなく、それらのなかには今日になってムダなものとして批判されるものも少なくない。しかしそうした評価はさておくとして、「列島改造ブーム」といわれるまでにもてはやされたこの動きの背景にあった、農村の過疎化と大都市の過密がどのようにもたらされたのかをここで考え直してみる必要がある。

農村からの人の流出は、先にみたような、農村の過剰人口対策によるというよりも、むしろ若年層の都会への就職による部分が大きかった。戦後の復興期から高度経済成長期にかけての、地方から東京など大都市への「集団就職」は、この動きを象徴するものである。一九五四年から七五年にかけては、「集団就職専用列車」が運転されるほどに、多くの若者が都会へと向かっていった。一九五〇年代から六〇年代にかけては、都会で中小企業に就職する若者、それもとりわけ中卒の若者たちは「金の卵」と呼ばれて重宝された。経済成長のなかで、それだけ多くの労働力が、大都市部で必要とされていた証左である。

これは裏を返すと、地方、とりわけ農村部には現金収入を得られる仕事が少なかったということでもある。農業の機械化が進むなかで、現金収入を必要とする農家が増え、他方で都会では慢性的な労働力不足が起こるなかで、高度経済成長期を中心に、農閑期の都会への「出稼ぎ」がしばしばみられた。つまり、都市部の労働力不足は、幅広い農村出身者・在住者により埋められたことになる。先に示した「列島改造」の議論のなかでも、一年間を通じて家族が共に暮すことがかなわない「出かせぎの悲劇」をなくすことがうたわれていた。

さて、この一連の流れをみたときに、日本における「過疎化」の構造がみえてくるだろう。「過疎化」とは、単なる人口の減少ではない。地域から若者が減り、高齢化が進む。村に残っている働き盛りの世代のなかにも、現金収入を求めて農閑期に都会に出て行く者が出てくる。この結果、農村ではますます働き口が少なくなるばかりか、公共サービスや商店など生活上不可欠の生活基盤の維持が困難になることが危惧されはじめる。

なお、一九七〇年を挟んだ時期には、日本の農業はもう一つの転換点を迎えていた。「経済社会発展計画」で過疎化が言及されたのと同じ一九六七年、コメの供給量が需要量を上回るコメ余りが発生したのである。終戦前後の深刻な食料不足を経験して以来、日本の農業政策は食料の増産にいそしんできたのだが、ここに来て、その前提となるコメの不足が崩れたことになる。

過疎対策、そして村おこし

一九七〇年代を迎え、農業政策はいくつかの前提を失った。ここでみたところでいえば、それは農村における過剰人口の解消と、食料増産の二つということになる。これはしかし、食料生産が十分に確保できるようになったとか、農村の人口バランスが適切な水準になったということを意味していない。日本の食生活は、戦後になって大きく変貌を遂げた。コメを中心とした食生活から、パンや麺類などの「粉食」の比重が高いものへと変わったほか、食肉の消費量が増えるなどの変化がみられた。アメリカ政府は第二次世界大戦後、余剰小麦のはけ口を探しており、日本はそのターゲットの一つとなった。それゆえ、当初は援助がらみで小麦が流入したほか、アメリカ側からの援助で日本各地を「キッチンカー」が走り、小麦を使った食事を普及させていった。さらにいえば、「コメを食べるとバカになる」といった俗説がまことしやかにささやかれもした。このほか、家畜の飼料も次第に輸入への依存を高めていった。

また、農村の人口バランスについていえば、全体の趨勢としては農家の数は思惑通りに減少しなかった。若者の都市への流出はあったものの、多くの農家は農地を手放すのではなく、むしろ他の職業とかけもちをする兼業化を進め、農地改革で取得した自作地を守った。もっとも、農家が農業だけに特化するのではなく、さまざまな仕事をしながら生きていくというあり方は、日本においてはさほど新しいものではなく、古くからあった形態ではあった(3)。

このような変化のなかで、一九七〇年代以降は農村の人口減少にどのように歯止めをかけるのかが課題となる。そして同時に、農村になにがしかの意味で活力をよみがえらせるべく、政府の旗振りもあって、「村おこし」や「地域活性化」が各地で取り組まれていく。そして若者が減った農村において、将来にわたって誰が農業を営むのかが課題となり、ここに本章の冒頭で述べた「担い手の確保」という論点が出てきたわけである。

食料の増産と農村の過剰人口の解消を目指した一九七〇年ころまでが、戦後の日本農業の第一段階とすれば、七〇年代から九〇年代は、新たな局面に立たされた第二段階ということになる。

この第二段階について、ここで詳細に立ち入る余裕はないが、大筋では、地域的にも労働力の面でも、日本の農業が解体に向かうのではないかとの緊張感のなかにおかれ、収束点を探そうと模索を続けた時期だったといえる。つまり、それまでは想定してこなかったような農村人口の変容が顕在化するなかで、自作農を中心とした農業を営む農家が、日本の農村を構成し、食料生産を担うというある意味では素朴な原点をどのように取り戻すかが焦点であったといえる。

この過程では、もちろん農地の集約による生産性の向上も模索されており、「意欲ある生産者」の経営規模の拡大をどのように図るのかということが重要な政策課題の一つとなり続けていた。ただこのときには、農村の過剰人口の解消ではなく、そうした方向に動こうとする「担い手の確保」や、農業を将来にわたって継続することが想定できない農家の農地をどのように運用するのかという、以前とは異なった切実さをともなっていた。

三　労働と土地の再編成？

農業ブームと農業バッシング

農業をめぐって議論が沸騰するときには、しばしば農業の現状に対する批判をともなう。典型的には、一九八〇年代後半からのバブル経済期と、そして近年のマスメディアなどにおける「農業ブーム」のなかでのバッシングに象徴される。

一九八〇年代後半から九〇年代のはじめにかけては、農業をめぐりさまざまな議論が展開された時期である。このころ、ＧＡＴＴウルグアイラウンド交渉において農産物の輸入自由化が要求されており、他方で「村おこし」や「地域活性化」が一つのブームになるなど、農業・農村が話題になりやすい時期でもあった。

この時期の農業へのバッシングは、バブル景気とのちに名付けられた空前の好景気を背景にしたものだった。しばしば、他産業に比して農業の生産性が低いことが問題にされ、しばしば「国際分業」論、簡単にいえば、優秀な日本の工業品などを輸出して外貨を稼いで農産物は輸入すればよいといった議論が展開された。

また、とりわけ東京などの大都市では、庶民がマイホームをもつことが不可能になるほどに地価が暴騰していたため、都市部の農地を宅地に転用せよとの要求もあった。一般的に農業は、高額な固定資産税をまかなえるほどの高収益を望めるものではないため、農地への課税は低く抑えられていたが、このことへの批判が起こり、農地への宅地並み課税を求める動きが起こり、実際に、課税の優遇を受けられる基準が厳しくなった。

一見すると、これと似た議論が、二一世紀になってからも増えている。景気のうえでは後退傾向にあるなかで、都市の農地や固定資産税にかかわる議論があまりみられないかわりに、農業の生産性の低さを問題にする論調が増えている。

典型的なのは、『日経ビジネス』二〇〇九年五月四日付の特集「儲かる農業」における農業の生産性に対する批判である。特集のなかのあるページでは、「「産業化」には程遠い……」との見出しで、日本の農業とパナソニックの比較がなされている。すなわち、農業の年間の生産高八兆一九一七億円に対し、約二七四万人の労働がある。一方でパナソニックは、九兆六八九億円の売上高を約三一万人で成し遂げている(4)。

この比較は、農業の生産性の低さを印象づけるレトリックとしては理解できるものの、この比較そのものに大きな意味があるとはいえない。残念ながら、ないしは当然のことながら、農業がパナソニックと同等に、収益面での生産性を高めることは、まず不可能である。これは、土地と労働に大きく依存する農業というものの本来の性格を考えれば、ごく当たり前の話にすぎない。

ただ、それに加えて、この算定のマジックを考えてみなければならない。

そもそも、農業の生産高とパナソニックの売上高を比較することの是非も考えねばならないだろう。工業製品などは付加価値を高めた状態で出荷することができ、その分、売り上げも上がるが、農業に関していえば、たとえばコメの生産高はコメそのものを売った売り上げにすぎず、コンビニで売られているオニギリの付加価値は算入されていない。

同時に、パナソニックなどの製造業において、そもそも従業員数とは何か、という問題がある。すべての下請け・外注業者がこのなかに入っているわけではない。また、生産の一部を低賃金の海外で行うということが製造業においては可能であるが、農業に関しては、ふつうに考えれば不可能である。

産業化を求められる農業

しかしながら、こうした問題点にもかかわらず、この記事の深いところには、今日の日本の農業をめぐって、土地や労働をとりまく諸状況が折り込まれている。最後にこの点について考えてみたい。

二一世紀における農業への批判には、バブル期のそれと決定的に異なる点がいくつかある。その一つとして、工業をはじめとする他の産業の好調を背景にした農業への批判、という図式にはなっていない点がある。つまりバブル期には、他の産業が好調なのを背景に、日本に農業は不要であるかのような論調がみられた。また、土地の面で、いわば農地が邪魔であるとする議論もあった。しかしながら近年の議論は、先に引用した『日経ビジネス』の「儲かる農業」という特集テーマからもわかるように、農業が日本において必要であるということを前提としつつ、どのように「産業化」を図るのかという筋書きになっている。

実は、先に指摘したパナソニックと農業の比較の問題性は、いまの農業をとりまく状況変化、とりわけ土地と労働をめぐる変容とかかわっており、その意味では、「問題」ではなく、「現実」の一端を示していると考えることもできる。この変容とは、日本の農業は、日本国内で日本人の手によって行われる、ということの自明性の揺らぎとして、わたしたちの周囲に現れはじめている。

外国人「労働者」の雇用

その一つに、外国人実習生・技能研修生の受け入れがある。この制度は、外国人に対して日本で技能や知識を身につけさせ、母国でそれらを活用してもらおうという趣旨のものである。もっとも現実には、短期雇用の低賃金労働者として外国人を雇用するものとして機能している面がある。地域によっては、農繁期に大学生などアルバイトを雇用していたものを、通年の外国人研修生・技能実習生に切り替える動きもある。

こうした流れの背景には、労働力として低コストであることのほかに、農業分野でアルバイトをしようとする学生が減少しているという事情もある。つまり雇用する側にとってみれば、低賃金で豊富な労働力として、外国人研修生・技能実習生を受け入れているということになる。

この制度によって外国人が日本で研修・実習を受けることのできる期間は三年である。その意味では、日本にやって来る側にとっては、きわめて限定的な滞在しか許されず、雇う側にとっても継続性のない仕組みということになる。

ただ、この制度の延長線上で想定できるのは、外国人労働者を低賃金で雇用することに依存する構造が確立される、すなわち単純労働を担う移民労働者の恒常的な受け入れを行うという展開である。アメリカでは、農繁期の労働を低賃金で雇用できる移民に依存しており、なかでも不法滞在の移民労働者をめぐってはその賃金の安さゆえに「重宝」がられるといった状況がある。さらにいえば、アメリカの有機農業の現場において、移民労働に依存しているという指摘もある。

日本において、とりわけ農業分野においてこうしたことが現実のものになるかどうかは未知数だが、すでに政治家や財界には、移民の受け入れを求める動きや発言がある。二〇〇八年には、自民党の「外国人材交流推進議員連盟」が、五〇年間で一〇〇〇万人の外国人労働者の受け入れを含む、移民受け入れに関する提言を行った。これは、将来の人口減少を見据えたとき、労働力としての外国からの移民が不可欠になるとの認識のうえでまとめられたものである。また二〇一〇年一一月九日付の『読売新聞』において、経団連会長の「日本に忠誠を誓う外国からの移住者をどんどん奨励すべきだ」との見解が報じられた。こちらも将来の労働力不足、そして消費人口の不足を念頭においてのものである。

最近になって激しく議論が交わされているＴＰＰ（環太平洋戦略的経済連携協定）も、こうした議論と無縁ではない。日本において、とりわけ農業をめぐっては、ＴＰＰの締結による関税の撤廃により、農業が壊滅的な打撃を受けることに注目が集まっている。この観点から締結に反対する立場もあり、これに対しある政治家が「ＧＤＰの一・五％にすぎない農業を守るために九八・五％が犠牲になろうとしている」という趣旨の発言をして物議を醸したこともある。しかしそうした議論において看過されているのは、このＴＰＰが、商品のみならず、労働力の移動をも自由化する内容をもっていることである。ＴＰＰをめぐる議論の行く末は未知数ではあるが、移民の受け入れが進む要素は、国内外に埋め込まれている。

移民労働者をめぐっては、移民の受容／排除をめぐるせめぎ合いが起こる。一方では、経済面での移民への労働力依存の深化や、移民労働者の人権擁護といった論理から、移民を受け入れるべきとの論調がある。しかしその一方で、移民が雇用の場を奪うことへの危機感や、排外的なナショナリズムの台頭により、移民への門戸を閉ざしたり、不法滞在に対する厳しい処罰を求める議論が起こる。

二〇一〇年四月にアメリカのアリゾナ州で制定された移民法は、警察官が不法滞在の移民であるとの疑いをもてば、それだけで捜査を行い、外国人登録書類をもっていなければ逮捕も可能となるような内容をもつものだった。この法律そのものは、のちに連邦地方裁判所で同法のかなりの部分が差し止められた。こうした、移民が内在化した社会における人種主義にもとづいた人権侵害といった事態は、アリゾナのみならず、さまざまな国や地域で、かたちを変えて表出しはじめている。

これまでのところ、先進国のなかでもとりわけ日本は、外国人の就労が難しい社会であった。この制度的な閉鎖性は、不法労働者の存在とあわせて、どちらかというと人権問題とかかわってしばしば指摘されてきた。ところがここに来て、むしろ産業の論理のなかから、外国人への門戸開放を求める議論が起こるという転換が起こりつつある。もちろんそうした議論に対しては、排外的な発想からくる拒否感もしばしば示される。農業という産業分野は、そうした転換の、一つの先端をなしている。

ランドラッシュの衝撃

他方、土地にかかわっては、「ランドラッシュ」と呼ばれる、外国での農地獲得をめぐる動きが注目を集めている。この問題は、二〇一〇年二月一一日の「NHK特集」で放映されたことで、広く知られるようになった。この番組のなかでは、とくに韓国・中国・インドといった国々の政府や企業が、外国に食料生産基地をつくるべく動きはじめていることを報じている。そのありさまは、さながら植民地争奪戦のように映り、こうした動きに日本の政府や企業が「乗り遅れている」というべきなのか、あるいはそもそもこの動きの妥当性を問うべきなのか、という素朴な戸惑いを抱かせる。

もっとも、外国の農家や農場と契約を結び、安定的な農産物の供給を図ろうとする動きそのものは、けっして珍しいものではない。日本の商社などが、たとえばアメリカの農家とのあいだで日本向けの遺伝子組換えでない大豆の作付けに関する契約を結んだり、中国などの農場と野菜の生産にかかわる契約を結ぶといったことはすでに行われている。

ただ、そうした従来からある動きと「ランドラッシュ」と呼ばれる現象との決定的な違いは、相手方との契約の恒常性であろう。つまり、商取引の一環として契約を結ぶ（それゆえ契約が更新されなかったり解除されたりするリスクをともなう）ことと、いわば外国の農地を囲い込もうとする国家的な動きは、似て非なるものである。しかも後者の性格をもつ契約のなかには、「九九年」といった非常に長い期間を設定しようとするものもあり、これはそれぞれの国や地域の経済成長の速度などにかんがみたとき、商取引として想定可能な期間をはるかに超えるものである。

ひるがえって日本の食料自給率の議論を考えてみると、これは明らかに、日本の食料を日本国内でまかなうためにはどうすべきかを探ろうとするものである。検討が進んでいる農家への戸別所得補償制度もまた、農産物価格の下落が続くなかで農業の継続を可能にする条件をつくろうとするもので、国内の農業生産の維持を目指した一つの方法であるといえる。

二一世紀の日本農業は、グローバリゼーションの展開のなかで、それまで想定してこなかったようなかたちでの農地の位置づけと、そして戦後から連綿と続く、日本の農業を守ろうとする発想の交錯のなかにある。

四　農業が開かれることの意味

本章の最初で、農業に関するイメージの変容に触れた。農家の子弟のみならず、多くの人びとに農業の現場が開かれていこうとする二一世紀の日本の傾向は、一面では明るさをもってわたしたちの目に映る。

しかし他方で考えておかねばならないのは、自作農を中心とする農業という地点から少しずつ解き放たれていくとして、その行く先に何が待ちかまえているのかということである。ここで示した、ランドラッシュや外国人労働者の積極的な受け入れといった論点は、いささか極端に映るかもしれない。しかしながら、日本の人口の減少、その一方での世界的な人口の増大と生活水準の向上による食料需給の逼迫、さらにはグローバリゼーションの展開といったことを連動させて考えるとき、土地と労働のいずれもが、これまで想定してきた農業像とはまったく異なる展開を遂げる可能性がある。しかもそれらは、わたしたちの日常の生活世界をも大きく変えてしまうことにもなる。

こうしたことをめぐり、では、どのような処方箋があるのか、どういった筋道で考えていくべきなのかということについて、先行きがみえきらないなかで模範解答を示すことは、非常に難しい。むしろここでは、次の二つの論点を示すにとどめたい。

第一に、農業をめぐる土地と労働に関して、どこまでの深度で具体的な変容が起こっていくかはともかく、その編成原理が大きく動こうとする兆候のなかで、それぞれの農業の現場に即してわたしたちは何を考えるべきなのか、という点がある。

農業の法人化やそこでの雇用が新たに生まれるなかで、先に示した『日経ビジネス』の特集テーマ、「儲かる農業」というスローガンと親和性のある経営形態が確実に生まれはじめている。しかし忘れてはならないのは、わたしたちの日常の食の多くの部分を担っているのは、必ずしも「儲かる」と公言できるわけではないような、小規模な農家である。図1からもわかるように、稲作農家の大規模化が進みつつあるとはいえ、依然として四割以上のコメを、けっして大規模とはいえない一・五ヘクタール未満の農家が担っている。はたしてこの構造がこれからどう変わるのか、労働力と土地にかかわる国際的な

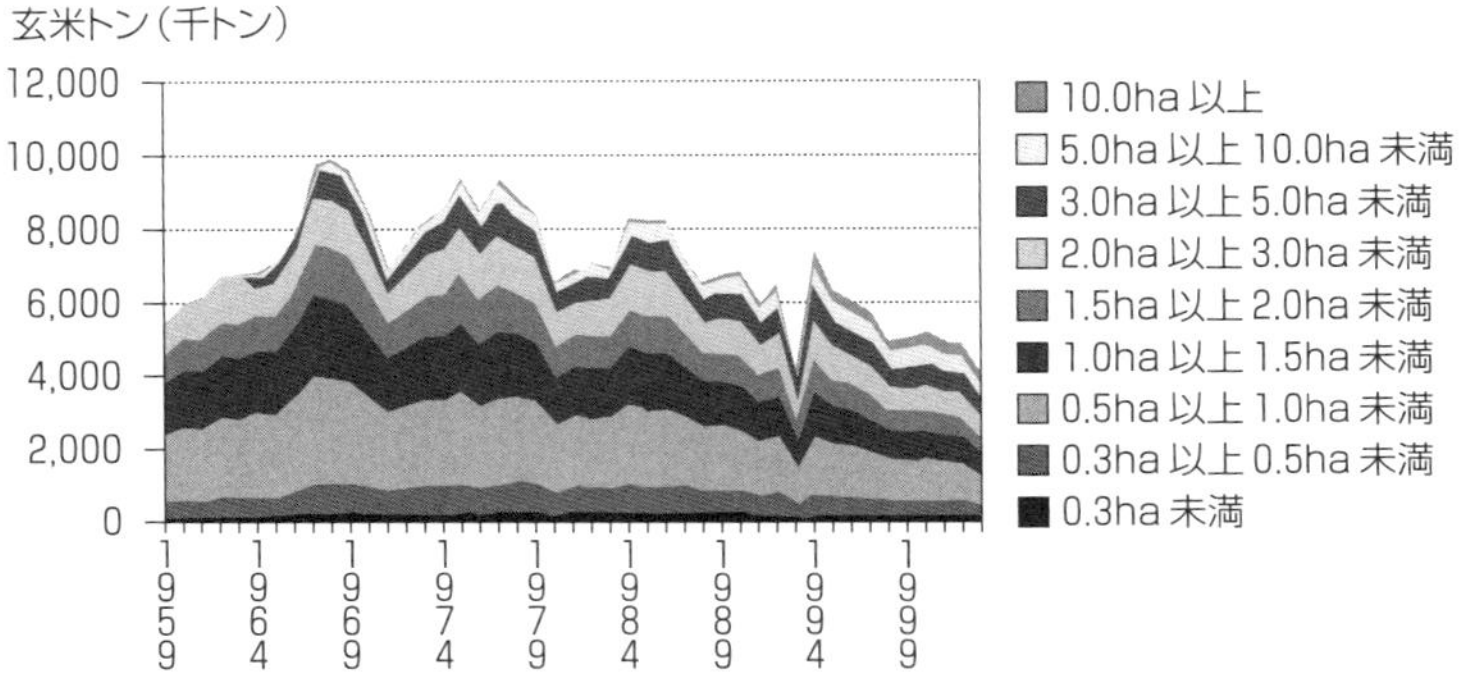

図１　米穀の階層別売渡数量の年産別担移（1959～2003年）

農家規模別に売渡数量の合計を積み上げたもの。2 ha 以上の農家の出荷量が全体からみると意外に少ないことがわかる。

注）＊1959～63年は2.0 ha 以上。

出所）『食料統計年報』より作成。

動きをともなうコストの切り詰めとの競合によって小規模な農家が淘汰された場合にどのような現実が待ちかまえているのか、そしてわたしたちの日々の食を、ほんとうに「儲かる農業」の経営体だけでまかなえるのかどうかを、注意深くみていく必要があるだろう。

加えて、二つ目の論点として、いまや、農業の現場が、国際間の労働力移動や土地の獲得合戦を含んだ、グローバリゼーションの新たな主戦場となりつつあることを指摘しておきたい。農業、それも世界的な規模の食料メジャーや大農園ではない、身近にある農業や食べ物をみることが、世界をみることにつながっていく現実が、わたしたちの目の前にある。

外国人研修生・技能実習生の存在は、将来の移民社会の到来を予感させる。これをめぐっては、農業労働を日本社会のなかでどのように位置づけるのか、低賃金労働を恒常化させるかたちでしか農業の未来を描けないのか、という問いが含まれる。また同時に、外国人の受け入れに対する拒否感、ならびにこれと裏腹の関係にある、低賃金労働者として外国人を定住させてもよいとする階層感覚が、排外主義の異なる表現として現出する。また他方で、農業の「担い手」が依然として日本人であり、移民労働者は員数外であるとの観念も依然として健在である。

また、土地をめぐる奪い合いは、日常的な食べ物のもつ意味にまで及ぶ議論でもある。これまでにも、食べ物の重さに、運んだ距離を乗じた「フード・マイレージ」や、農産物をめぐってその生産に要した水の量を示す「バーチャル・ウォーター」といった用語が使われてきた。農業生産には多くの水を要し、しかも農産物そのものにも多くの水が含まれていることを考えると、世界中から農産物を集めることは、世界の水を消費していることにほかならず、土地の奪い合いは、実は水の奪い合いでもある。こうした抽象的な話が、「ランドラッシュ」と呼ばれる現象のなかで、クリアに示されている。

時代の大きな変化の波のなかで、農業と食をめぐる議論は、すぐには出口のみえない、奥深い社会的な論点を内包しつつある。結論を出しにくい歯がゆさを受け止めつつ、ひとまずはこれら論点と向き合ってみてほしい。

(1) 農林水産省『平成一八年度 食料・農業・農村の動向』(農業白書)、八六頁。
(2) 田中角榮『日本列島改造論』日刊工業新聞社、一九七二年、七八-八〇頁。
(3) たとえば大正から戦時期にかけては、それまで力をもっていた自作農に対して、自小作農(みずから所有する土地と借地の両方で営農する農家)の台頭がみられた。これを支えたのは、稲作を主たる営農形態としたとき、それ以外の園芸や養蚕などの副業や、農業以外の兼業であったとされる。たとえば栗原百寿によれば、「とくに小作農の場合にはその商品生産は……副業的ないし兼業的生産部門においていわば側面的に進展しつつあ」り、「副・兼業としての側面的な商品生産への進展によってその従属的状態から独立しきたり、さらに自作小農へと上向しつつある」とされる（栗原百寿『日本農業の基礎構造』〈栗原百寿著作集一〉、校倉書房、一九七四年、一一六頁）。ただ、日中戦争期の一九三八年には、「自作小農は農業所得のみをもって家計費を充当しうる専業農家であり、小作過小農は農業収入のみでは家計費を充当しえない兼業農家的性格」をもつにいたり（同、一五五頁）、さらに「本業たる農業生産は多かれ少なかれ自給的生産のままに止めて、農業以外の産業諸部門において兼業的に商品生産に従事する方向」は、「農業生産を停滞・縮小せしめつつ、漸次農民の農業離脱を準備していく消極的なもの」（同、一六〇頁）との評価も併存している。もっとも一連の過程には、昭和恐慌などにみられるような景気の波や、戦時期の軍需産業などへの労働力の吸引といった、さまざまな要因が介在している。ただ一つはっきりしているのは、多くの農家が専業であり続けるための条件がつねに準備されているのではなく、状況の変化に応じて兼業ないしは離農といった選択肢が立ち現われるのであり、そうした角度からみれば、戦後、多くの農家が「安定的な」兼業状態を経験した時期があったという解釈も可能である。

（4）『日経ビジネス』二〇〇九年五月四日号、一二一頁。

コラム⑰

「食と農」の現場を支える外国人研修・技能実習生

「ここら辺一帯でたくさん中国人がレンコンを掘ってるよ」。「前はインドネシア人がよくいたけど、ビザの問題があったからね、いまは中国とかの研修生が多い」「H市のほうはもっと多い。甘藷の収穫とかね、人手が必要だし、重労働だし」。

首都圏大消費地の農産物需要を支える茨城のある地域。広々とした田畑の風景を見渡しながら、お世話になっている農家にそう説明されたのはもう五年も前のことだ。

いま、各地で農村調査をしていると、外国人が農作業している姿を目にすることが多い。彼らは中国やベトナム、フィリピンなどからの「研修生」や「技能実習生」で、その多くが二〇代の男女である。

外国人研修・技能実習制度は「開発途上国の青壮年労働者を日本に受け入れて、日本の産業・職業上の技能・技術・知識の移転を通じ、それぞれの国の経済発展に寄与すること」を目的として一九九三年に整備された[1]。その後およそ二〇年、実習期間の延長や受け入れ職種の拡大などを経て、最大三年間の滞在が認められる制度として定着してきた。

国際貢献と位置づけられたこの制度が、国際競争や労働力不足に悩む製造業などの現場へ、研修生を安価な労働力として供給してきたことはすでに多く指摘されている。農業や食品加工といった「食と農」の現場も例外ではない。

とくに農業分野への「技能実習」が認められた二〇〇〇年以降、研修生総数の伸びはいちじるしい。〇九年に新規入国した研修生の職種内訳を国際研修協力機構（ＪＩＴＣＯ）の統計からみると、研修生総数五万六四人のうちもっとも多い衣服縫製業（二二％）に次いで、食料品製造（一八・八％）、農業（一三・四％）が二位、三位を占めている[2]。あわせて約三〇パーセント、いまや、外国人研修生全体の三人に一人が「食と農」の現場に働きに来ている状況があるのだ。

ではどのような地域が受け入れているのか。農業研修生・技能実習生数を県別にみると、茨城や千葉、北海道、長野、熊本といった有数の畑作地域に目立っている。甘藷や高原野菜（レタス、キャベツなど）の野菜作においては、収穫作業の機械化は困難であり、収穫や集荷、選別などの作業を研修生に依存することが多い。同時にこうした地域は、農産物輸入にさらされながらも国際競争下でなんとか生き延びている国内有数の産地でもある。外国からの輸入農産物に対抗するために外国から研修生を受け入れている、とすらいえよう。

どのように受け入れているのか。筆者の茨城県における調査農家は研修生の仲介機関をさして「業者」と呼ぶ。本制度が普及しはじめた当初、農家は農協を介して研修生を受け入れるのが一般的だった。しかし、二〇〇〇年以降の急速な増大を支えたのは、統計をみるかぎり「事業協同組合」によるものであった。「事業協同組合」の一部は、業種や地域に関係なく、さまざまな分野に研修生を「派遣」し、組合員から「管理費」名目で手数料を徴収して経営を維持するものがある。上述の農家はこうした事業協同組合の一つを指して「業者」と呼び、この「業者」からの斡旋で研修生を受け入れることでなんとか営農を維持している。

一方で、こうした研修生の受け入れが、農家の営農形態の変化を促している側面もみてとれる[3]。別のある農家は夫婦二人、パートの女性一人で水田からの転作でレンコン栽培を営んでいたが、妻が体を悪くしたことをきっかけに、五年前から受け入れをはじめ、現在では二名の研修生・技能実習生を「業者」から「雇い入れ」ている。その結果、以前より耕地面積を一・五倍にし、さらに露地だけでなくハウス栽培や、他の作目の栽培もはじめるにいたった。働き手が増えたことによって規模を拡大させるだけでなく、固定費（研修手当・実習賃金）を捻出するため、通年出荷が可能となるよう経営の複合化を図った一例である。

さらにこの地域が加工野菜として輸入される中国産農産物に対抗するために、産地をあげて高付加価値化を図ってきたことも指摘しておこう。収穫、選別をより丁寧に行い、出荷の際の規格の統一などをまめに行えば消費者には喜ばれる。しかし生産地でその分の手間がかかるのは当然だ。パートと並んで研修生がそうした作業にあたっている例も多い。

外国人研修・技能実習制度は労働環境や人権問題の多発を受けて二〇一〇年施行の改正入管法によって大幅に改定された。しかし、「国際貢献」の名のもとに労働力を確保するという性格はむしろ強まっており、制度とその運用の推移に注視する必要があるのはもちろんである。しかし同時に、どのような経緯であれ研修生・技能実習生といった「外国人労働者」の存在がすでに農業分野に構造化されていること、すなわち「安心、安全できれい」な国産農産物の生産・流通が、外国人研修生・技能実習生の「労働」によって支えられている側面があることを認識の前提として、今後の「食と農」の有り様を考えていく必要があるだろう。

（1）九〇年改正入管法で整備された在留資格「研修」による一年間の研修生受け入れ制度を拡充し、研修後に同じ現場で雇用契約を結び、「技能実習生」としてさらに一年間の就労が認められることとなった。

（2）国際研修協力機構『二〇一〇年度版外国人研修・技能実習事業実施状況報告』二〇一〇年。

（3）安藤光義『北関東農業の構造』筑波書房、二〇〇六年なども参照のこと。

（飯田悠哉）

13. TEIKEIからAMAPへ
――互助のがまん較べか、きたえあう連帯か

アンベール－雨宮裕子

一　信頼関係のつくり方

見抜けないうそ

とかく世の中には嘘つき食品が多い。国産かと思ったら、中国からの輸入ウナギ、安いと思ったら、農薬汚染の事故米と、インチキ食品はあとをたたない[1]。きれいなパックに入った、お買い得商品なら、つい手が伸びてしまうのは、誰しも同じ。こうして、消費者はだまされる。インチキ食品の問題は、味よりも、まずは安全性だ。うっかり食べると、身を危険にさらすことがある。みえない毒にあたって、これまでどれだけの人が、命を落としてきたことか。命に別条はなくとも、少しずつ蓄積された毒が、死にいたる病を引き起こす場合もある。有吉佐和子の『複合汚染』[2]の危険は、いまや誰も避けて通れな

い、日々の暮らしのなかにある。

では、どうしたらいいのか。まずは、嘘を見抜くこと、見抜ける目を肥やすことだ。見栄えが良くても、怪しげな加工品には手を出さない。日付や原材料をよく確かめてから買う。とはいっても、実際には、この程度で、身の安全は守れない。産地から消費地まで、食べ物がたどる長い道のり(3)を考えたら、わたしたちが知ることのできる情報は、ほんの一部にすぎないからだ。トレーサビリティという、栽培履歴表示が制度としてはあるが、偽装やごまかしや、人の心に棲む悪は、検査だけでとても見抜けない。

ならば、見方を変えよう。検査や科学的手段に頼るのではない方法で、食の安全を確保すればいい。それには、まず、ものではなく人を見ること、生産に携わる現場の人を見ることだ。作り手が信頼のおける人物なら、特別な機関のお墨付きがなくても、その人のものは安心して食べられる。次に大切なのは、生産地から消費地までの距離を、できるだけ短くすることだ。外国からの輸入に頼らず、季節外れのものを欲しがらず、地元の産物を、地元で消費する地産地消が理想である。そして、第三は、できあいの弁当や加工食品を買うのではなく、自分で調理をすることだ。肉も魚も野菜も、小分けになったものではなく、丸ごとの食材を、自分で一からさばいていけばよい。そうすれば、費用の面からも、安全性の面からも納得のいく食べ物が口に入る。

立ちあがった母親たち

子を思う母の力は強い。子の無事を祈って立ち上がる。「子どもたちに、安全なものを食べさせたい」

と、若い母たちが、力を合わせて動いたのが、一九七〇年代の産直運動だ。敗戦から復興へ、日本は、国民が一丸となって、近代化を目指していた。アメリカをモデルに、洋風の食生活が、子どもの成長を助けると宣伝され、(4)ちゃぶ台からイスとテーブルのダイニングキッチンへ、住まいも様変わりする。けれど、高度成長路線は、水俣病や、イタイイタイ病などの公害病を引き起すことになり、残留農薬や、食品添加物の発ガン性など、食の安全をめぐる告発が相次いだ。都会の母たちは、「これは大丈夫か」と、心配しつつ市販の食べ物を買う毎日に、不安な気持ちをつのらせていた。

主婦向けの、社会教育がはじまるのは、ちょうどこのころである。主婦たちが、近代化の波に乗り遅れないように配慮された教養講座で、生活学校や婦人学級と呼ばれた。背景には、暮らしに役立つ知識を、母親たちに学んでもらい、家庭や地域の共同体の改善を促そうという国の意図があった。結婚したら退職が当たり前の時代で、夫は一日の大半を職場で過ごす。子育てを一身に背負った若い母親が、社会に目を開く場所といったら、PTAとこの学習会くらいしかなかった。栄養や食の安全、合成洗剤と環境汚染など、主婦たちは身近な問題を、講師について勉強した。偽物や、まがいものが横行する世の中で、本物を見分ける知識を身に付けたいと、母親たちは必至だった。(5)同じような心配を抱える若い母親が集まるので、友だちができ、勉強会が楽しみになる。リーダー格の人物が現れて、学習会を、行動するグループに変えていく。それが、「枚方《ひらかた》食品公害と健康を守る会」や、「食品公害を追放して安全な食べ物を求める会」の誕生につながり、それぞれの問題意識に沿った、草の根運動に発展していく。(6)

東京のベッドタウン、三多摩地区でも、消費者センターに若い主婦たちが集まって、「ホンモノの牛乳」や、「ホンモノの食べ物」について、学習を重ねていた。牛乳は、動物性たんぱく質とカルシウムの補給源として、いち早く学校給食に取り入れられている。しかし、粉ミルクや加工乳は、人工的につくられる工業飲料で、ヒ素やメラニンが混入する危険(7)もあれば、栄養面でも生乳には及ばない。「ホンモノの牛乳」とは何か、それを手に入れるにはどうしたらいいのか、若い母たちは、岡田米雄《よねお》の話を聞きながら、自分たちにできることを模索していく。

岡田米雄は教員から酪農家に転身して、自給農場の経営を目指していた人物で、話がうまくカリスマ性があった(8)。母親消費者の意識を改革して、安全な酪農を日本に根付かせようと、本を書いたり、講習会を開いたりしていた。岡田米雄と若い母親たちの出会いは、やがて北海道から直送の、よつ葉牛乳の共同購入を実現させることになる。

「安全な食べものをつくって食べる会」

牛乳の共同購入グループが、もう一歩踏み込んで手掛けたのが、無農薬野菜と有精卵の提携産直であった。安全な野菜が手に入らないなら、つくってもらうしかないと若い母たちは考えた。岡田米雄がつてを頼って、相談をもちかけたのは、房総半島の最南端、ミカン畑の広がる三芳村《みよし》だった。一九七三年一〇月、岡田米雄を先頭に、二五人の若い母親たちが、村へのりこんだ。農民たちに直談判して、安全な食物をつくってもらうためだ。一行に加わった戸谷委代《とやいよ》の話によれば、朝四時起きで弁当をつくり、両国から汽車で出発。館山に着くまで、電車のなかでも、資料が配られて勉強、勉強だったという。駅からは、バスやトラックの荷台に分乗し、神社の境内にある集会場へ向かった。そして午後一時、農民たちと向かい合って話し合いが始まった。

ぎゅう詰めの会場は、集まった農民と若い母親たちの熱気で、むせかえっていた。が、両者の考えには、大きな隔たりがあった。無農薬、無化学肥料で野菜をつくってくれと頼む主婦たち。「そんなこと無理だよ」「作物が育つかね」と、及び腰の農民たち。平行線の話合いが続いた。そのときのことを、生産者の一人はこう振り返る。「食物は政治だ、ときた。アメリカからの輸入農産物の増加と日本の大企業との関係だと。ゲッときたね。アカの集団みたいでさ、おれはこんなアカとは関わりたくねえ、と思った」(9)。

これが、のちに世界中でＴＥＩＫＥＩと注目されることになる、提携産直への第一歩であった。提携産直とは、生産者と消費者が直接話し合い、協力し合って、安全な農産物を生産‐消費していく互助のシステムだ。農産物は商品ではなく、生産者と消費者、農村と都市を結ぶ、分かち合いの糧である。戸田委代たち主婦グループは、「安全な食べものをつくって食べる会」を設立。三芳村の生産者グループから、安全な農産物の共同購入をはじめる手はずを整える(10)。

二　無からの出発

「ホンモノ農民」へのお願い

「つくってくれれば必ず買います」と約束しても、農家の腰はなかなか上がらない。農業は一年ごとが勝負だ。うっかり引き受けて、主婦たちに「やめた」といわれたら、収入はゼロになり生活ができない。足踏みする農家を、何とか説得しようと、「安全な食べものをつくって食べる会」は、農家に有利な三原則を提案する。(11)

1. 全量引き取り
2. 生産者が価格を決める
3. 安全な農法をするために起きた損失は、消費者が保証、責任をとる

この申し出には、生産者の負担を減らして安全な農法を確立してもらおうという、主婦たちの意気込みが感じられる。消費者の入会金は一戸当たり一万円で、大卒の初任給が六万弱の時代としては、非常に高額であった。さらに、会費は月額一〇〇〇円で、届いた農産物の費用はそのつど、加算される。金銭的余裕のある家庭でなければ、とうてい参加できないハードルの高さだが、一一一名の入会希望者が、

すぐに名乗りをあげた[12]。

当時、農薬を使わない栽培法としては自然農法があった。その実践者はごく少数で、農法を確立していたのは世界救世教の創始者、岡田茂吉ぐらいであった。岡田茂吉は、一九五〇年代から自然の力を活かす農法を実験していた。しかし、この自然農法の農作物は、世界救世教の教団員によって、魂と体の浄化を目的につくられ、会員に配布されるかぎられた食べ物であった。

同じころ、突然、「一切の人為は無益」と、「無」の哲学に開眼し、「不耕起」の自然農法の探求に入った青年がいた。横浜税関の植物検査課で、技師として顕微鏡をのぞいていた福岡正信である。愛媛の実家のみかん畑へ戻って、何もしない農法を目指すが、みかん山をすっかり枯らして、変人扱いされていた[13]。福岡正信は『わら一本の革命』が英語をはじめ二十数カ国語に訳されたので、外国での評価が高い。しかし日本では生涯特異な存在であった。

ささやかではあるが、安全な野菜づくりに励み、農薬公害に悩む主婦や、農民を医療の現場で助けていた医師に、奈良県五条市の柳瀬義亮《ぎりょう》がいる。柳瀬医師がみずから畑に立ったのは、ドイツ軍が開発した毒ガスが、農薬に転用されているのを知って、愕然としたからだ。農薬禍と思われる患者に健康を取り戻してもらうには、安全な農法で野菜をつくって、それを食べてもらうしかないと氏は考えた[14]。柳瀬義亮は、「日本有機農業研究会」の創設メンバーの一人でもある。「日本有機農業研究会」は、一九七一年の末、安全な農業の確立と推進を目的に設立されている。「有機」という言葉は、会の名称と相まって普及していくが、それを導入した一楽《いちらく》照雄は、農薬や化学肥料に依存しない「あるべき農業」を、有機農業と呼んでいる(15)。

「放任農法」から、「天の機を知る」農法へ

農薬が危険なことは、三芳村の農民もよく知っていた。東京の主婦たちが定期購入をしてくれれば、生活が安定して、専業で生き残れるかもしれないと、一七人の農家が賛同して、安全農法への転換を決意する。とはいえ、現実にはどうやればいいのか、誰もわからない。そこで、今度は農民たちが、朝四時集合で、東京へやって来る。主婦たちとともに、世界救世教自然農法普及会の指導者、露木裕喜夫の教えを乞うためである。会場に現れた露木は、技術指導を待っている農民たちに、自然の法を説き、その法にもとづいた人間の生き方を説いた。農民たちは、予想もしなかった話の展開にうろたえ、ついていけないのではと意気消沈して村へ帰る。露木は農民たちのショックを十分承知していた。農民たちの理解を得るには、村へ赴いて、実地の指導に入るしかない。会合の三日後、氏は三芳村へ出かけて、土の実験をしてみせる。活きた土と死んだ土を見分ける実験で、コップに田んぼの土、道路の土、土手の土を入れて水を加え、その変化をみる。すると、水が澄むのは土手の土だけであることがわかる。土手の土は自然の力そのもので、活きた団粒構造になっている。「その力を生かすやり方で野菜を育てるのが自然農法だ」と、露木は農民たちを諭し、自然観察の大切さを教えていく。

露木の「自然農法」は、つくる作物に一番好ましい生育条件を整えてやる農法である。稲をつくるなら、稲の身になって考え、稲の言葉を聴きながら、実りを助ける。作物をつくるのは、自然で、人はそ

の手伝いにすぎない。[16] 農民たちは、わかるようでわからない露木の「ナスのことはナスに聞け」に、手探りで応じてみるが、「自然農法」と「放任農法」の違いが、どうにもわからない。土手に大根の種を播いてみたり、作物に水をやらないでみたり、試行錯誤を繰り返して、新しいやり方に挑んでみる。土を肥やすのに、菜種かすや鶏糞を試してみる者もあった。ところが、量の加減が解らない。偶然にうまくいくこともあれば、わけもわからないまま枯らしてしまうこともあって、なかなか勘がつかめない。野菜が育たなければ、いつまでたっても、都会の主婦たちには何も届けられない。こうして、苦労を重ねながら、最初に収穫まで漕ぎつけたのは、露木が種播きから現地で指導した小松菜だった。

支えるために、食べきる

主婦グループの約束は、全量引き取りである。小松菜は、一月下旬から毎週届き、量がどんどん増えて、ついには、二月、三月と毎週一人一五把も受け取るはめになった。毎日毎日小松菜を食べ続け、知り合いに分けたりして、「ここで音を上げては女がすたるとがんばった」[17]。ところが、小松菜のラッシュが終わると、四月のはじめから一カ月半、今度は何も届かない。五月半ばに春野菜がしばらく届くが、夏野菜は全滅。慣行農法から、急に自然農法に切り替えても、土がそれに追いついていかないのだ。一年目に出荷した生産者は一〇人だけで、あきらめて休会する者もあった[18]。

はじめのうち、三芳野菜の配達は、岡田米雄が立ち上げた牛乳の共同購入の配達ルートに便乗していた。それが、岡田の不透明な経理を引き金にとん挫する。「安全なものをつくって食べる会」は、それを機に岡田の傘下を離れ、野菜産直の独立採算を決める。消費者会員一二〇〇名、生産者四一名という大所帯に成長した、一九七七年の春のことである。まだNPO法[19]もなく、会の運営は、ほとんどボランティアが支えていた。田無市に事務所を開設し、民主的運営と透明な経理を旗印に、母親たちは自分たちで、身の丈にあった組織を一つ、一つ積み上げてつくっていく。女所帯の会である。大切なのは、みんなが会を支え、動かしているという気持ちのまとまりであった。そのために、会員の意見を汲み上げる話し合いの場が、さまざまなレベルに設けられた。問題があれば、プロジェクトチームが、それを掘り下げて、選択肢のある解決を提案できるようにした。こうして、きめ細やかな話し合いと合意を運営の基本に据えた、母親たちの産直の会が形成される[20]。会の運営は、女学校の生徒会を思わせる。配達「ポスト」は、地区ごとのブロックにまとまり、運営委員会に統括される。運営委員会は、ブロック代表、生産者グループの代表、それに事務局で構成されている。これは、人数の変化に対応しやすい構造といえよう。

ところで、牛乳の共同購入の配達組織からの独立は、三芳村の生産者に一つの試練を与えることになった。配送を自分たちの手でやらざるをえなくなったのだ。二トントラックを運転したこともなければ、東京へ行ったこともない生産者たちが、高速道路を通って三鷹まで往復することになった。二人で組んでやるこの配送を、みんな、最初は生きた心地もなかったと振り返る。トラックを待つ主婦たちも、同じ思いだった。トラックの姿がなかなか見えないと、事故にあったのではないか、道に迷ったのではないか、と気がかりで、表に立って、はらはらし通しだった。三芳の農民は、慣れない運転を引き受けて、都心の路地を九時間近く回り続ける[21]。主婦たちは寒さに震えながら外で待ち続け、トラックが到着したら、今度はドンと降ろされる泥野菜の仕分け作業に追われる。この産と消のやりとりが、週一回の恒例になって、三多摩地区と東京のポストで繰り返されて、提携産直の先駆的モデルになっていくのである。

それから三六年後の二〇一〇年の二月。八王子のポストでは、昔と変わらない光景が繰り返されていた。到着した三芳のトラックから、生産者番号の付いた段ボールが、メンバーの手渡しリレーでガレージに並べられる。なかの野菜を配り分ける主婦たちの髪には白いものが混じっている。二人の生産者はお茶をふるまわれて、ちょっと一服。「家は二人きりだから、野菜は前の半分にしたわ」と、いうメンバー。懐かしいぬくもりが、年を重ねた主婦たちの輪のなかに切なく漂っていた。

三　提携からＴＥＩＫＥＩへ

八百屋のない町

無からの出発は、わたしにも覚えがある。ここは、フランスの中堅都市レンヌ。パリから西へＴＧＶ（新幹線）で二時間の距離にある。ブルターニュ地方は酪農の盛んな農業圏で、レンヌ大学のキャンパスから、牛の寝そべる牧場は目と鼻の先である。それなのに、こんな田舎に住んでいながら、新鮮な野菜が手に入らない。街中には、八百屋らしい店はなく、スーパーに行けば、見栄えのよくない、ありきたりの野菜ばかりが並んでいる。土曜の朝市は、海の幸も山の幸もあふれんばかりの大盛況だが、これを逃したら大変。がっかりするほど貧相な野菜しか手に入らない。釈然としないでいた疑問が、ある日怒りに変わった。それは、久しぶりのパリで、八百屋の店先に、とりどりの春野菜が並んでいるのを見たときだ。なかには、レンヌではお目にかかったこともないような野菜まであった。市場ならともかく、ありふれた街角の八百屋でも、パリなら旬の野菜が買える。友だちがいった。「当たり前よ。パリには地方から旬の一級品が次々に集まってくるの。レンヌには、売れ残った二級品の出戻りが並ぶんでしょ」。冗談じゃない。ならば地元で、野菜の産直農家を探そう。そう思って、奮起したのは二〇〇三年の春だった。

連帯の有機野菜

安全で新鮮な野菜を、地元で定期的に手に入れる方法はないのか。アンテナを巡らせていると、「国際連帯週間」の催しで、「ブルユ農園」のパニエ（買い物かご）に出会った。有機農法でつくった野菜が五、六種入ったパニエで、メンバー消費者は、それを週に一度、決まった場所へ取りに行く。「ブルユ農園」は、長期の失業など、さまざまな理由で疎外されてしまった人たちの社会復帰を助けるためのＮＰＯで、有機農法で野菜をつくる教育農園を手掛けている。フランスの各地に点在する連帯組織の一環で、レンヌ市では、一九九二年に、市から三・五ヘクタールの農地を借り受けてはじまった。農業技術者が指導に当たっているが、有機農業は支援の手段で、農法を教えることが目的ではない。農園の経営には、国の援助があり、有機野菜への潜在的需要は十分にあるので、いかに売るかは、ここでは二の次である。

野菜づくりを教えるのは、園の研修生たちに、作物の成長を通して、時の流れの感覚を取り戻させるためだ。彼らは、朝、決まった時間に起きる習慣を忘れてしまっている。朝と夜、そして四季の移り変わりの感覚を、野菜づくりが自然に思い出させてくれる。有機農業は、手をかけて、じっくり野菜を育てる農業だ。自然のリズムにあわせて、成長を見守るのは、研修生にあった栽培だと指導者がいう。「ブルユ農園」では、毎週二五〇のパニエを配っている。研修生は、期間が終わると、仕事を探して去っていくが、有機農業をはじめるかというと、そうではないらしい。「有機野菜のパニエ」は、けっして高くはなかったし、支援者の一人に名を連ねてもよかった。でも、「ブルユ農園」の野菜には、作り手の顔がみえない。野菜の向こうに、つくった農家の自慢げな顔と、心意気がみたいと思った。

有機農家の契約販売

有機野菜の定期契約販売をやっている生産者がいると、朝市に出ているりんご農家が教えてくれた。「もういっぱいらしいよ」とは言われたが、とにかく会いに行ってみた。ジャン゠ポールは、レンヌ市の近郊で、親から継いだ四ヘクタールの農地に野菜をつくっている。友人と三人で、有機野菜をケースに入れた定期契約販売をやっている。もともとは慣行栽培で、七年周期の輪作をしていた。農薬を減らしたり、肥料に工夫をしたりして五年やったが、市場に出せばみんな同じに扱われて、がっかりしていた。おまけに、経営がうまくいかなくなって、農薬や化学肥料を増やして収量を上げるか、品質で勝負するかの選択を迫られていた。それで思い切って、友人の勧める有機に切り替えた。やり方を教えてくれたのは、定期契約販売を一緒にやっている友人の一人だ。転換者に対する政府の補助金が出ているときだった。だから、あえて踏み切れたが、まわりの偏見は強くて、転換を危ぶむ声も多かったという。ジャン＝ポールのグループは、「ブルユ農園」から販路を受け継いで、四カ月の契約先払いで、週一回、六種類の有機野菜が入ったケースを一八〇、レンヌ市内の三カ所のポストに配達している。ポストに取りに来る消費者との交流は、ほとんどない。宅配は経費がかかり、人手もないのでできないが、生産の三分の一はこの契約直売で、順調に伸びているという。ポストを引き受けている人がいいと言ったら、わが家も仲間に加えてもらえることになった。ちょうど、近所に、一五ケースを預かる家がある。その晩、さっそく電話をしたが、「もういっぱい」と、あっさり断られてしまった。家主にしてみれば、ケースが増えると、それだけ面倒が増える。取りに来るのを忘れる人がいたり、雨が降ってくれば、ガレージのなかに入れたりで、一五ケースの管理は大変だという。自分が有機野菜を手に入れるために、ポストを引き受けた人で、有機の生産農家を支えるという意識は感じられなかった。

なければつくる

ブルターニュは、六〇年代から養鶏や養豚の集約農業が推奨され、それが結果的に深刻な水質汚染を生み出している農業圏だ。「生産者と消費者が手を結ぶ提携産直なら、安全な農業を推進しながら、地域の経済の活性化ができる。野菜は住民の日々の暮らしに不可欠だ。過疎の村に若い新規就農者を呼び戻せるだろう」。そんな構想をまわりに話しはじめたら、日本の提携運動を知っている人もいて、興味をもってくれる仲間ができた。「提携は日本ではできても、ブルターニュの人の気質にはあわない」と、いう意見があれば、「レンヌ市の近郊に野菜栽培が少ないのは、生産者が酪農しか考えてこなかったからだ。いい提言が出せれば、少しは川の汚染を減らせるかもしれない」という意見も出る。「ならば、みんなで考えよう」と、話がまとまって、「環境保全型農産物の産直による地域の活性化」の研究プロジェクトがスタートした(22)。

産直をやってみたい人はいったいどれぐらいいるのか。何度かのアンケートで、手元に一五〇名近くのメーリングリストができている。その人たちに声を掛けて、集会を開くことにした。場所は、レンヌ市から二〇キロの距離にあるりんご農家の中庭で、参加者の目標は六〇名。ふたを開けたら七〇名を超える参加者があった。おたがいに初顔合わせである。フランスには根回しの習慣がない。集会が何かを生み出すか否かは、集まって、議論を深めてみなければわからない。納得しなければ動かない人たちだ。とことん話し合ってみるしかない。参加者は、住んでいる地域ごとにまとまって、やり方を考えることにした。

わたしのグループはレンヌ市内なので生産者がいない。消費者も不足している。そこで、土曜日のマルシェ(朝市)に行って、仲間探しをすることになった。リス広場のマルシェは、ヨーロッパでも有数といわれる大きな朝市だ。海からも陸《おか》からも新鮮な朝採れが山ほど集まってくる。マルシェは、週に一度の市民の交流広場で、音楽もあれば大道芸もあって、家族連れで来て楽しめる。そこに陣をはって、「いっしょに、野菜の産直グループをやりませんか」というビラ配りをはじめると、わたしたちのまわりにおしゃべり好きが寄って来た。次々に質問が飛んできて、そこに対話がはじまる。オルタナティブな経済について持論を展開する人あり、日本人の自然観について聞いてくる人あり。話し込んで動かない夫をおいて、一人で買い物を続ける妻もいる。会話は幾重にも広がったが、三回繰り出しても、消費者メンバーは、ほとんど増えなかった。マルシェに来る人にとって、自分の目で見て、気に入ったものを買う楽しみは何物にも替えがたい。選べない自由への抵抗は強かった。でも、生産者のほうには、手ごたえがあった。ＴＥＩＫＥＩの「分かち合う」やり方に興味があると、有機の生産者がいった。慣行とは違った農法で生産に取り組む農家は、一匹狼が多い。独立独歩、困っても滅多なことで、弱音は吐かないし、まわりに折れることもない。群れになる習慣のない人たちだ。でも、群れだからこそできることがあるのをわかってもらわなければ、提携産直ははじまらない。わたしたちは、生産者に照準をあてて、彼らとじっくり対話をする方向へ舵を切り直した。

四　広がるＡＭＡＰ

ＡＭＡＰ第一号の誕生

そのころ、南フランスでは、農民主導の産直運動が、芽を吹き出していた。それがＡＭＡＰ[23]（農民農業を支える会）だ。日本の提携とアメリカのＣＳＡ[24]をヒントに、二〇〇一年の五月、南フランスのオーバーニュに第一号が誕生している。以来九年、ＡＭＡＰの数は、フランス全土で、一二〇〇以上といわ

表1　「提携10カ条」と「AMAP憲章」の比較

	提携（日本）	AMAP アマップ（フランス）
規範	「提携10カ条」	「AMAP憲章」 ――AMAP創設者18カ条 ――百姓農業10カ条
規範成立	1978年10月、第4回全国有機農業大会で発表 一楽照雄（日本有機農業研究会の創設者の一人）と、有機農産物の産直グループのリーダーたちの合議	2003年5月、生産者ヴュィヨン夫妻の主導で制定
規範の目的	有機農業運動を促進し、人類が平和に共存していく途を模索するための、指針を示すこと	AMAPを名乗るグループの正当性を保証すること （新設のAMAPは、創始者団体、アリアンス·プロヴァンスの承認を受け、AMAP連合に加入し、「憲章」を守る義務を負う）
規範の内容	提携10カ条 1．生産者と消費者の提携の本質は、物の売り買い関係ではなく、人と人との友好的付き合い関係である。すなわち両者は対等の立場で、互いに相手を理解し、相助け合う関係である。それは、生産者、消費者としての生活の見直しに基づかねばならない。 ――提携は、本質的には贈与的な性質の相互扶助の行為 ――相手は取引の相手ではなく、苦楽を共にする家族の延長 ――自己中心の習性から脱却し、金銭では量れない価値を再認 ――農家は全面的自給自足を目指し、非農家は食膳から加工食品を追放すること 2．生産者は消費者と相談し、その土地で可能な限りは消費者の希望する物を、希望するだけ生産する計画をたてる。 3．消費者はその希望に基づいて生産された物は、その全量を引き取り、食生活をできるだけ全面的にこれに依存させる。 4．価格の取り決めについては、生産者は生産物の全量が引き取られること、選別や荷造、包装の労力と経費が節約される等のことを、消費者は新鮮にして安全であり美味な物が得られる等のことを十分に考慮しなければならない。 ――価格は品物の代金というよりも、行為に対する謝礼。生産者と消費者の双方が納得できるものであれば、決め方は自由 ――市場には縛られず、変動のない価格 5．生産者と消費者とが提携を持続発展さ	百姓農業10カ条 1．できるだけ多くの営農者が、農業に従事し、農業で生きていけるよう、生産規模を分配・調整する 2．ヨーロッパの他の地域や、世界の農民と連帯する 3．自然を大切にする 4．豊かな資源を活用し、希少な資源は無駄にしない 5．農産物の買い付け、生産、加工、そして販売にあたっては、透明性を重んじる 6．安全で、味のよい農産物をつくる 7．農場の運営を、できるだけ自力でできるよう心がける 8．農村の他の活動分野の人たちとも、パートナーシップを心がける 9．農場の飼養動物の種類や、栽培農産物の種類の多様性を保つ 10．長期的展望と、広い視野にたって、ものを考える AMAP創始者18カ条 AMAPは、次のことを約束する。 1．生産者は「百姓農業10カ条」に準拠 2．栽培作物や飼養動物の種類に適した手作り生産

	せるには、相互の理解を深め、友情を厚くすることが肝要であり、そのためには双方のメンバーの各自が相接触する機会を多くしなければならない。 ――農家訪問　援農 6．運搬については原則として第三者に依頼することなく、生産者グループまたは消費者グループの手によって、消費者グループの拠点まで運ぶことが望ましい。 ――運搬のつど、生産者と消費者が顔をあわせるのは、親近感と責任感を強めるのに計り知れない効果 7．生産者、消費者ともそのグループ内においては、多数の者が少数のリーダーに依存することを戒め、できるだけ全員が責任を分担して民主的に運営するようにに努めなければならない。ただし、メンバー個々の家庭事情をよく汲み取り、相互扶助的な配慮をすることが肝要である。 8．生産者および消費者の各グループは、グループ内の学習活動を重視し、単に安全食糧を提供、獲得するだけのものに終わらしめないことが肝要である。 9．グループの人数が多かったり、地域が広くては上の各項の実行が困難なので、グループ作りには、地域の広さとメンバー数を適正にとどめて、グループを増やし互いに連携するのが、望ましい。 10．生産者および消費者ともに、多くの場合、以上のような理想的な条件で発足することは困難であるので、現状は不十分な状態であっても、見込みある相手を選び、発足後逐次相ともに前進向上するよう努力し続けることが肝要である。 註：――で示した付記は、一楽のコメントで、理解に役立つと思われる部分を要約。	3．生物の多様性、肥沃な土壌、化学合成肥料、農薬の不使用、無駄のない水の管理など、自然と環境と生きものに配慮のある生産 4．環境に優しく、安全で、味のよい、高品質な作物 5．地域の農民農業支援 6．連帯取引と農業の持続的発展の維持のために動く、地域のあらゆる活動家たちとの積極的連携、連帯 7．農場の雇用者に対して、臨時雇いも含めて、社会的規範を尊重 8．農産物の買い付け、生産、加工、そして販売における、透明性の重視 9．生産者が、自分で選択できるようになり、ひとり立ちできるようになるまでの援護 10．流通距離が最短で、顔の見える関係が保てる、生産者と消費者の近さ 11．一つの AMAP は一人の生産者と地域の消費者グループで構成 12．季節ごとに生産者と消費者は契約を交わし、それを尊重 13．生産者と消費者の間に仲介はなく、消費者メンバーの承諾なしに買った農産物の転売なし 14．季節ごとに両者で公正な値段を設定 15．農産物についての情報を消費者に十分伝達 16．生産の不測の事態には、消費者は生産者に連帯 17．できるだけ多くの消費者会員への役割分担により、AMAP 活動への積極的参加の促進 18．農民農業の特長について、会員の理解昂進

参照文献）「有機農業の提唱」日本有機農業研究会　有機農業運動資料 N1　1989 年（http://www.allianceprovence.org）

れている。ＡＭＡＰは、小規模な家族経営の農業を維持していきたいという農家が、消費者の理解と支援を乞う契約販売システムだ。少数多品目の有機農家でも、農産物を市場を介さずに、より有利な条件で売ることができる。このシステムが、農民の側から近年おこってきたのにはわけがある。消費者を味方に付けて、昔からの小規模な家族農業を守る努力をしなければ、農業人口はさらに減少して、大型機械化の集約農業しか生き残れなくなるからだ。実際、フランスでは、一九九五年から二〇〇七年のあいだに農業を生業とする家族は、六分の一以下にまで減っている[25]。有機農産物はいまでこそ、価値が認められ、需要が伸びているが、道を切り拓いてきたベテランたちは、物質的豊かさとは縁のない世界で苦闘してきたつわものので、経営規模の小さい農家が多い。都市近郊や、海辺のリゾート地周辺の農家は、開発の波に呑まれそうになるたびに、市民と連帯して開発阻止運動を展開してきた。ＡＭＡＰを創設したヴィヨン夫妻の場合も、農場のある場所が市電を通す計画に取り込まれる危険にさらされていて、市民との連帯を望んでいた。

ＡＭＡＰの特長

ＡＭＡＰには一八項目の「ＡＭＡＰ憲章」と、「提携一〇カ条」[26]のように、「百姓農業一〇カ条」が制定されている。ＡＭＡＰが注目されるようになって、ＴＥＩＫＥＩという言葉もよく耳にするようになった。ＡＭＡＰもＴＥＩＫＥＩも、安全な食と農業を推進する、市民の取り組みである。けれど、発想の根幹に大きな違いがある。

まず第一に、産と消の組み方が違う。ＡＭＡＰの場合は、一人の生産者と消費者のグループというかたちが原則である。日本の提携のような生産者グループと消費者グループという構成は、存在しない。ＡＭＡＰは、売り手と買い手が交わす農産物の売買契約で、売り手は売りたいものをさばく相手を求め、買い手は欲しいものを提供してくれる売り手をみつけて、手を結ぶ。消費者メンバーは、受け取る農産物が気に入らなければ、契約を更新しない。生産者と消費者のあいだのもめごとは、金銭的解決が可能である。

ＡＭＡＰは、季節ごとの販売契約や、単品契約ができる。農家が守る原則は、生産履歴を公開し、無農薬、無化学肥料で、自然環境と生き物に配慮のある生産を心がけること。消費者は、安全で、味のよい農産物を生産者から直接手に入れることができる。生産者は、生産者として自立していて、消費者によりかかることはない。産と消の結びつきは、価値観を共有する連帯であり、甘え合わない共存である。消費者グループのわがままに悩まされるのは生産者だが、「そんな条件では、生産が追いつかない」と、消費者を諭すのも生産者である。援農は、畑遊びではなく、一日たっぷりの野良仕事だ。手伝いに行くほうも、それを承知で出かけて行くから、文句は出ない。

写真１　「ひろこのパニエ」を立ち上げるための相談会、農家の中庭で

写真２　ひろこのパニエ

広がる産直運動

ヴィヨン夫妻が、ＡＭＡＰを商標登録したので、ＡＭＡＰは産直の代名詞になって普及している。夫妻は、ＡＭＡＰを国内の連合組織に育てたいと考えた。けれど、ＡＭＡＰ連合には加盟せず、独自の方法で産直に取り組んでいるグループも多い。二〇〇六年の末、わたしたちがレンヌ市に立ち上げた「ひろこのパニエ」も、ＡＭＡＰとは違って、生産者も消費者もそれぞれ複数の、日本の提携産直に近いかたちでやっている。一年後には、「ひろこのパニエ」のメンバーが独立して、さらに三カ所で同じ構成のグループを立ち上げて、ブルターニュで産直運動を発展させている。

いま、フランスに台頭しているのは、産直を要《かなめ》に産と消を結びつけ、都市と農村の交流を深めようという、市民運動のうねりである。フランスでは、有機農産物が欲しいなら、マルシェでも、スーパーでも手に入る。それを、あえて産直グループを立ち上げ、面倒を承知でかかわるのは、意識的行為である。人は「わたし」だけのものではなく、社会の一員であり、人類という種に属する生物である。その自覚があるから、産直運動に加わるのだ。

ＡＭＡＰとＴＥＩＫＥＩの違いには、人の輪づくりの文化的背景がある。日本人が、根回しをしてまで合意づくりに精力を傾けるのは、「日本では個人は原則として集団に守られて存在する」[27]からである。

だから、集団はすぐできる。けれど、集団が力となるには、それを動かすリーダーが必要だ。共通の目的や理念が仲間をひきつけているあいだはまだしも、年を経て同じことを繰り返しているだけでは、人の輪がしがらみに変わっていく。

日本人の協同が、和の思想に培われてきたのなら、それを礎に、都市と農村をしなやかに結ぶすべがあっていいはずだ。コミュニティをつくり支えるのは自分たちだという市民意識があれば、どんな問題をはらんでも、歩みはとまることなく前進する。問題があるから、人は知恵を絞り、力を出し合って解決に向かう。それが生きて在るということ、人間の尊厳をふまえた暮らしではないか。持続的発展性のある調和は、我慢のうえに成り立つ明日のみえない調和ではない。議論を尽くし、理想に向かってつねに努力していく過程のなかにこそ産まれるものであろう。

（1）石黒昌孝『それでも食べますか』かもがわ出版、二〇〇二年。

（2）一九七四年一〇月一四日から一九七五年六月三〇日まで『朝日新聞』に連載され、大きな反響を呼んだ小説。有吉佐和子は、有機農業運動の草分けである、山形県高畠町のリンゴ農家で農民詩人の星寛治や、埼玉県小川町の有機農家、金子美登らのもとを訪れ、現地調査と多くの資料をもとに、環境汚染と食品添加物の危険を新聞小説のかたちで取り上げた。

（3）コンビニの和風幕の内弁当の食材輸送の距離は一六万キロメートルで、地球を四周した長さにあたる。千葉保監修『コンビニ弁当16万キロの旅』、太郎次郎社エディタス、二〇〇五年。

（4）コメに偏った食生活が問題視され、白米は頭のはたらきを鈍くするという学説も登場。岸康彦『食と農の戦後史』

日本経済新聞社、二〇〇五年、二章-二。

(5) 食品の偽装や不当表示を追放するための運動が、主婦を中心とする消費者のあいだに広まり、一九七四年、日本消費者連盟が成立。

(6) 日本有機農業研究会機関誌『土と健康』二四四号、一九九二年。

(7) 一九五五年、森永乳業のヒ素入り粉ミルクを飲んだ乳幼児一三〇名が死亡。二〇〇八年来、中国でメラミン入りの粉ミルクが出回り、乳幼児が膀胱結石や腎不全を発症する事件が起きている。

(8) 「安全な食べ物をつくって食べる会」の立ち上げから中心となって活躍した戸谷委代の言。著書に、『私の農村日記』(筑摩書房、一九六四年)、『農民志願』(現代評論社、一九六九年)、『食品公害時代をどう生きるか』(啓明書房、一九七三年)など。

(9) ダリル・モエン「日本有機農業運動――その先進的役割」『日本の科学者』三一巻五月号、一九九六年、三三-三七頁。

(10) 一九七四年の初頭、みかんなどから産直がはじまる。参照、安全な食べ物をつくって食べる会『村と都市を結ぶ三芳野菜』、ボロンテ、二〇〇五年。

(11) 『日本有機農業研究会　三芳大会記念誌』二〇〇六年。

(12) 安全な食べ物をつくって食べる会、前掲書、第一章。

(13) 福岡正信『わら一本の革命』春秋社、二〇〇四年。初版は一九七五年、柏樹社。

(14) 神戸青年学生センター『医と食と健康』駱駝舎、一九八三年。

(15) (財)協同組合経営研究所『暗夜に種を播くごとく』農山漁村文化協会、二〇〇九年、二七三頁。

(16) 露木裕喜夫『自然に聴く』露木裕喜夫遺稿集刊行会、一九八二年。

(17) 安全な食べ物をつくって食べる会、前掲書、五六頁。

(18) 同上。
(19) 特定非営利活動促進法（一九九八年三月成立）。
(20) 問題の改善方法に、女性ならではの発想がある。たとえば、「同じものばかり続くと食べきれない」と、生産者に苦情を言う前に、保存食係りを新設して漬けものの講習会を開いたり、料理のパンフレットを発行して、全量消費の工夫を促すという具合である。
(21) 安全な食べ物をつくって食べる会、前掲書、一一七頁。
(22) ブルターニュ地方振興研究基金を得て、日本とフランスの四〇名のさまざまな分野の研究者、市民活動家、農民の協力を得て取り組んだ、四年半の日仏比較共同研究。地域の農産物の産直による都市と農村の交流のあり方と可能性を、実例をもとに比較分析。成果はレンヌ大学出版局から二冊の本になっている。
(23) ＡＭＡＰについては、Claire LA MINE, *Les AMAP*, Paris: Yves Michel, 2008を参照。
(24) 地域支援型農業。
(25) フランスの国勢調査調べ。
(26) 一九七八年に日本有機農業研究会の総会で一楽照雄が提言して採択された「生産者と消費者の提携の方法」。以来、この一〇カ条が提携運動の基本理念となる。日本有機農業研究会のＨＰ（http://www.joaa.net/mokuhyou/teikei.html）参照。
(27) 土居健郎『表と裏』弘文堂、一九八五年。

コラム⑱

子どもたちの食卓

子どものころ大好きだった駄菓子は、いまも舌のどこかに妙な味を残している。甘酸っぱいスモモは、食べると、口のなかが真っ赤に染まった。あのころ、添加物や色素に発ガン性があるなんて、誰が思っただろうか。

二〇〇九年の夏、日本でも公開されて話題になった映画に「未来の食卓」がある。南フランスのバルジャック村の小学校が、給食を有機に切りかえていく様子を追ったドキュメンタリー映画である。それを撮ったジョー監督は、二〇〇四年に結腸ガンを患っている。手術は成功し健康を回復したものの、スポーツが好きで、メタボ体型でもない自分がなぜガンに侵されたのか。その疑問が、監督の目を食と環境に向けさせた。

バルジャックは、ブドウ畑の広がる美しい農村だ。しかし、七〇年代にはじまった農業の集約化で、農薬や化学肥料の投入が増え、農民に健康を害する者が出たり、水質汚染が問題になったりしていた。慣行栽培のブドウ農家にガン患者が増え、小学校の生徒にもガン患者が現れた。そんななか、子どもたちの食と環境を守ろうと、栄養士が動き、村長たちが立ち上がる。学校園で野菜づくりがはじまり、子どもたちは自分の手で育てた野菜を味わい、自然との共生を体感する。そして、有機野菜の給食を喜んで食べるようになる。

幼稚園年長組の調理実習

映画はフランスでは、有機食品への関心を高めるきっかけとなった。バルジャック村でも三軒の慣行農家が有機に転換を決めている。しかし、現実はまだ、子どもたちの食の安全を守るという理想からはほど遠い。二〇一〇年の夏、フランスの健康と環境を考えるNPOが連携して行った「一〇歳児の食生活想定調査」の結果は深刻である。[1] パリ地域のスーパーで、栄養バランスを考えて買ったふつうの食品で子どもの食事を用意すると、一日当たり、一二八種もの残留化学物質を口にすることになるという。殺虫剤、ダイオキシン、重金属、色素、保存料などが主な残留物質だが、輸入品の缶詰めや米のなかには、フランスでは禁止されている残留添加物も発見されている。[2]

フランスの環境省は二〇一八年までに、農薬の使用を半分に減らすことを目標に掲げた。面積当たりの農薬投下率では、世界一といわれる日本である。二〇〇六年一二月に有機農業推進法が施行されたが、台所の野菜に目にみえる変化を感じない一方で、書店の健康コーナーには、平積みされるガン関連の本が増えていく。実家に野菜を届けてくれていた農家のおじさんが、結腸ガンで入院したと、母が電話で知らせてきた。「農薬禍では？」と気をもむわたしに、「手術をしたから大丈夫でしょ」と、あっさり言ってのける母。友人、知人にガンの人が増えて、心に耐性ができてしまったのだろうか。

ガンは、日本でもフランスでも死亡率第一位の病気だ。「ガンは怖くない、克服できる」という専門家や体験者の言葉は、もちろん大切だ。だが、なぜガンが急増しているのか。なぜ子どもがガンにかかるのか。その問いかけを忘れてはならない。食の安全と環境保全は、そこに住む市民総体の問題である。まわりの人を思いやり、自然や資源を大切にし、少しでも住みよい社会をつくっていこうという努力は、みんなの責務だ。エゴな健康管理だけでは、緑なす大地を次世代に残せない。新しい命の誕生と新芽の萌える春を、心から喜べる市民社会の一員でありたいと願う。

（1）二〇一〇年一二月二日付けの「ル・モンド紙」

（2）有機食品は対象外。

（アンベール－雨宮裕子）

14. 食と農のステークホルダー

矢野晋吾

一　湖に浮かんだ田んぼ

船で渡る田んぼ

写真1をご覧いただきたい。琵琶湖の東岸、滋賀県近江八幡市「西の湖《にしのこ》」沿岸の光景である。島のような部分の多くはヨシ帯であるが、中央付近に浮かぶ島だけほかと違った一面をもっている。「権座《ごんざ》」と名付けられたこの島は、現在も水田として実際に耕作が行われている。春には田植えが行われ、秋には島が黄金色の稲穂に染められる。この権座、写真では陸続きにみえるが、実際は橋の架からない孤島となっている。つまり、人びとは田んぼを耕すために、現在も船に農具を積んで渡らなければならない。三隻の船を横に並べてつなげ、春には重い田植機を、秋には収穫した籾を乗せて湖上を運

ぶ。

かつて、琵琶湖沿岸では権座と同様に、浮き島状の水田が数多く存在した。人びとは集落にある船着き場から「田舟」という耕作用の船で耕地へと向かっていた。現在では、そのほとんどが失われ、権座を残すのみとなっている。

こうした浮き島の多くは、長い時間をかけて人間がつくりあげてきたものである。湖底の泥や水草などを、ヨシ帯へと営々と積み上げ、陸地を形成していった。途中、大水などで島が流されたり、積んだ土が流出しても、再び根気よく陸地へと改変していった。その過程で、船で石を一つ一つ運んで周囲に沈め、石垣を積みあげて、島状の田んぼが生まれたのである。

写真１　湖に浮かぶ田んぼ「権座」
（中央の島、手前部分。近江八幡市 HP より）

権座も、いつごろからこのような耕地として利用されてきたか、正確な年代はわからない。地元の人は「何百年も」経っているのではという。

本章では、湖岸で営々と受け継がれてきた「権座」を舞台に、時代の流れのなかで地域資源と人びととのかかわりがどのように変化し、〝価値〟を組み替えていったのか、たどってゆくこととする。

二　水辺の農と暮らし

伝統的な農と環境利用

権座を擁する滋賀県近江八幡市白王町《しらおうちょう》は、世帯数七一、人口二四一人の集落である。[1] いわゆる明治行政村「島村」の一集落と位置づけられ、その後一九五一（昭和二六）年に八幡町と合併、一九五四年に近江八幡市となった。

白王町は西の湖という琵琶湖につながった内湖《ないこ》[2]に面している。地先に浮かぶ権座の面積は約二・五ヘクタール、ほぼ全域が耕地である。このうち、滋賀県が約一ヘクタールを所有し、残りは一二戸程の農家の所有地である。本節では、その一軒であるAさん（昭和四年生まれ）の話から、かつての権座の姿をみてゆきたい。

昭和のはじめごろ、権座にあるAさんの田んぼでは、コメに加え裏作で麦と菜種をつくっていた。のちに第二次世界大戦中の供出割当で「一等田」の評価を受ける良田で「コメは（一反当たり）一〇俵とれた」という。

地味こそ良かったが孤島である権座の農耕には苦労がともなった。とりわけ収穫物や農具の搬入出は困難だった。収穫した米のほか、耕耘用の牛も船に乗せて運んだ。牛は重いので、田舟を二隻連結して運んだという。

水利にも苦労した。かつては炎天下、人力の水車を足でこいで揚水していた。昭和のはじめごろになって、石油発動機が導入され、その労力こそ軽減されたが、島ゆえの運搬の労力は変わらなかった。それでも権座の耕地と周辺の水域も含めた一帯は、白王の人びとにとって大切な生産の場であった。

権座の沿岸は、肥料の採取地として利用されていた。毎年、八月一日になると「ドロモ」と呼ぶ水草採取が解禁となり、田舟に乗り込んで競って採取した。また、端午の節句のころには付近のヨシ帯で、ヨシの若芽を刈り、田に入れ肥料とした。このほかヨシは筵《むしろ》を編むなど農業資材として利用していた。(3) 白王では、ヨシをすだれなどに加工して販売する農家もあった。これらの作業は湖底や湖岸の清掃という面もあり、結果として西の湖の環境保持にもつながっていた。

権座付近は、よい漁場でもあった。多くの農家が冬期の副業として行っていたのが、貝の採取であった。「貝曳き」という曳き網で、カラス、イケチョウ、モモガイなどを採取し、対岸の安土町などの仲買業者に売った。一軒で三人出て漁を行ったら、「相当な収入だった」という。このほか、エリ（琵琶湖独特の定置網）を設置したり、トアミ・コイトアミ（刺網）で魚を採る家もあった。

以上のように、島である権座での農作業は困難をともなう面もあった。それでも、周辺水域も含め、地域一帯の資源を活かしながらの生業が受け継がれていた。

農業〝産業化〟の波間で

琵琶湖周辺に点在していた内湖は近代以降、農地拡大のため次第に埋め立てられていたが、第二次世界大戦による食糧事情の悪化を契機にその動きが加速した。白王町の東側にあった大中《だいなか》の湖《こ》では戦後まもなく干拓がはじまり、一九六八年にすべてが埋め立てられて一一四五ヘクタールにのぼる広大な耕地となった。事業がはじまった当初、県の計画では、権座も陸続きになる予定だったという。しかし、実際に事業が進むなかで、その話は立ち消えになった。

加えて、権座が消失しかねない計画も持ち上がった。西の湖に注ぐ蛇砂《へびすな》川からの水をすみやかに琵琶湖へ流すために新たに河道をつくる計画だった。権座の西側約三分の一が流路にかかる計画で、当該の土地は国によって買い上げられた(4)。しかしこの計画は、水域を分断しヨシ帯に大きな影響をもたらすため、工事に入れないまま地元との調整が続けられた。この間、国有地部分は荒れたまま放置されることとなった。

権座が開発の波にもまれるなか、白王町の水田は大きな変革期を迎えていた。一九六〇年代以降、干拓や基盤整備が進み、水田は農業機械に好適な広い区画に改変された。用排水路も整備され、水をめぐる苦労は過去の話となった。同時に水辺の利用も化学肥料の普及、内湖の埋立てによる水質の悪化などで消長し、漁家も農業専業や通勤兼業に転じた。

「先祖の土地を守る」使命感で耕作

農作業の効率化が進んだことで、集落の生業構造も一変した。図1に示したように、一九六〇年時点で農家数五四戸、うち専業農家数一一戸であったが、一〇年後にはそれぞれ三九戸、一戸へと急減した。

その後、ほぼ全戸が第二種兼業農家へと移行した。若い家成員は集落の外部へ通勤するようになり、高齢者世代が地域の農業を支えるようになった。白王町は、機械化された水田耕作と通勤兼業が主流の都市近郊農村へと変貌を遂げた。

こうした時代の波をまともに受けたのが権座だった。陸と隔絶された権座で農作業を行うには、そのつど、重い農業機械を船で運ばなければならない。三隻の船を連結して板を敷き、バランスに注意しながら機械を乗せて、慎重にこぎ出す。この労力は多大で、何より危険がともなった。Aさんによると「根性がいる、危険」な作業であった。

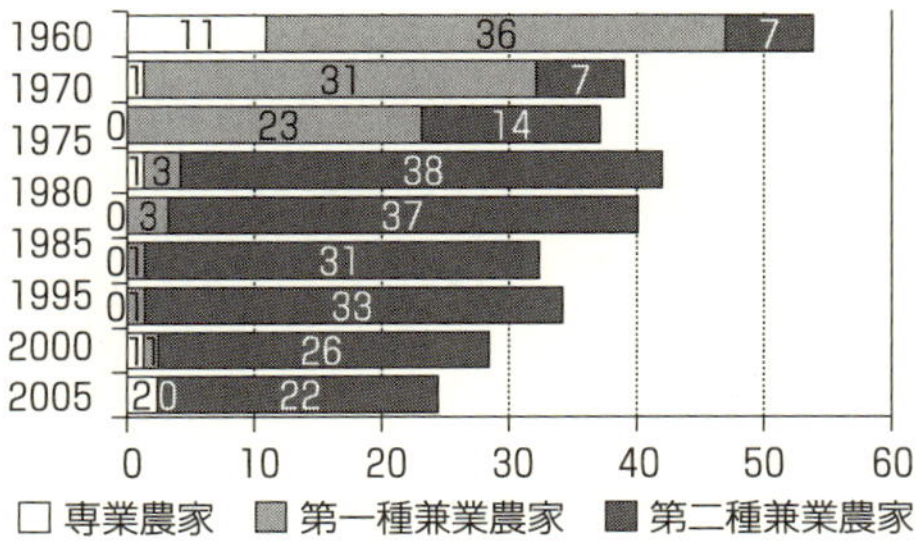

図1　専兼別農家数

注）2000年、2005年の専兼別は販売農家の値。
出所）農業センサス集落カードをもとに筆者作成。

こうして権座の水田の耕作を休止する農家が出はじめ、一時はわずか二戸の農家だけがかろうじて耕作を続ける状態であった。そのうちの一戸、Aさんは、「先祖の土地を荒らさないようにつくっていた。（市内に通勤する）息子がやってくれたので続けてきた」と述懐する。もはや耕作の目的は生産ではなく、先祖の土地を守るという使命感だけであった。

表１　景観保全に向けた動向

2004年	景観法制定
2005	近江八幡市風景づくり条例策定
	景観法にもとづく風景計画決定（水郷風景計画）
2006	重要文化的景観「近江八幡の水郷」選定
	景観農業振興地域整備計画策定（近江八幡市）
2008	西の湖がラムサール条約に拡大登録
2009	「にほんの里一〇〇選」選定（白王町と円山町）

三　文化景観としての価値発見

景観をめぐる政策

通勤兼業が主流となり、米の減反政策も続く農業環境にあって、権座の耕地はもはや生産農地としてその価値を失ったかに思われた。ところが近年、風向きが急速に変わってきた。きっかけになったのが、景観を地域資源として見直した政策転換であった（表1参照）。

最初の契機が、二〇〇四年の「景観法」制定であった。これは、市町村を景観行政団体として位置づけ、各団体が景観計画を策定し、景観地区や景観計画地区を定め、景観保持のための規制などを設けることを目的とした法改正であった。

これを受けて翌二〇〇五年、近江八幡市は風景づくり条例を策定、景観法にもとづく風景計画を決定した。全国的にも早い決定であった。この「水郷風景計画」では白王町のほか隣接する円山町、琵琶湖岸の集落など約一六〇〇ヘクタールが指定された。計画地域はおおむね四つに区分され、白王・円山・北之庄岩崎は「水と緑豊かな自然と人々の営みの融合によりつくられた歴史ある文化的な風景」が特徴の地域と位置づけられた。

二〇〇六年には、文部科学省による「重要文化的景観」の全国第一号として「近江八幡の水郷」が選定された。「重要文化的景観」は、前年の文化財保護法改正を受けて制定されたものである。従来、建物に重点をおいていた政策を進展させ、地域に住む人びとがつくりあげ、守ってきた景観を文化的景観としてとらえるという政策であった。

また同年、近江八幡市は農業振興の立場から景観農業振興地域整備計画の作成をはじめた。このプロセスで、白王町でも数回にわたり市と農業者との座談会が重ねられた。こうした行政側のはたらきかけを受けて、地元白王町の農業者は、みずからの集落、農地の新たな価値を認識しはじめることになる。

権座の〝再発見〟と水郷コンサート

そのころ、白王町に一つのイベント開催がもちかけられた。「座と市づくりプロジェクト 二〇〇六 権座水郷コンサート」である。企画したのは、県の淡海《おうみ》文化振興財団による地域プロデューサー養成塾「おうみ未来塾」の七期生による地域課題研究グループ「ひょうたんからKO‐MA」であった。白王町を含む近江八幡市島学区をフィールドに、「農をベースとした持続可能な地域再生のための人が集まる場づくり」、「ひと・もの・ことが集まりにぎわう「座と市」」をつくる取り組みを行っていた。メンバーは活動を通じ、水郷の伝統的生活を象徴する場として権座に着目。コンサート開催を打診してきたのである。

表2　権座をめぐる活動の動向

2006年	「座と市づくりプロジェクト二〇〇六権座水郷コンサート」開催
2008	権座に魚道設置。酒米「渡船」初植えつけ
	「権座・水郷を守り育てる会」サポーター募集開始。「農の収穫感謝祭」開催
2009	「権座・水郷を守り育てる会」第1回交流会開催
	純米吟醸酒「権座」お披露目
	田植え体験開催
	滋賀県「世代をつなぐ農村まるごと保全向上対策」滋賀県知事賞
	「にほんの里一〇〇選」選定（白王町と円山町）
2010	「豊かなむらづくり全国表彰事業」農林水産大臣賞

おりしも白王では景観を集落の資源として再評価する機運が高まっていたため、白王町が協力、白王町営農組合が後援というかたちで協力することとなった。早速、実行委員会を立ち上げ、県の文化活動開催補助事業に公募し、二〇〇六年一一月に実現した。

コンサートはプロと地元の子どもたちを交えた三セッションで行われた。地元島小学校の三・四年生がプロの指導のもとで木管五重奏を演奏し、講談師と幼稚園児のコラボレーションによる講談などが行われた。

白王町と営農組合は、「物産バザール」の屋台で参加した。権座でとれた新米のご飯、豚汁、地元で採れた野菜や湖魚も販売し、餅つきも行った。

また、NPO法人の企画に地元の農業者も加わり、縄ないの実演、田舟の艪《ろ》こぎ体験、漁体験、ヨシ加工体験などの「体感ワークショップ」も行った。

参加者は当初の予想を大きく上回る八〇〇人にのぼった。この集客は地元にとって大きな後押しとなった。それまで行政の担当者から白王の景観の価値を聞かされてはいたが、一般の消費者が権座に注目していることに驚き、実感したという。こうして、みずからの地域資源を再認識し、集落と集落営農組合が新たな取り組みの模索をはじめることとなる。

NPO・消費者との連携

その矢先、農林水産省の新たな施策がはじまった。二〇〇七年度の「農地・水・環境保全向上対策」である。滋賀県では「世代をつなぐ農村まるごと保全向上対策」という名称で、地域の資源や農村環境の保全活動に、農業者と地域住民、農業組織に加え、NPOや都市住民の参画を求めていた。白王町では集落と営農組合が中心となって「白王町鳰《にお》の会」という受け皿を組織し、これに対応した。

NPOとの連携は、魚類保護のNPO法人「旅するおさかなサポーター」との活動があげられる。二〇〇八年四月、白王町と協力して西の湖から権座の水田へ魚が遡上するための魚道を設置した(5)。以前より滋賀県は、魚が遡上して産卵を行う環境保全型水田を「魚のゆりかご水田」と名付け、生産されたコメは県の登録商標である「魚のゆりかご水田米」としてブランド化していた。この連携は、「農地・水・環境保全向上対策」と県の農産物ブランド化事業を同時に活用したものであった。

また、都市住民との連携としては、二〇〇八年五月に「田植え体験」を開催。地元のボーイスカウトや既述のNPO法人などを通じて都市部の住民を集めた。

四　守る会の結成と権座渡船プロジェクト

「権座・水郷を守り育てる会」の発足

さらに都市住民との交流を広げるために、同年一〇月、「権座・水郷を守り育てる会」が発足する。白王町・営農組合がこれまでイベントに参加してきた団体や都市住民に呼びかけて組織した。一一月には、「農の収穫感謝祭 in GONZA」と銘打った、一般市民を集めての収穫イベントを行った。その後も田植え、水田へのフナの放流、権座を囲む石垣の補修、稲刈りなど、消費者と一体になった活動が継続している。

活動を通じて権座における農の営みは、一般の消費者を農地保全の当事者として包摂していくこととなった。従来、農地は農業集落が保持してきた生産資源であった。ところが、その価値は時代とともに低下し、かわって環境資源としての価値が再認識された。これを受け、環境資源の享受者である一般の消費者にも、維持管理の一翼を担ってもらうための仕組みを「権座・水郷を守り育てる会」が主導し構築したのである。

もちろん、一般消費者がただ維持管理を分担することは現実的ではない。活動の核となったのが「渡船」という酒米でつくられた清酒であった。

渡船は、古く滋賀県で選抜された酒米の優良品種で、大正から昭和にかけて広く栽培されていた(6)。と

写真2　2008年開催の「農の収穫感謝祭 in GONZA」（左・餅つき　右・和船体験）

ころが、丈が高く病虫害に弱いため、農業産業化のなかで淘汰された。その種籾が県農業試験場で発見され、二〇〇四年から県が増殖を開始していた。

二〇〇八年、権座で行われた「田植え体験」イベントの際、参加していた県職員がこの品種のことを白王の農業者に話した。その場で、「船で渡る田んぼに「渡船」という品種はええ」と盛り上がり、すぐに苗を入手し権座の水田に植えた。

その秋には三六俵を収穫、近隣の酒蔵メーカーに納入した。当初、メーカーからは「酒造りは儲けが出ない」ので「利益目的ならやめたほうがいい」と念を押されたという。話し合いの末、メーカーは「儲けるのではなく、権座を守る活動として」であればつくるということになり、商品化にこぎ着けた。酒のラベルには、西の湖のヨシを混ぜた和紙を使い、地域の福祉作業施設で手漉きしてつくってもらっている。デザインは、造形作家が西の湖産の「ヨシ筆」で描いた。二〇一〇年からは、権座の水田全域で渡船を栽培しはじめている。

清酒「権座」は活動を理解した「権座・水郷を守り育てる会」会員の酒販店で販売がはじまったが、マスコミにも取り上げられ、すぐに品薄となった。

酒の評判もあって、「権座・水郷を守り育てる会」の会員は二〇一〇年春の段階で一六〇人を数えている。会員層も景観・環境に関心をもつ人、琵琶湖の魚に関心をもつ人、清酒の愛好家など裾野が広がっている。

補助制度の積極的な利用

さらに、渡船を精米し酒を仕込んだ際に出る副産物利用の模索もはじまった。糠・米粉・酒粕を利用し、地元特産品の北ノ庄かぶ（北ノ庄菜）、黒豆、近江牛などを組み合わせて粕漬などの新商品を開発している。これによって、「水郷資源の地域内完全有効活用（ゼロエミッション）をめざす」という。

こうした活動には、各種補助制度を積極的に利用している。副産物利用の活動は、滋賀県産業支援プラザによる「しが新事業応援ファンド」に応募し四五万円の助成金を受けている。そのなかの個別な活動も同様である。たとえば北ノ庄かぶは、二〇〇九年度に県農政水産部が「重点素材」として生産を推進し、近江八幡市も「水郷野菜」として認定、「産地生産拡大プロジェクト支援事業」によって二〇〇八年度から栽培奨励事業を行っている。二〇一〇年度には、商工会議所の「地域資源∞全国展開プロジェクト事業」として白王町が補助を受けている。

黒豆も減反補償のなかでの高付加価値化を模索した結果、たどり着いた作物である。転作の大麦・小麦が採算割れを続けていたため、二〇〇六年に試験的に作付けを開始した。本場の丹波まで栽培法を学びに行ったが栽培は難しく、試行錯誤を繰り返した。手間がかかる手植えをあえて行い発芽率をあげるなど努力し、二〇一〇年には黒字化にこぎ着けた。

行政側の施策に積極的に対応し、個別の活動を関連づけて別の総合的な事業として立ち上げ、さらに他の補助事業に応募する。こうした取り組みの積み重ねが白王の活動を支えている。

行政施策に寄りそった地域の価値創出

本章では、時代を超えて受け継がれてきた「権座」に注目し、地域資源と人びととのかかわりが時代のなかで変化し、〝価値〟を組み替えていった状況をみてきた。

権座を擁する白王町の取り組みは、現在までさまざまな場で評価を受けてきた[7]。一見、白王町は豊かな資源をもっているゆえ、活動がおのずと成功しているとみえるかもしれない。

たしかに、農地の〝価値〟を組み直すきっかけとなったのは、生産最重視から、景観・環境を評価する政策転換であった。「産業資源」としての価値を失った水田が、「環境（景観）資源」として、いわば外圧的に新たな価値を生成した側面があることは否定できない。

それでも、これら政策の裏づけをしても、権座のような土地は、もはや生産者が生産資源としてのみ守っていくことは現実的ではなかった。そこで、環境資源の享受者である一般の消費者をステークホルダーとして巻き込みながら、維持管理を担う仕組みとして編み出されたのが「権座・水郷を守り育てる会」であった。この仕組みは、「農地・水・環境保全向上対策」に代表されるような国、県、市などの政策的裏づけがベースとなっていたが、白王町とＮＰＯ・個人消費者を結ぶ活動となって広がっていった。一連の活動の背景には、補助金や転作、新たな農業施策など、従来の行政依存型の農業の路線をふまえながら、社会環境の変化に柔軟に対応する集落の姿が垣間見える。白王町は、これまで干拓や河川改修、減反など大規模な政策に大きく左右されてきた集落である。それゆえ、行政の施策に寄り添いながら、新たな地域の価値を社会関係を組み上げながら実体化し、それによって農の生産を継続可能にする方向性の模索が、権座をめぐる活動を通じて続けられている。

（1）近江八幡市総合政策部政策推進課『近江八幡市統計書 平成二十一年版』二〇〇九年。
（2）琵琶湖湖岸には「内湖」と呼ばれる小さな湖が点在する。内湖とは、水路で琵琶湖とつながっている池沼のことである。かつては多数存在し、最大の内湖であった大中の湖は、一一四五ヘクタールの広さであった。後述するように内湖は多くが埋め立てられたが、権座を擁する西の湖は二二一ヘクタールの面積で、現在、最大の内湖として残っている。
（3）この辺りは、京すだれの原料となる高級な「弥勒ヨシ」の産地として知られる。白王に隣接する円山の集落では、現在にいたるまでヨシ加工業が盛んで、大規模な業者も存在している。
（4）この土地は、のちに県有地となって現在にいたっている。
（5）フナ、コイ、ナマズなどの魚は産卵期に浅瀬（水田など）に遡上し、産卵する習性をもつ。稚魚は外敵が少なくプランクトンなどの餌が豊富な環境で成長した後、琵琶湖に下ってゆく。
（6）正確には「滋賀渡船六号」という品種である。
（7）二〇〇九年、白王町と円山町が「にほんの里一〇〇選」（朝日新聞社と森林文化協会）に選定。同年、「世代をつなぐ農村まるごと保全向上対策」（滋賀県）滋賀県知事賞受賞。二〇一〇年、白王町集落営農組合が「豊かなむらづくり全国表彰」（農林水産省）で農林水産大臣賞受賞。同年、白王町鳰の会が「農村計画学会賞」受賞など。

コラム⑲

NPO法人 田舎のヒロインわくわくネットワーク

〈設立主旨〉

農村女性の自立的なつながりを目指し、田舎から都会へ、生産者から消費者へメッセージを届け、未来に生きる子どもたちの健康と安全な食と農の環境を守り維持するために、地域を越えてつながり学び行動することを目的としています。

〈設立のきっかけ〉

一九八七年三月、福井県坂井市の生活改善グループ「スカンポ」のメンバー一二人の女性が、暮らしのあり方を見つめ、より豊かな農業農村の生活を実現するためヨーロッパへ農業研修に出かけました。その顚末記を書いた一冊の本『我ら田舎のヒロインたち』（山崎洋子著、おけら企画、一九八八年）が日本各地の県や市町村の実施する農業女性の海外研修のきっかけとなり、農村の女性たちの意識改革への刺激となりました。

一九九二年、お米の自由化で、日本農業の崩壊に危惧を抱いた農業女性たちが、大切なことを口に出して伝えようと、二五名の実行委員を中心に「この指止まれ」で全国の農業女性たちに呼びかけ、（社）家の光協会の応援を得て一九九四年三月、自前の全国集会を早稲田大学で開催。この全国集会をきっかけに田舎のヒロインわくわくネットワークが結成されました。農村に住む女性たちが精神的経済的に自立し、家や地域社会のなかで発信し行動できるようになるという初期の目的は、会を重ねるごとに互いにノウハウを伝え学び合い、経済的な自立をはじめるきっかけとなっています。自家野菜の漬け物や味噌づくり、ハム・ソーセージなどの食肉加工、チーズやアイスクリーム製造、仲間たちと大豆を生産し豆腐店を。産直、直売、農家レストラン、農家民宿、子どもたちの農業体験教室など。農業を基盤として生きていくさまざまな取り組みが進みました。また、全国集会の夢語りで夢を実現した田辺客子さんに刺激を受け、市会議員や町会議員、農業委員や教育委員、社会福祉委員など地域社会で活躍する女性が増えています。

二〇〇三年一月、NPO法人田舎のヒロインわくわくネットワークを設立しました。

〈活動内容として〉

★生産者と企業と消費者を結び、日本の食のあり方を問う雪印一〇〇株運動。二〇〇〇年雪印乳業の食中毒事件で、不買運動で企業をつぶすのではなく、生産者の視点から雪印乳業を監視し優良企業として立ち直ってもらうために一〇〇株運動を呼びかける。一人一〇〇株、一〇人で一〇〇〇株を購入し、代表が株主総会に出席する。牛乳を中心とした酪農や企業のあり方、役員に女性の参画などを提案。社員の農業体験の受け入れや生産者と企業と消費者を結ぶ対話会などを実施。その後、記録集『雪印100株運動——起業の原点・企業の責任』(やまざきようこ他著、創森社、二〇〇四年)を出版。牛乳、乳製品を通して、農業や企業のあり方を考える運動は日本の食のあり方へ一石を投じ、生産者と企業と消費者を結び、安全安心な食と農のあり方を見直すきっかけとなりました。

★二〇〇五年よりこども夢基金の助成を受け、「いのちと食べ物の学校・わくわく子供塾」を開催。「生きる力を育む」をテーマに小中学生を対象に毎年二泊三日の食と農の農業体験を開いています。

★(独)農業環境技術研究所の研究者とヒロインのメンバーが生産現場からの問題点を提起し、研究者と語り合う交流会を開催、今年で四回目になります。

★農業女性たちの情報交換と勉強会の「おけら塾」を開催。ヒロイン通信発行。企業と学生、生産者と消費者を結び、ヒロインツーリズムを提唱。女性たちの取り組みを取材記録しています。

以上のような活動ですが、近年、学生や企業に勤める若者たちのなかで、農業体験をしたいという人が増えています。世界の自由化に翻弄される日本国内で、自分たちの住む地域社会への構築と見直しやそのための情報交換が必要です。都会と田舎をむすび、若い人たちと農業・農村をつなぐための方法や、次世代につなぐため、農ある暮らしや環境を維持しながら、わたしたちはどう生きるのか。NPO田舎のヒロインわくわくネットワークは、さらなる模索を続けます。

（やまざきようこ）

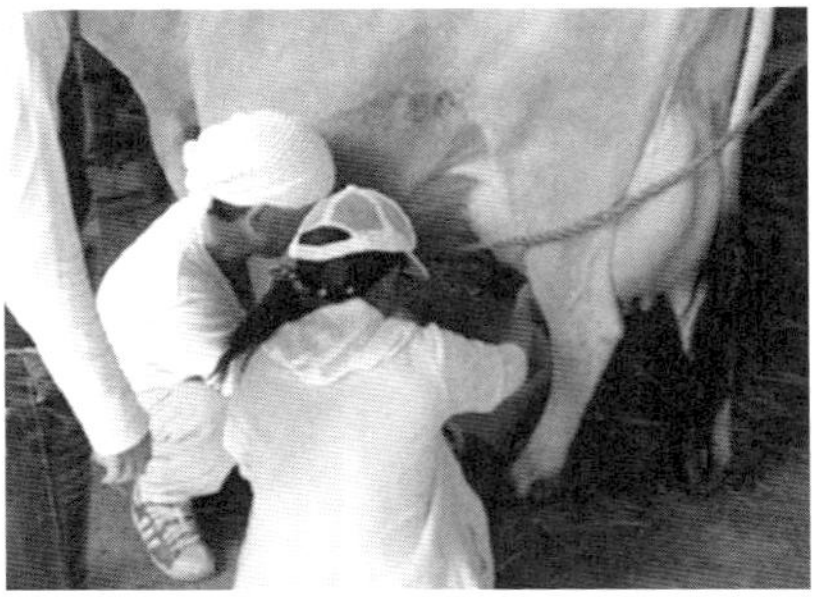

わくわく子供塾

おけら塾

おわりに

食と農の「乖離」が指摘されて久しい。食についてさえ、加工や流通などそれと関連するいろいろな機能が分離してさまざまなアクターによって担われているし、政策の側面でも表示や衛生基準やリスク評価などが多様な省庁に分かれて行われている。しかし日常生活では、そのことによって何か不都合が生じるということはほとんどない。とくに、都市生活を送っていると、食はファーストフード店やスーパーで簡単に入手できる。だからその先に何があるのかを想像する、あるいは想像しようという誘因はまったく存在しない。

だから巷間で「ＴＰＰ」（環太平洋戦略的経済連携協定）が日本の農業に大打撃を与えるとか、また世界で食料価格が高騰している（二〇一〇年二月現在、二〇〇七年から〇八年にかけての食料・資源価格高騰に並ぶ水準に上昇している）とかいわれても、もう一つ現実感や切迫感がもてない、というのが大方の感想だろう。あるいはそもそも関心の対象にさえのぼらないかもしれない。

他方、農業生産の現場においては、価格や売り上げに関心が集中し、食べ手の「顔」を思い浮かべることはほとんどない。だから、日本とオーストラリアの自由貿易協定やＴＰＰに反対するときも、日本の特殊性を声高に語るだけで食べ手の理屈では考えようとはしない。

食と農は不可分の関係にあるにもかかわらず、日本の食と農はこのように相互に切断され、みえない状態におかれていて、大変不幸な関係にある。国内でさえそうだから、世界的な広がりのなかでの食と農の関係を見通そうという視線は大変微弱である。その結果、食と農が生命＝「生きる」に直結していることが自覚しにくいという現代社会の脆弱性を促進している。

ところが奇妙なことに、食と農の乖離が問題にされるとき、多くの議論は、消費者の農への理解不足とか、農業や企業活動における消費者不在であるとかの結論に陥りがちである。さらには、そこから、食の側をもっと「日本」の農に引きつけて、輸入農産物の危険性と国産の安全性を過剰に強調しながら、できるならば「食料自給率」の向上に結びつけようとの狙いが透けてみえることもしばしばである。地産地消やファーマーズ・マーケットもこういった文脈で語られることも少なくない。

しかし、食と農とのつながりは「国産」偏重や「自給率」に収斂してしまうような問題ではないだろう。「国産」問題や「自給問題」に狭めてしまうと、食と農の多様なつながりを見落としてしまい、それをとりまく全体像がわからなくなってしまう危険性がある。日本の食と農は、グローバリゼーションの影響を受けているという言い方がされることがあるが、むしろ現実は、グローバリゼーションのさなかにある。その舞台のなかで、遺伝子組換えを含むさまざまな技術開発があり、農業を支える低賃金労働があり、それらを背景に安価で供給される食品があり、安さを求めるけっして豊かではない多数の消費者がいる。食と農のつながりは、そのようなもっと多様で多重的な意味のなかで考えていかなければ、現実的な力をもちえないのではないだろうか。

本書はこのような問題意識のもとに、まずは食と農をめぐる諸関係（つながり）を徹底的に洗い出すことを目指した。そのことによって、食と農に絡む意外な「発見」とおもしろさ＝意味づけを導き出したいと考えた。発見や意味づけがあってはじめて、人びとは、自分がどう考え、どう行動すればよいのかを考えようとするからである。この意味で、本書は農と食の問題に何らかの関心を抱く初学者に対して、みずから考えるための視座と素材を提供しようとする総合的な入門テキストとして位置づけられる。

食と農をめぐる諸関係（つながり）はほんとうに多様である。それはこの問題を考えるときにすぐ連想するフードシステムにみられるような川上・川下のチェーンだけではなく、空間的なつながりがもたらす諸問題や多元的な意味、歴史的・時間的な意味連関、要素市場をめぐる諸関係、諸々の主体間の関係など実に多元的である。だから、本書で取り上げたいくつかのトピックはもちろん、そのほんの一部にすぎない。本書で取り上げたトピックを参考に、読者がそれぞれ自分なりのつながりを「発見」し、その意味を考えてほしい。本書がそのための手掛かりになれば幸いである。

＊

編者の池上と原山、執筆者の岩崎と藤原は、二〇〇八年にナカニシヤ出版から『食の共同体――動員から連帯へ』を上梓した。そこでは食の共同体の歴史的現実と可能性を議論し、「胃袋の連帯」への希望を語った。本書は「胃袋の連帯」にいたるための前提的作業である。本書では、一つの象徴的なトピックが時間・空間・主体の交差のなかでどのように関係しあい、そのことでどのような意味が生まれてくるのかを明らかにするというアプローチを試みた。この結果を受けて、次には食と農を意識的に再統合（連帯）するための論理と実践可能性を提起したいと考えている。

食と農については数多くの単行本が刊行されているし、農業経済学や食料経済学のテキストもたくさん出版されている。しかし本書は、そうした標準的なテキストとはだいぶ趣の異なるスタンスに立ち、ふつうにはなかなか想像しにくい現実のつながりを極力あぶりだしてきた。ここに本書のこだわりと意味がある。

＊

本書の編集が最終段階にさしかかった二〇一一年三月一一日、「東北地方太平洋沖地震」（東日本大震災）が発生した。この未曾有の大災害によってもたらされた事態は、「被害」と呼ぶにはあまりにも悲惨で深刻なものとなった。いまだ、全体像がみえないほどの災禍に見舞われた方々に、心からのお見舞いを申し上げるとともに、亡くなった方々のご冥福をお祈りする。

この震災により、福島第一原子力発電所にきわめて深刻な事故が発生した。これが今後どのように推移していくのか、この原稿を書いているいまの時点で、まったく見通しが立たない。ただひとついえるのは、原子力発電所が都市部から離れたところにつくられていることもあり、わたしたちの多くがその問題性を忘却していたということである。そして、いままさに、放射性物質や放射線というリアリティーのなかで、あらためて現実の問題として気づきはじめている。ここには、人口密度の低い地域にリスクを負わせて問題を忘れ去ろうとしてきた現代日本の思考様式と、高リスクを承知していてもそれに依存しないと成り立たないという状況に地域社会を追い込んできた「経済的合理性」の魔力が介在している。そしてひとたび「想定外」の出来事が起こると、そのリスクは当該地域を苦難に陥れると同時に、ブーメランのごとく都市部に住む人びとにも襲いかかる。さらに国境を越えたはるか彼方までもが放射性物質の脅威にさらされる事態も起こりうるだろう。

食と農は、人間の生存に深くかかわっている。原子力発電所の事故は、それ自体が人体に直接的かつ深刻な被害を及ぼすばかりでなく、食べ物や水の汚染を通じて、わたしたちを蝕んでいく。食と農にとってまさしく「想定外」のこの事態を前に、わたしたちはいまあらためて、現代社会のあり方そのものをめぐる真摯な問い直しを迫られている。それは、「環境」や「健康」といったソフトな言葉遣いでは十分にすくいきれない、重い課題である。

本書で取り上げた食と農の「日常」をふまえつつも、これに重ねるかたちで、人間の生存をめぐる根源的な問いをもちながら、これからの未来を考えていければと思う。

＊

本書の出版にあたっては再びナカニシヤ出版の酒井敏行氏に一方ならぬお世話になった。最後に記して感謝申し上げたい。

執筆者を代表して
池上甲一・原山浩介

【資料】データからみる日本の農業のすがた

1　総合食料自給率
2　農産物の生産と需給
　2－1　品目別の自給率
　2－2　農産物作付面積
　2－3　穀物需給
　2－4　コメの供給と輸出入
　2－5　果実の生産量・輸入量・国民一人当たり摂取量
3　農家と農地
　3－1　専業／兼業農家数
　3－2　耕地面積
　3－3　人口・農家当たりの耕地と田
　3－4　用途別農地転用面積
　3－5　耕作放棄地の推移
4　畜産
　4－1　畜産物の自給率
　4－2　肉類供給量と濃厚飼料自給率
　4－3　飼料供給量と飼料自給率
　4－4　規模別肉牛飼養戸数
　4－5　肉用牛飼養戸・頭数および動力耕耘機台数
　4－6　乳用牛飼養戸・頭数

1　総合食料自給率（1960〜2009 年）

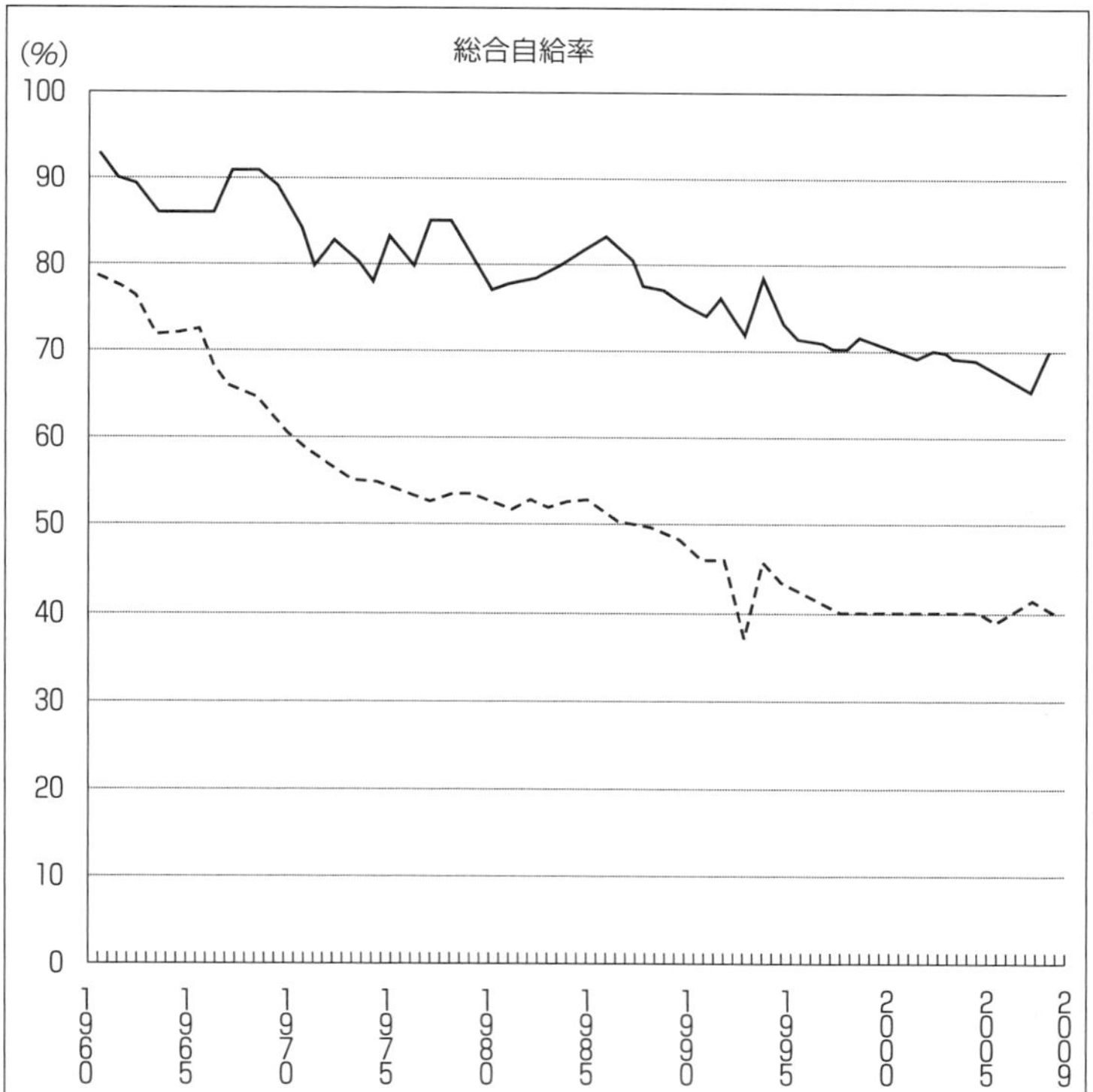

注）2009 年の値は概算
出所）『食料需給表』より作成。

【解説】

日本でしばしば用いられる食料自給率は、供給熱量（カロリー）ベースの総合自給率である。これは、最低限の生命維持のために必要となる食料の量に着目した算定である。この数値は 1960 年以来、ほぼ一貫して低下を続け、最近では 40%前後の数値に落ち着いている。なお、1993 年の落ち込みは、大幅なコメ不足が発生したことによる。

これに対して、金額ベースの自給率の落ち込みは比較的緩やかである。これは、国産農産物が輸入したものより高価格であること、カロリーは低いものの自給率は高い野菜などが反映されやすいことによる。

2　農産物の生産と需給

2－1　品目別の自給率（1960～2008年）

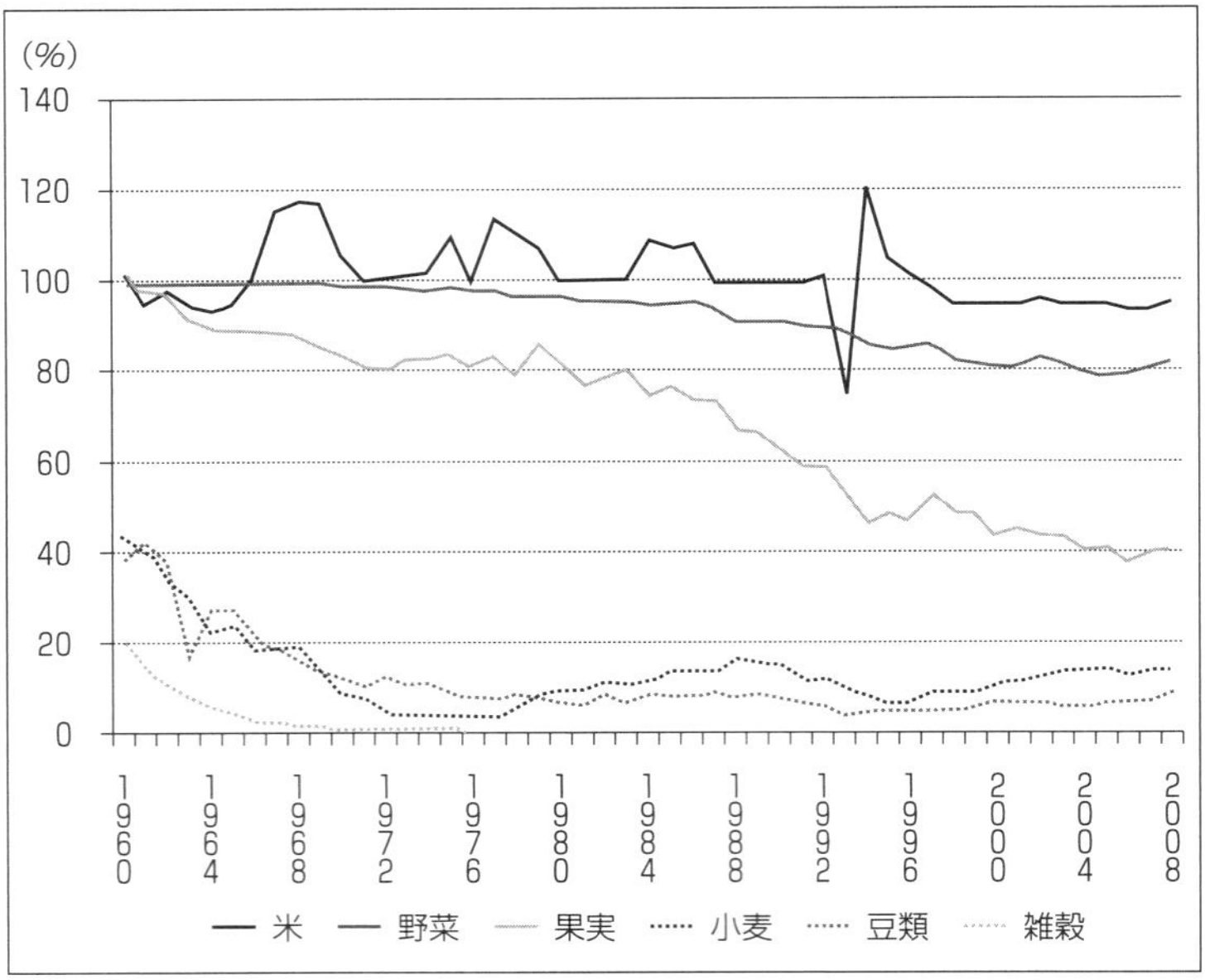

出所）『食料需給表』より作成。

【解説】

穀類のなかではコメが例外的に高い自給率を保っている。これは1994年までは食糧管理法によって流通や価格が、政府によって管理され続けてきたこと、その後も食糧法のもとで、輸入が抑制されていることによる。他方で、麦類、そして狭義には穀類ではない豆類など、それ以外の品目の落ち込みがいちじるしく、雑穀にいたっては1976年以来、統計上は自給率ゼロが続いている。これは、戦後の農業政策が、いちじるしくコメを偏重したものであったことを如実に示している。

野菜は、下落傾向にあるものの、比較的高い自給率で推移している。これに対して、果実は、輸入自由化が次第に進んだことなどから下落のペースが加速している。

2－2　農作物作付面積（1941～2008 年）

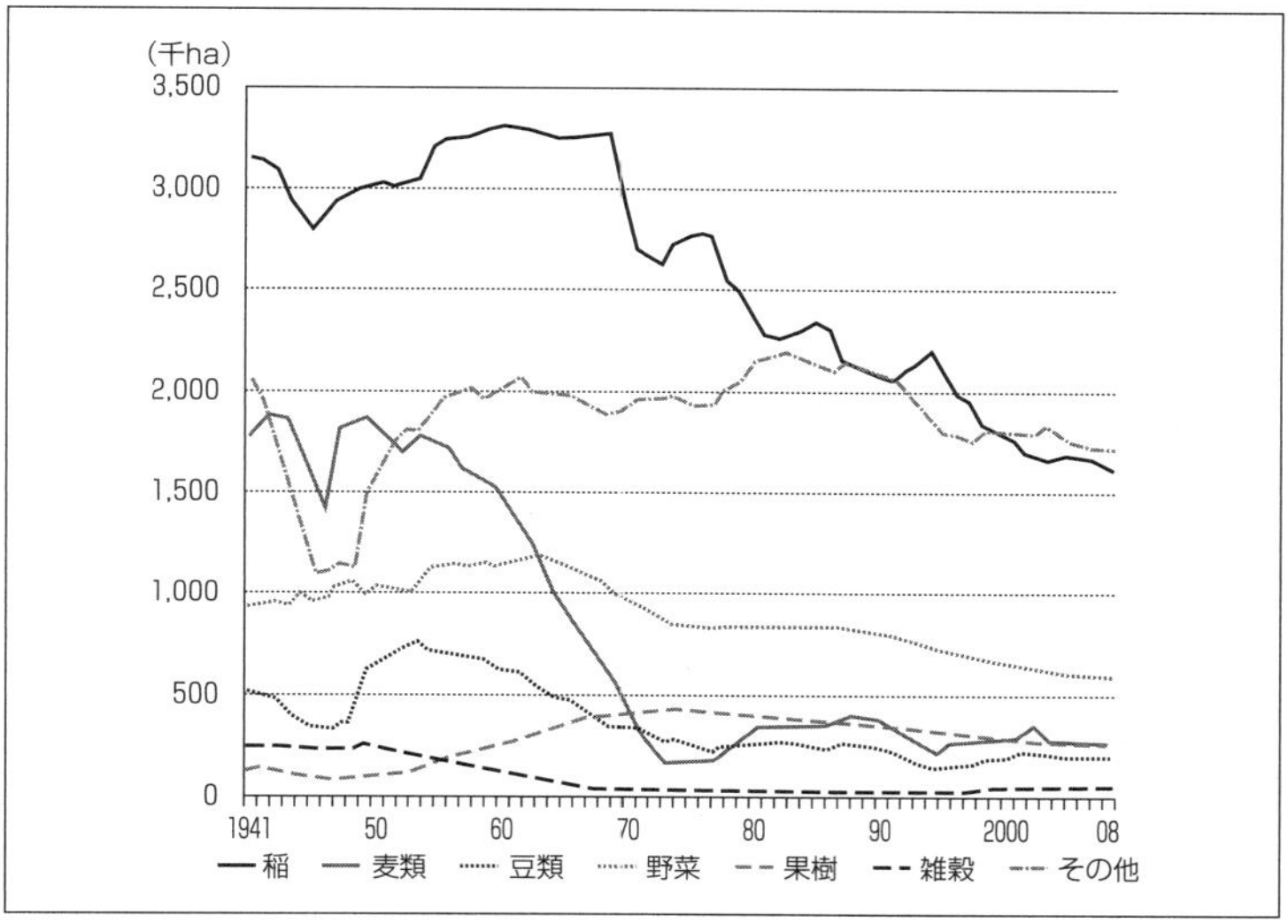

出所）『農林省統計表』、『耕地及び作付面積統計』より作成

注１）稲は水陸稲（子実用）合計面積である。

２）麦類は 1955 年までは５麦、1956 年以降は６麦（子実用）の合計面積である。ただし、1996～2003 年は青刈り用などを含む総数である。

３）雑穀および豆類は乾燥子実（未成熟との兼用を含む）である。

４）野菜には、えんどう、そらまめ、大豆、いんげんおよびとうもろこしの未成熟を含む。またばれいしょも含めた。

５）その他作物は、工芸作物、飼肥料作物、桑、花き、花木、種苗などである。

【解説】

戦時期、とりわけ 1942 年から敗戦直後までの作付面積の減少が目立つ。

戦後の高度経済成長期には、麦類の作付面積の減少が目立つ。この背景には、1954 年、日本とアメリカ合衆国のあいだで MSA 協定が締結されたのを皮切りに輸入が増大したことがある。小麦の輸入増加については、２－３を参照。また、麦類・雑穀・豆類については、稲作の裏作での作付けが行われなくなっていったことも影響している。

なお同じ時期に、果樹と野菜の作付面積が増えている。これは、生活にゆとりが生まれたことによる食生活の多様化と、農業基本法のもとでの作目の「選択的拡大」を背景としている。

1970～72 年には、米の減反政策による作付面積の急激な減少がみられる。これ以降も、作付面積の減少は続いている。また同じころから、野菜と果樹の栽培面積も減少傾向にある。

2－3　穀物需給（1878〜2008年）

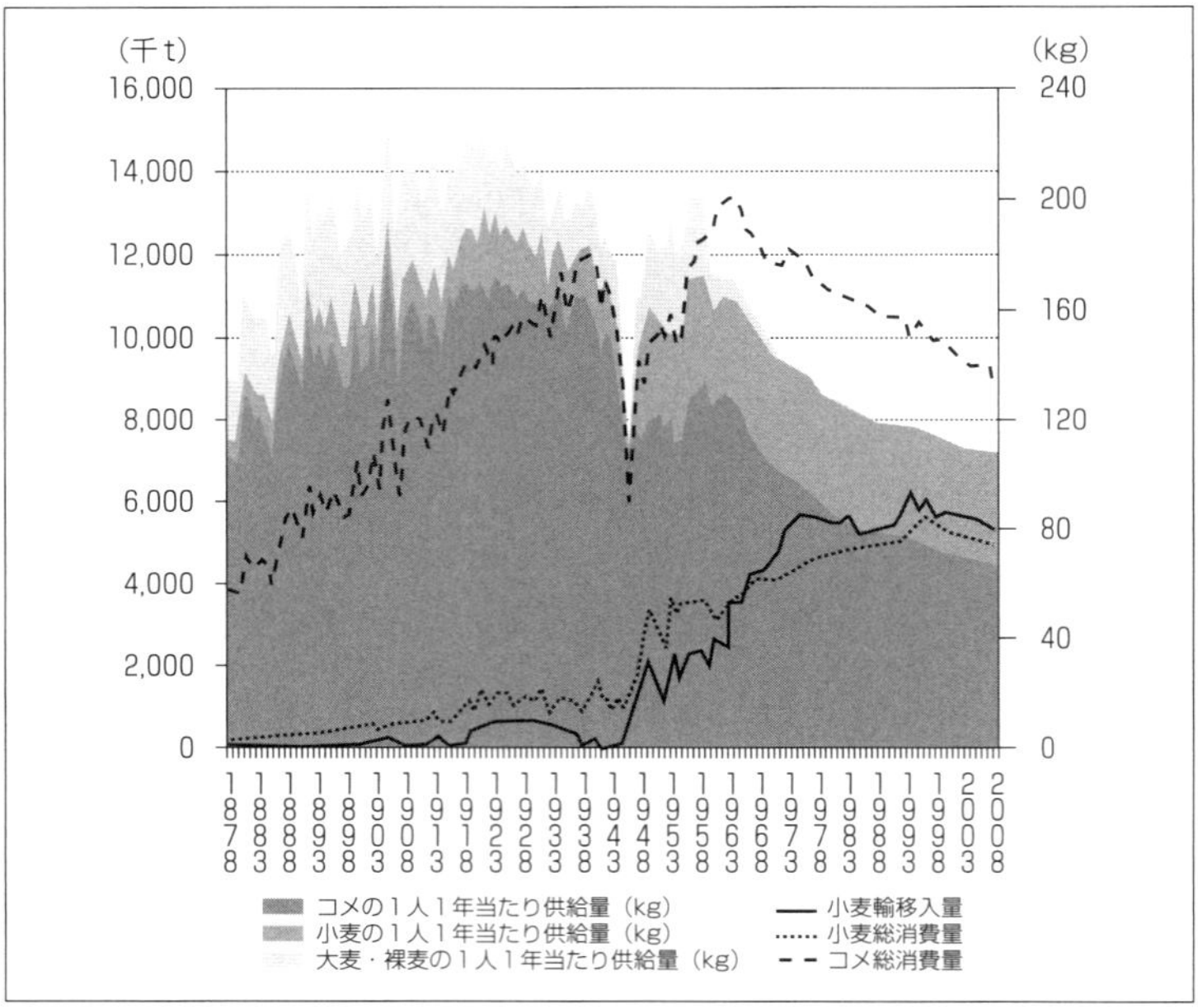

出所）『改訂日本農業基礎統計』、『食料需給表』より作成。
注）1878〜1956年は石単位を換算。

【解説】

このグラフでは、日本の穀物需給を、1878〜2008年という、長いスパンで示している。コメの供給と消費は、敗戦前後の落ち込みを経て拡大していく。そして1959年を頂点に再度低下し、日本人のコメ離れが進んでいく。これは、コメの生産過剰と減反政策、そしてコメ価格の下落の要因でもある。しかし、この下落した近年のコメの消費量は、実は1910年ごろとさほど変わらない。つまり、「日本人は昔からコメばかり食べてきた」のではなく、むしろ多くの人びとが毎日のようにコメを食べるという習慣が、近代化の過程で形成されてきたことがわかる。

また、戦後になって麦類の消費量がいちじるしく増えているのも、このグラフからわかる。敗戦間もないころは、コメが不足しているなかでの「代用食」という意味合いも強かったが、1954年のMSA協定締結を契機にアメリカ合衆国からの輸入が増え、同時に食卓の洋風化も進んだ結果、いまや食卓に欠かせない農産物になっている。グラフからもわかるとおり、戦後の麦類の消費増大は、輸入に支えられて伸びている。

2－4　コメの供給と輸出入（1878～2007年）

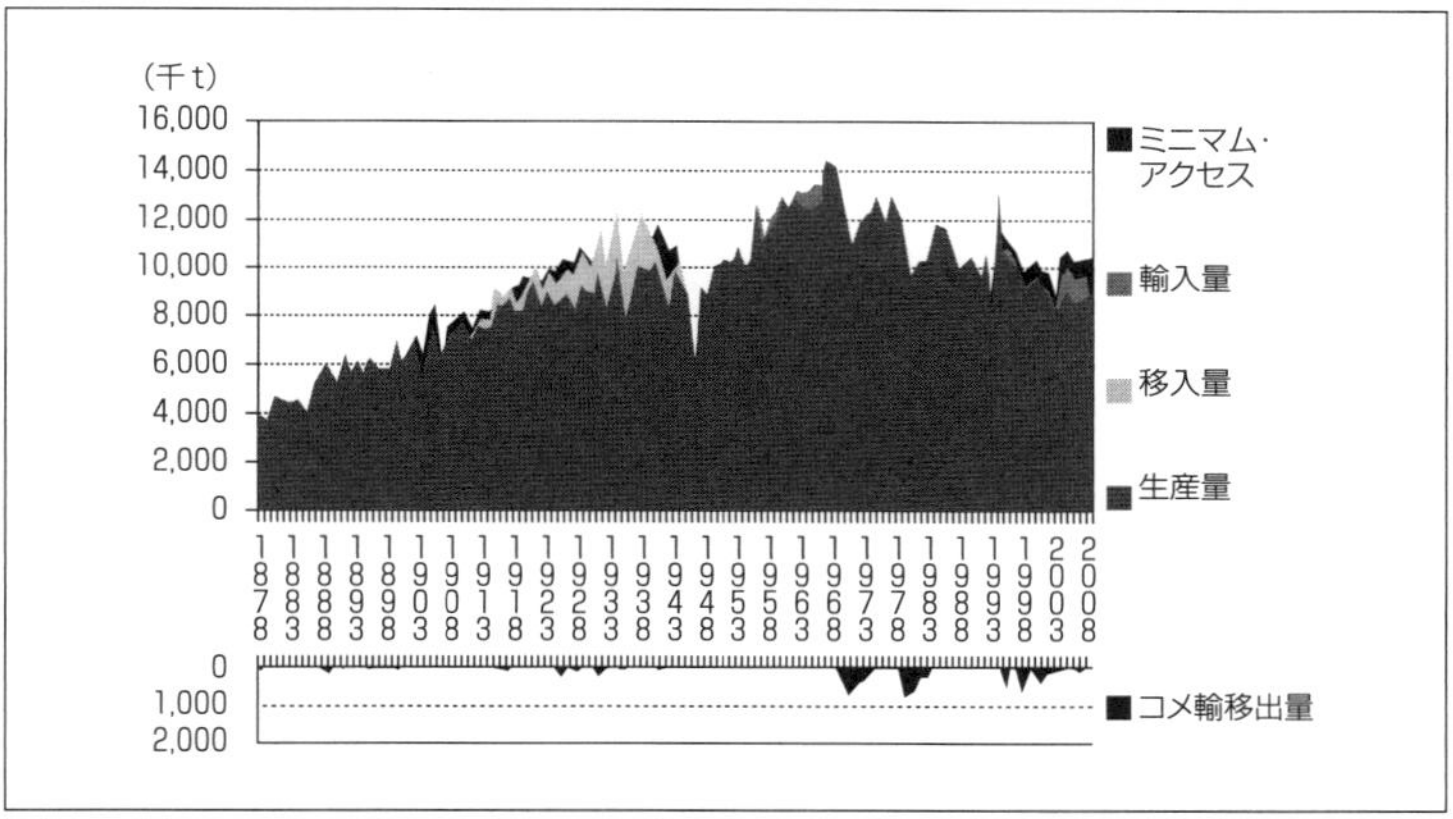

出所）『改訂日本農業基礎統計』、『食料需給表』、櫻井誠『米　その政策と運動　上』（農文協、1989年）、「ミニマム・アクセス米に関する報告書」（農水省HP「食料――米と麦」http://www.maff.go.jp/j/soushoku/keikaku/soukatu/pdf/ma_hokoku.pdf）より作成。

【解説】

ここでは、穀類のなかでも、とくにコメに注目して、供給量と貿易量をまとめている。1920年代から30年代にかけては、植民地からの移入米への依存度が高まっている。つまり、戦前期に増大したコメの消費量の一定部分は、植民地を含む日本列島の外での生産によって賄われていたことがわかる。これが戦後になると、完全自給を目指した生産力の向上が図られ、1960年代も終わりに近づくと、自給達成とコメあまりの時代が到来し、いくらかの輸出も行われるようになる。

1993年のコメ不足を経て、1995年からは、GATTウルグアイ・ラウンド交渉の合意にもとづき、コメの「ミニマム・アクセス」がはじまる。これは、同交渉が「例外なき関税化」を目指したものであったこと、日本政府はその実施を延期したことの代償というかたちで、輸入枠の設定を受け入れた。

そして1999年からは、高額な関税を賦課したコメの輸入「自由化」がはじまる。その一方で、コメの輸出もみられるようになり、構造としてはミニマム・アクセス米を受け入れながらも余剰を海外にはき出すという、いささか倒錯した状況が生まれる。もっとも輸出面では、ブランド米が高級品として輸出されるという現象がみられ、いわば生命活動を維持するためのカロリー源としてのコメと、高級商品としてのコメという、異なる局面が混在しているともいえる。なお、ミニマム・アクセスについては、定められた量をすべて輸入しなければならないという義務をともなうものと理解されることがしばしばあるが、これはむしろ誤解であり、正しくは、定められた量は低い関税で輸入するという取り決めにすぎないと考えられる。

また、1993年の「平成米騒動」ともいわれるコメ不足は比較的よく知られているが、同程度の生産量の落ち込みは、その10年後の2003年にも起こっている。後者については、当時のマス・メディアなどで報じられはしたものの扱いは小さく、93年のときと違って多くの人びとがコメを求めて右往左往するということにはならなかった。その理由として、備蓄量や流通形態などさまざまな相違を挙げることができるが、2－3からもわかるとおり、コメの消費量が10年間で大幅に減少したことが大きく作用していると考えられる。

2－5　果実の生産量・輸入量・国民一人当たり摂取量（1941〜2008 年）

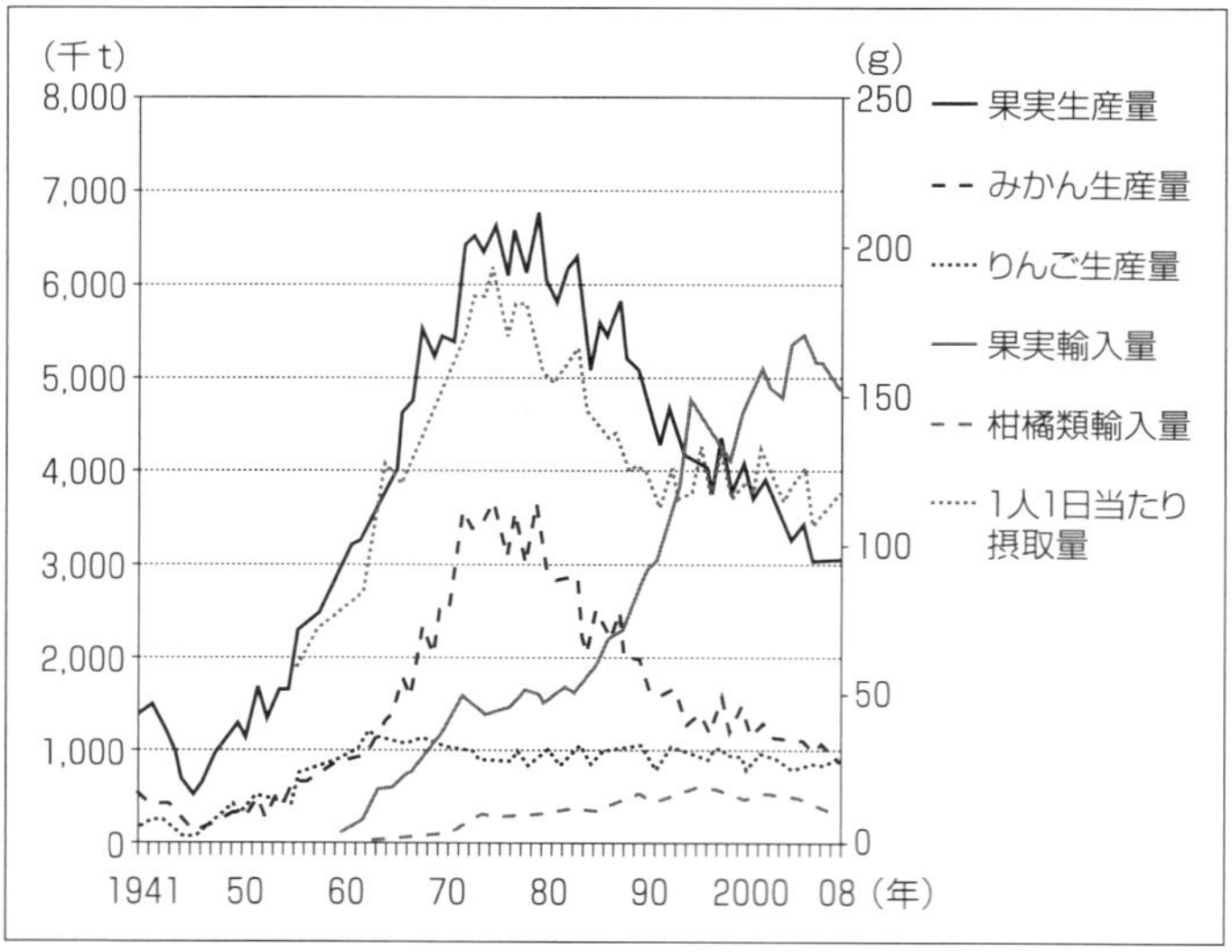

出所）『農林水産統計表』、『貿易統計』より作成。ただし摂取量については「国民栄養調査」（http://www.nih.go.jp/eiken/chosa/kokumin_eiyou/）、「国民健康・栄養調査」（http://www.mhlw.go.jp/bunya/kenkou/kenkou_eiyou_chousa.html）を参照した。

注 1）果実はみかん、りんご、なつみかん、ネーブルオレンジ、その他かんきつ、ぶどう、なし、もも、すもも、おうとう、びわ、かき、くり、うめ、バナナ、パインアップル、キウイフルーツである

2）果実輸入量にはナッツ類、熱帯果実などが含まれる。また、加工食品（缶詰、ジュースなど）が生鮮換算で含まれる。

3）柑橘類輸入量は、オレンジ、レモン・ライム、グレープフルーツの輸入量の合計である。

4）摂取量には加工食品も含まれる。

【解説】

果実全体の生産量の増減は、摂取量と輸入量の増減と密接に関連している。とくに 1970 年代以降、輸入量の増加とともに生産量は減少している。

1961 年に農業基本法、果樹農業振興特別措置法公布され、果樹の選択的拡大によりみかんの生産量が大幅に増加する。

その後、1984 年にオレンジ果汁の輸入枠拡大、1988 年にはオレンジの輸入自由化が行われる。その間にみかんの生産量は減少する。ただ、みかん生産量・果実生産量の増減の波形は、1人1日当たりの果物摂取量と類似していることから、むしろ柑橘類輸入の影響よりも、消費者の果物離れの影響のほうが大きいと考えられる。

3　農家と農地

3－1　専業／兼業農家数（1904～2005 年）

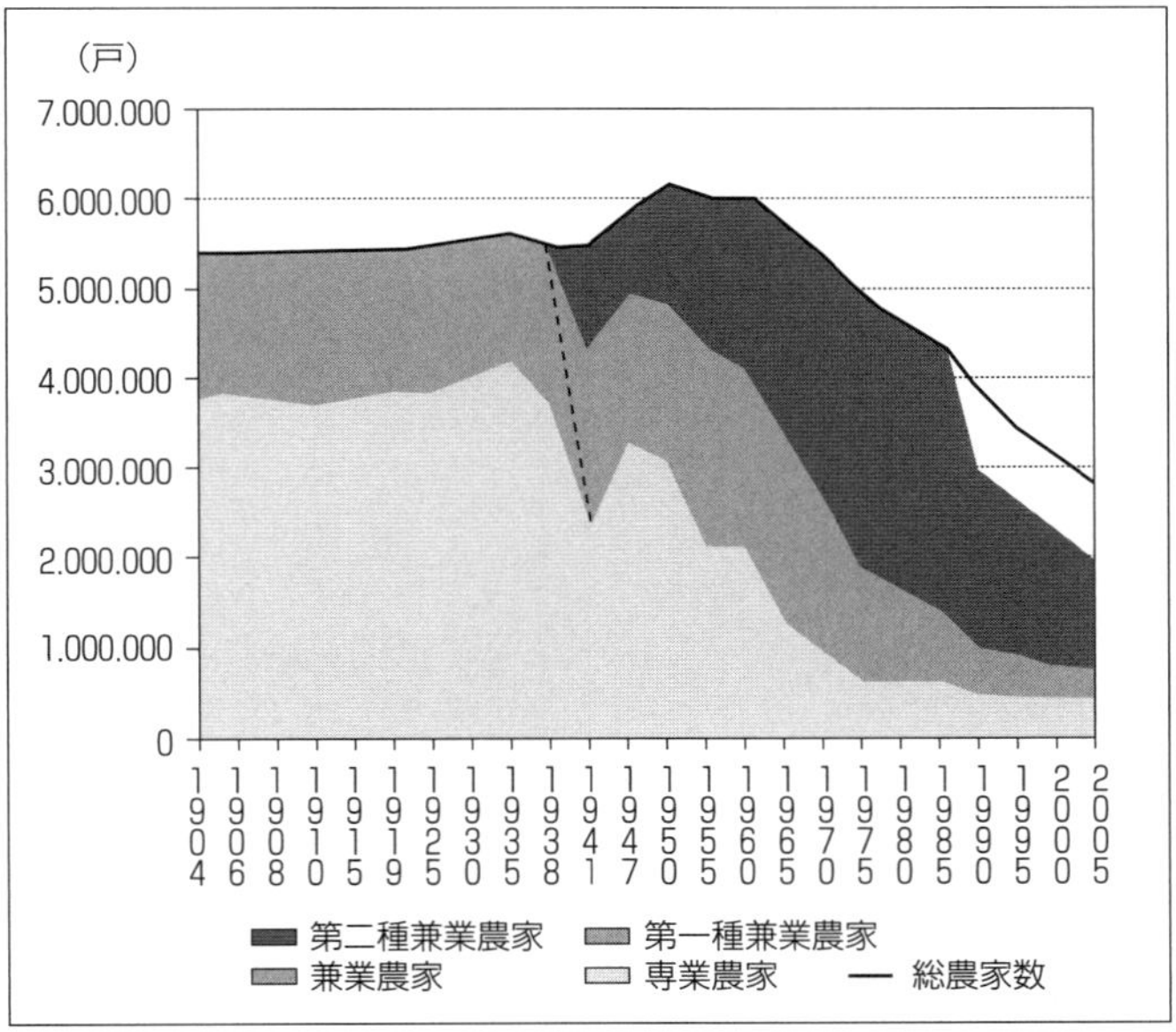

出所）『農林省統計表』、『農林業センサス累年統計書』より作成
注 1）1938 年までは、第一種／第二種兼業農家の区別が行われていない。
2）第一種兼業農家は農業を主とする農家、第二種兼業農家は農業を従とする農家である。ただし、第一種／第二種兼業農家の細かい定義は、時期によって異なっている。詳細は、農業センサス累年統計書で確認できる。（http://www.e-stat.go.jp/SG1/estat/List.do?bid=000001012037&cycode=0　アドレスは 2011 年 3 月現在）
3）1990 年以降は、総農家数のうち、「販売農家」に限って、専業・兼業の分類が行われるようになった。したがって「販売農家」の総数は、専業農家と第一種／第二種兼業農家の合計値である。

【解説】

1941 年までは、農家数、専業・兼業の割合が安定している。

戦後、しばらくは総農家数は増加するが、1960 年をピークに減少に転じている。さらにこのピークと前後して、専業農家と第一種兼業農家の減少、第二種兼業農家の増加がはじまる。2005 年になると、総農家数はピーク時の三分の一程度にまで減少している。なお専業農家数は、1975 年以降は安定した推移となっている。

3－2　耕地面積

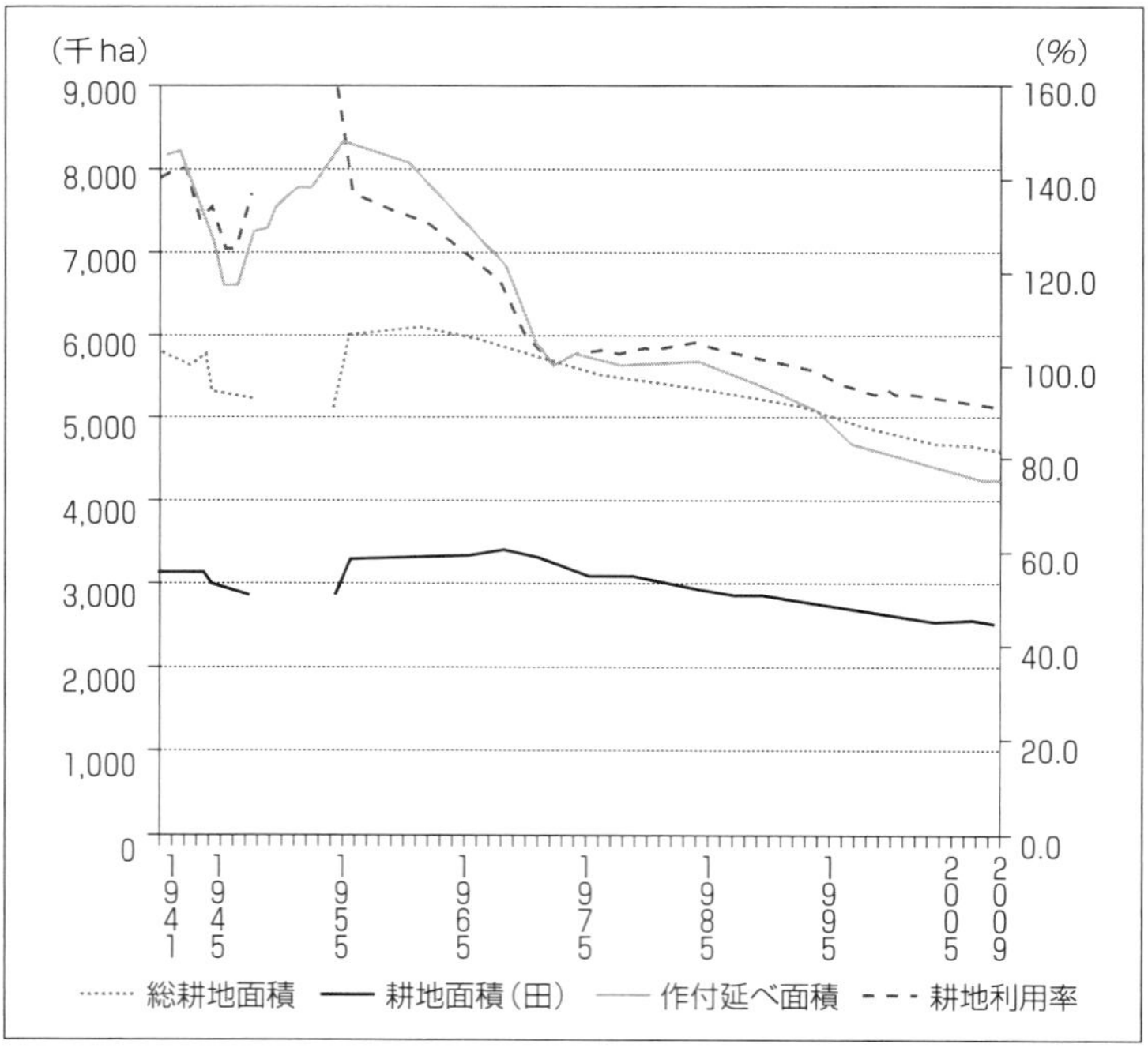

出所）『耕地及び作付面積統計』、『農林水産省統計表』 より作成
注1） 耕地利用率は、耕地面積に対する作付け延べ面積の割合である。
2） 1979 年以前の作付延べ面積には「その他作物」（花き、花木、種苗など） は含まない。
3） 1973 年以前には沖縄を含まない。
4） 1949、51、53、54 年については耕地面積データが欠如している。

【解説】

耕地面積、作付け延べ面積は 1955～60 年ごろをピークに減少し続けている。耕地面積減少の主な理由としては、高度経済成長期以降の宅地や工業用地への農地転用の増加、1970 年代以降の耕作放棄地の増加がある。

耕地利用率は 1955 年をピークに減少傾向に転じている。通年の作物である果樹類や飼肥料作物の増加が、耕地利用率を下げた結果と考えられる。

また作付延べ面積の減少は、二毛作の減少によるところが大きい。

3－3　人口・農家当たりの耕地と田（1926〜2005 年）

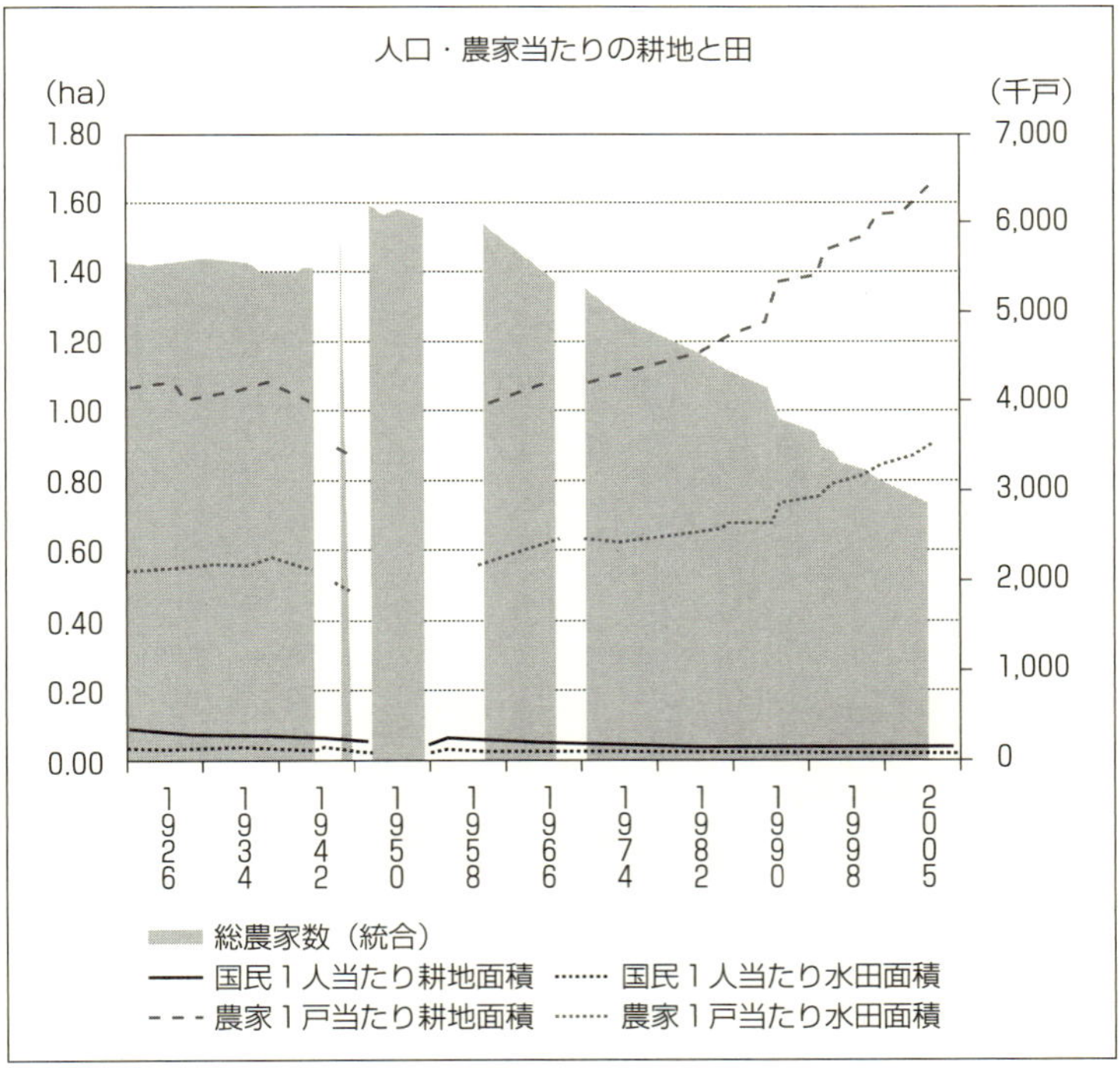

出所）『農林省統計表』『農林水産省統計表』、『日本統計年鑑』より作成。

注１）1945、48、56〜59、69 年度については農家戸数データ、1949、51、53、54 年度は耕地面積・水田面積データが欠如している。

２）2006 年以降については「自給的農家」が統計から除外されるようになったため、農家１戸当たり耕地面積・水田面積は算出不可能。

【解説】

農家１戸当たりの耕地面積は、戦時・戦後直後の減少を経て、1950 年代に回復・拡大している。その後、３－２からわかるように総耕地面積は減少したものの、農家数がそれ以上に減少したため、１戸当たりの耕地面積は 1960 年代以降かえって増えており、この傾向は強まる傾向にある。ただ１戸当たりの水田面積の伸びは、減反政策の影響などから、耕地全体からみると鈍いものとなっている。なお、国民１人当たりの耕地面積、水田の面積は、輸入農産物への依存度が増したことで、いずれも減少する傾向にある。

3－4　用途別農地転用面積（1967～2008年）

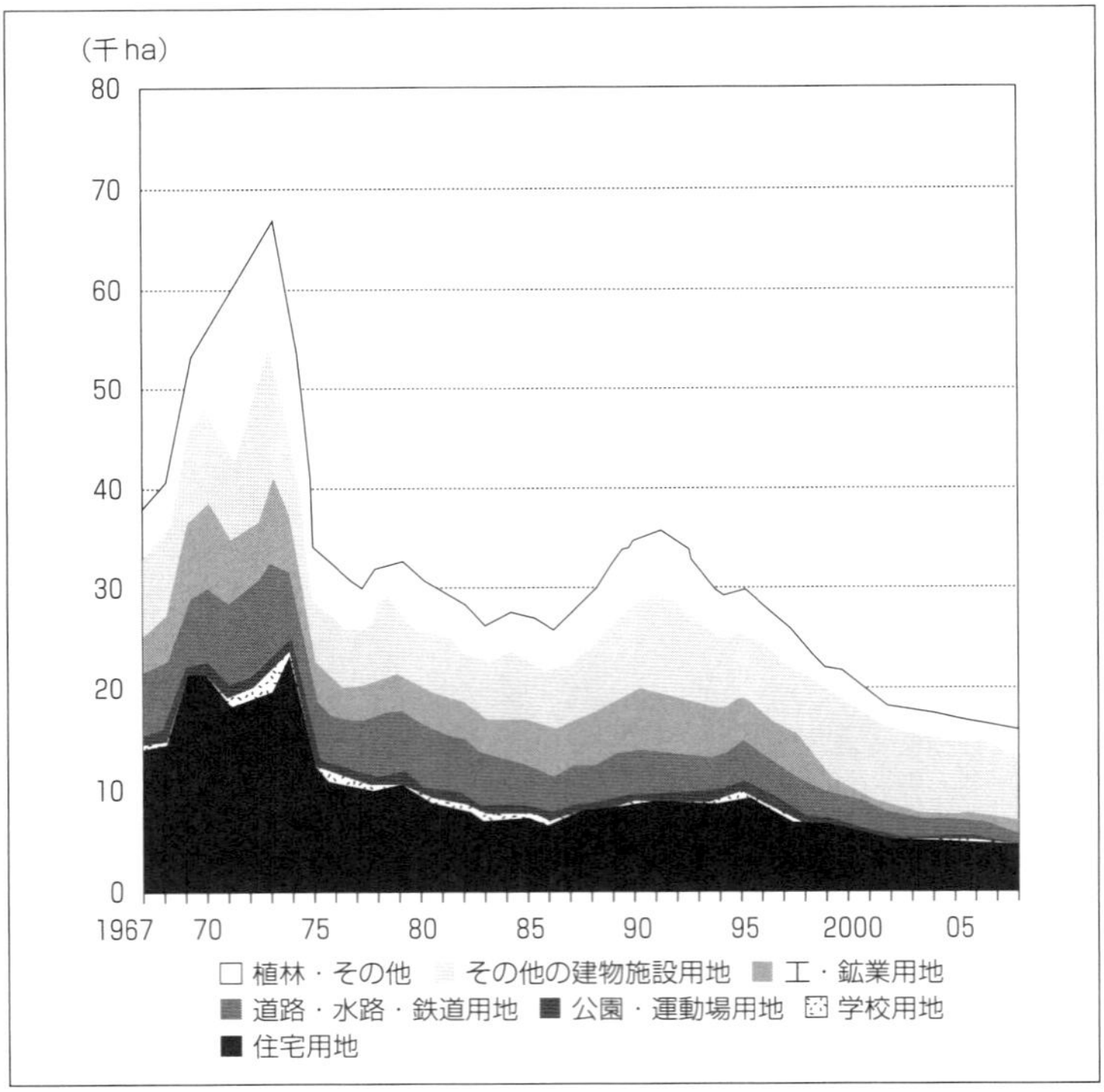

出所）『農地の移動』、『農地の移動と転用』より作成。

注1）1971年以前は農林省農地局『農地の移動』、1972年以降は『農地の移動と転用』より作成。

2）「その他の施設用地」には、主に農林漁業用施設、官公署病院等公共施設、商業サービス用地、レジャー用地、運輸通信業用建物施設などが含まれる

【解説】

高度経済成長期には毎年かなりの面積の農地転用があった。ピークは1974年で、その後、低成長時代を迎えたこともあり、急速に転用面積は減っていく。1980年代後半から90年代初頭にかけては再度上昇に転じており、これはちょうどバブル経済期と重なっている。

期間全体として、住宅用地への転用面積が大きい。また、1990年代後半に、工・鉱業用地への転用が急速に減少している。

3－5　耕作放棄地の推移（総農家）

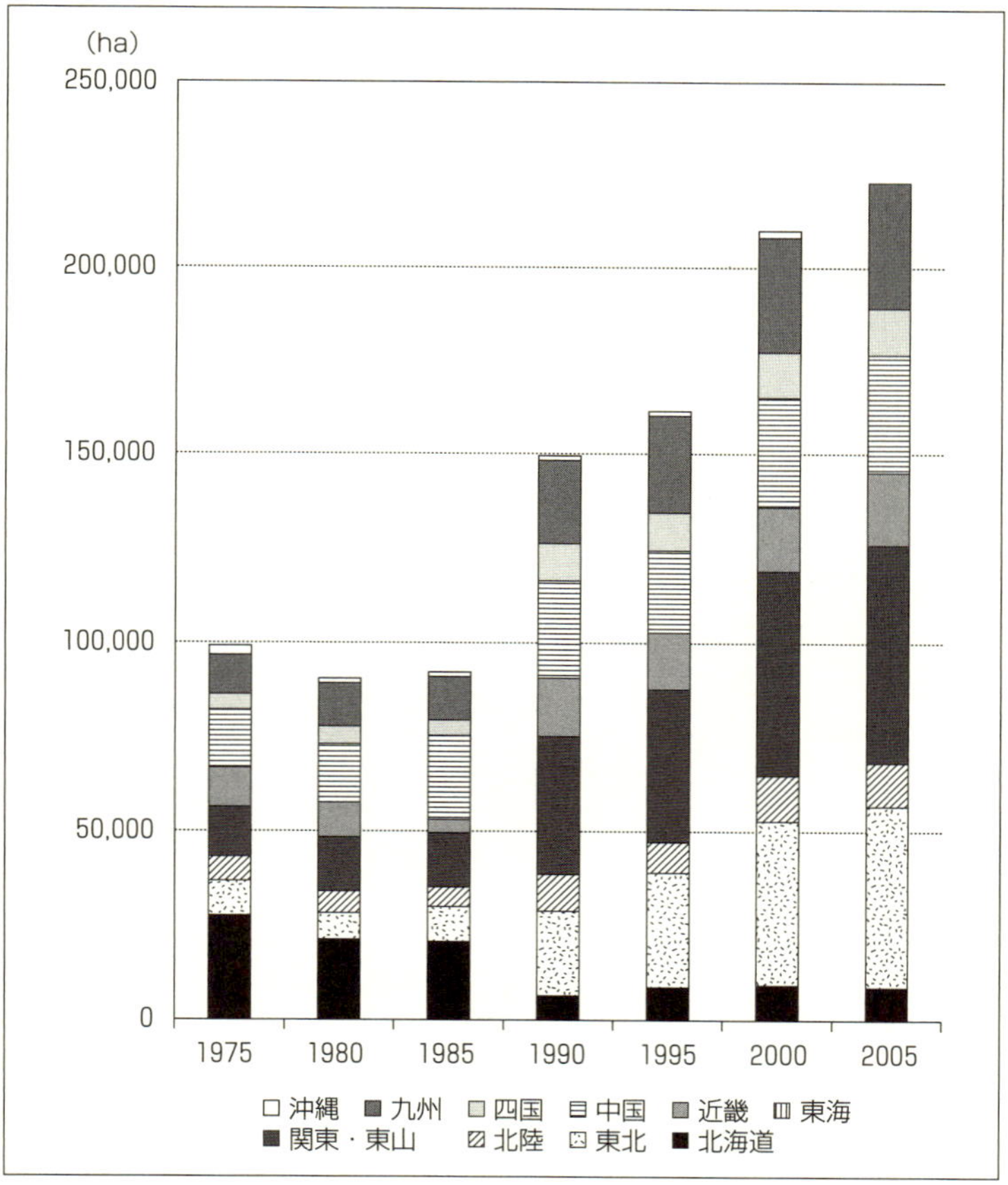

出所）『農林業センサス累年統計書』より作成。

【解説】

耕作放棄地とは、農林業センサスにおいて、「以前耕地であったもので、過去１年以上作付けせず、しかもこの数年の間に再び耕作する考えのない土地」と定義されている。地域別にみると東北、関東・東山、九州の増加が目立ち、北海道のみ減少傾向にある。ただ、農地の総面積を考慮すると、むしろ中国・四国において耕作放棄地の面積が大きいといえる。

4　畜産

4－1　畜産物の自給率

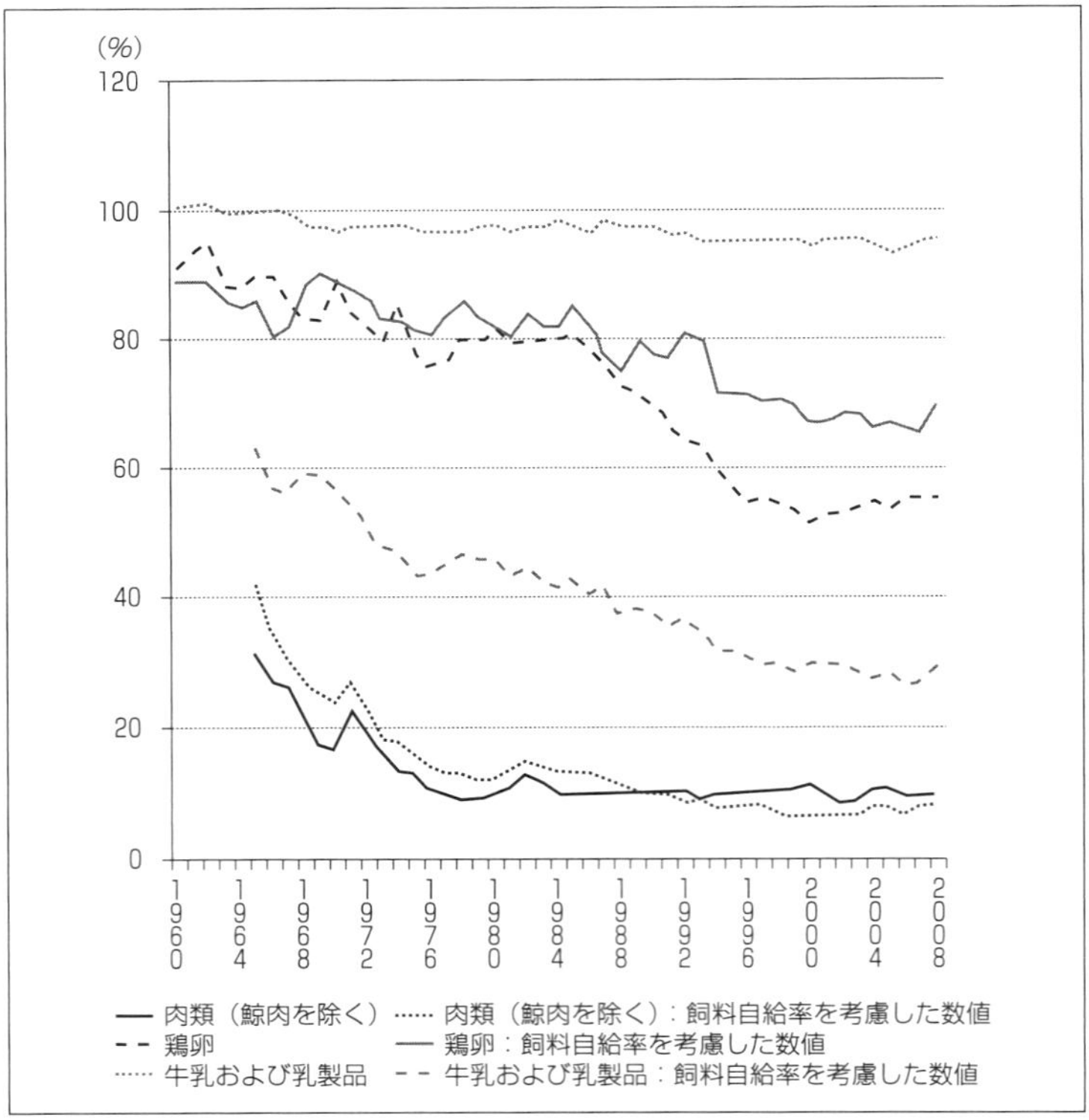

出所）『食料需給表』より作成。

【解説】

畜産物の自給率は、とりわけ肉類が1980年代半ばから低下し続けているとはいえ、他の農産物と比べるとさほど低くはない。しかし、飼料の自給率は低く、これを加味して畜産物の自給率を算定すると、その値はいちじるしく低く、とくに肉類と鶏卵は10%以下となっている。カロリー面だけをみれば、飼料を家畜に食べさせて肉などをつくっていることになり、この過程でかなりのカロリーロスがあり、しかもその相当部分を国外からの輸入に依存していることがわかる。

4－2　肉類供給量（kg/人・年）と濃厚飼料自給率（1930～2008年）

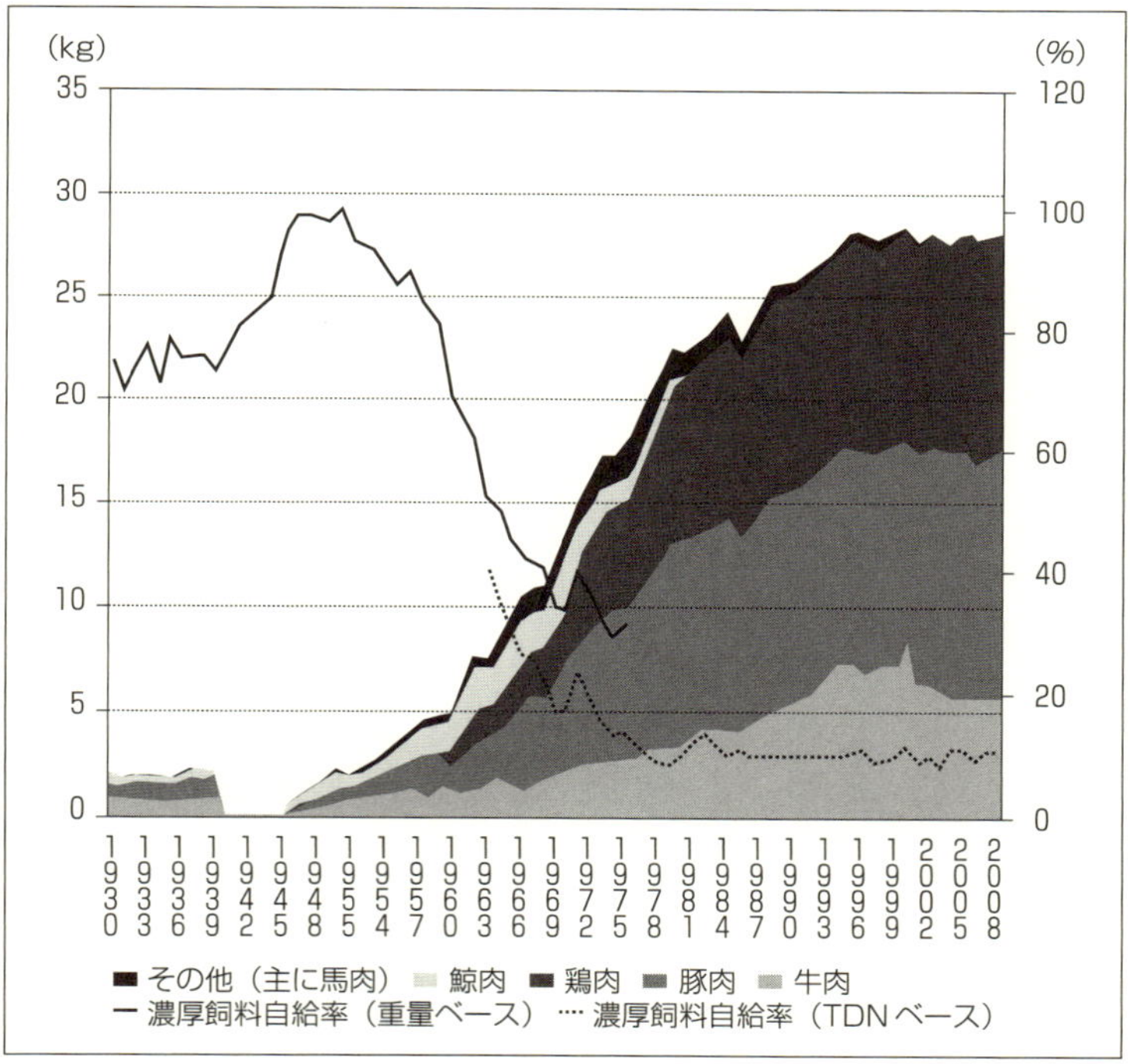

出所）量は『食料需給表』、『改訂日本農業基礎統計』、『濃厚飼料統計年報』および『飼料需給表』より作成。

注1）肉類供給量については1940-1945年はデータなし。

2）TDN：可消化養分総量。1960年代以降、飼料輸入の中心が原料から製品へと変わったことを受けて、統計の取り方が変化した。

【解説】

戦前の肉類供給の構成比はおおむね、牛肉35～50%、豚肉20～35%、鯨肉10～15%、鶏肉10%前後で牛肉が主であった。敗戦直後の数値をみると、肉類供給の総量は落ち込んでおり、戦前水準（ピークは1939年の2.4 kg）への回復は1953年になってからである。この回復は、鯨肉供給の増加による部分が大きかった。

そして1960年代～70年代にかけて、肉類の供給は急拡大する（60年5 kg→70年13.4 kg→80年22.3 kg）。この拡大は豚肉、続いて鶏肉によって支えられた。また、この急拡大と交差する格好で、飼料自給率は急速に低下している。

4－3　飼料供給量と飼料自給率（1963～2009年）

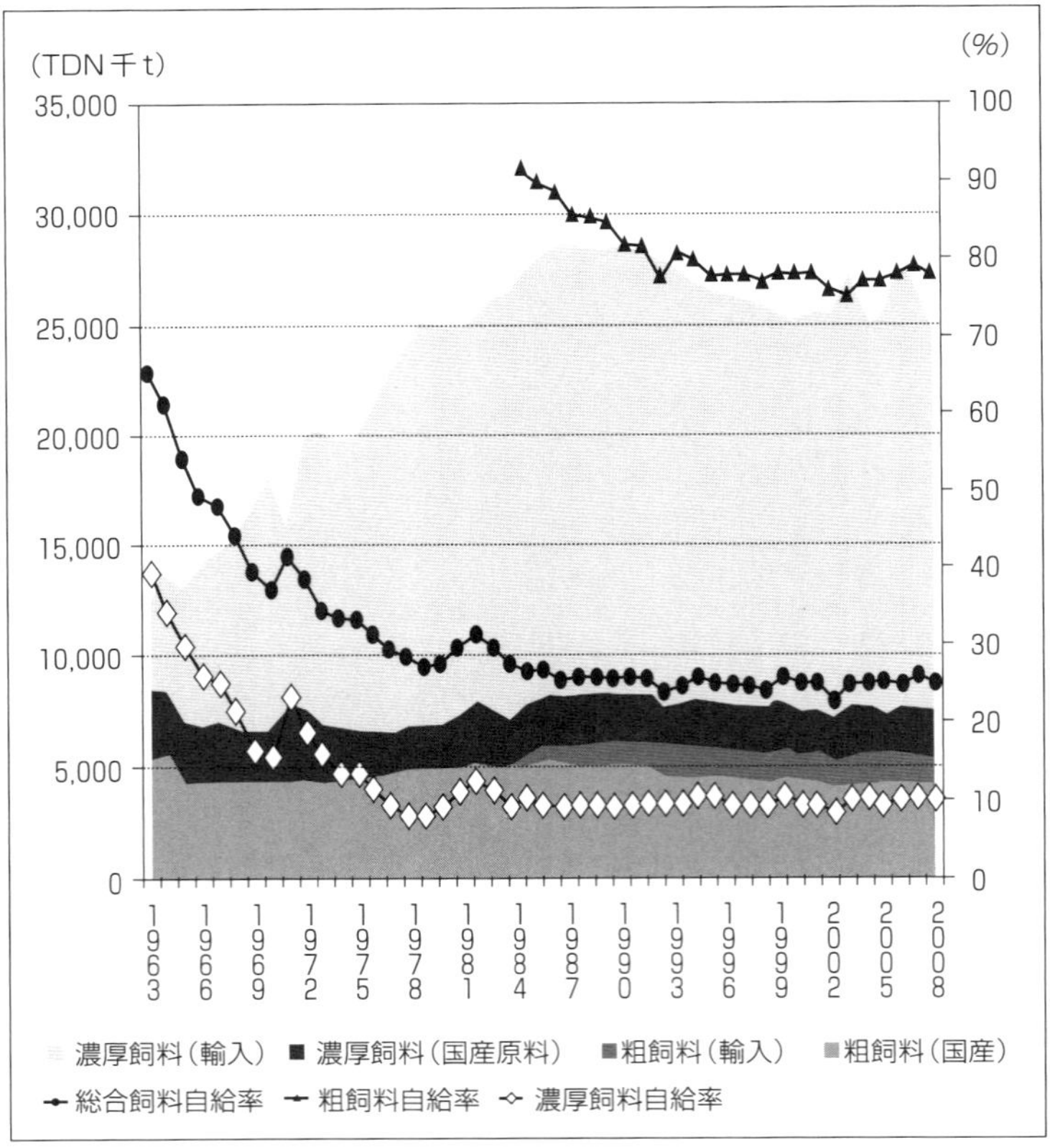

出所）『濃厚飼料統計年報』（1963・64）、『飼料需給表』（1965～）より作成。

注１）1984年以前は粗飼料の輸入・国産別統計はなし。輸入飼料はすべて濃厚飼料とされている。

【解説】

1960年代前半から80年代中葉にかけて、４－２にみられるような肉類供給の拡大と並行して、濃厚飼料輸入が急増している。ただし、４－１からわかるように、1980年代半ばから肉類の自給率が、1991年の牛肉輸入自由化をはさんで減少を続けており、これと連動しながら濃厚飼料輸入も減少傾向にある。その一方で、国内の粗飼料生産量と濃厚飼料原料生産量は、いずれも肉類供給量の変化にかかわらず横ばいである。

4－4　規模別肉牛飼養戸数

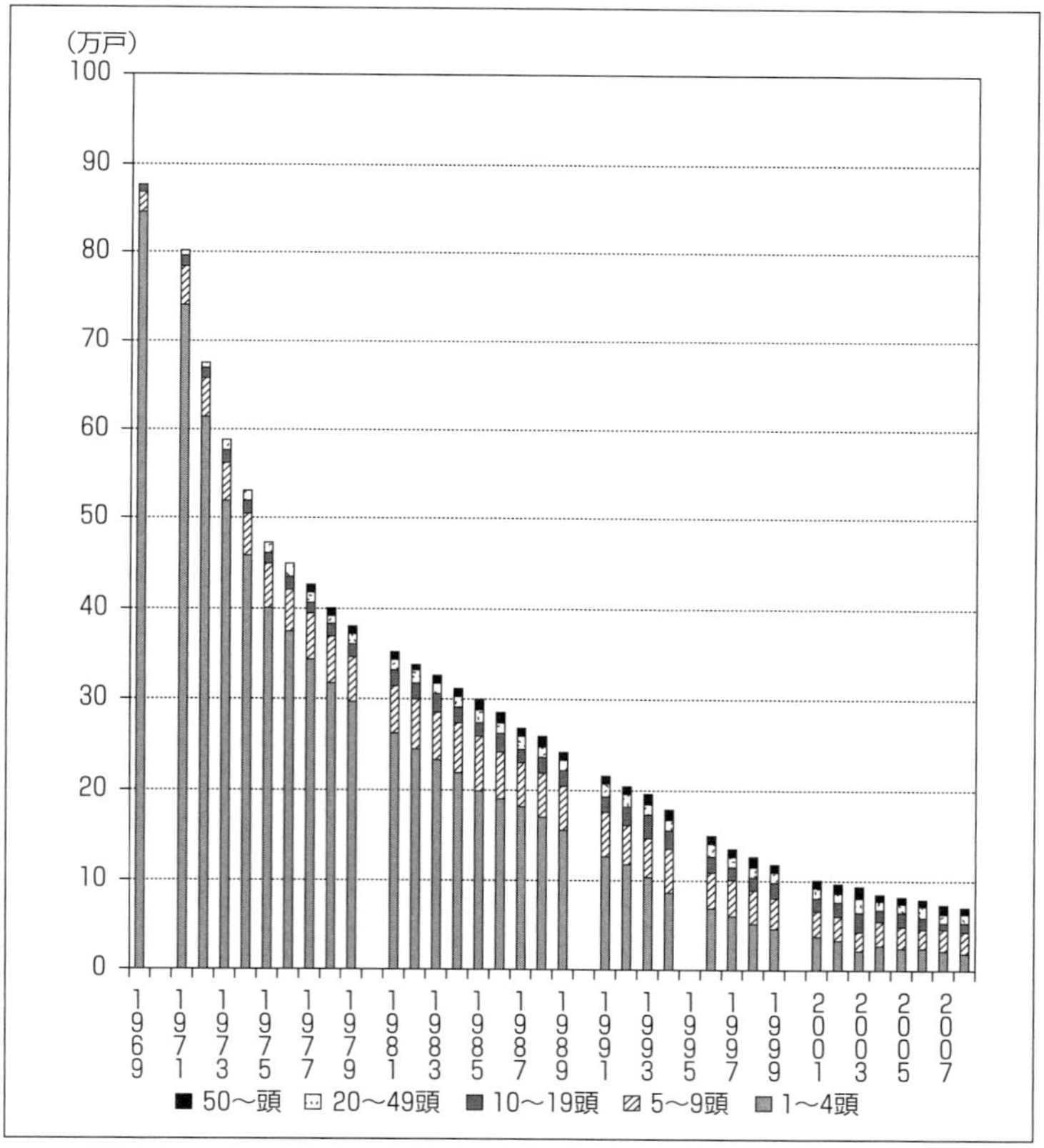

出所）『畜産統計』より作成。
注 1 ）68 年以前は規模別データなし。
　2 ）1979、1980、1990、1995、2005 年は農林業センサス調査年のため、データなし。

【解説】

1960 年代に、農業の機械化の影響を受けて、役牛を飼養する農家が減少した。他方で、肉牛専業の経営体が増加した。この結果、70 年代前半に、牛を飼養する戸数が急減し、これにかわって、飼養頭数の多い肉牛専業経営体が増加した。これ以後は一貫して、飼養戸数減少と大規模化が並行して進んでいる。

4－5　肉用牛飼養戸・頭数および動力耕耘機台数(1949〜1975年は役肉牛)

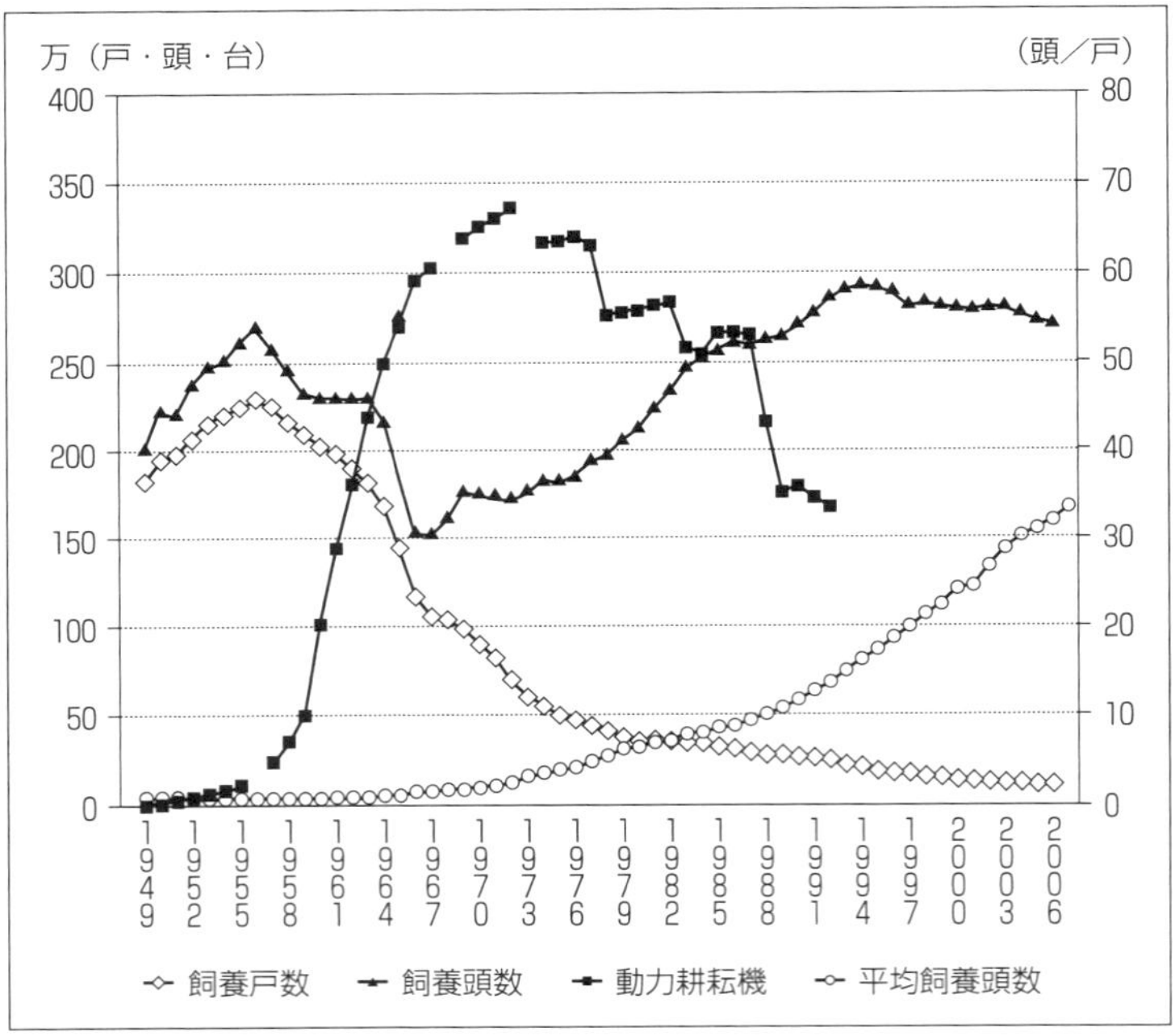

出所）『改訂日本農業基礎統計』、『農林省統計表』、『畜産統計』より作成。ただし動力耕耘機台数は『農業機械年鑑』より。

【解説】

このグラフは、動力耕耘機の普及に注目しながら、肉用牛の飼養をみたものである。

1960年代後半までは、肉牛の飼養戸数と、全体の飼養頭数の動きは似た波形を示している。この時期は、いわば役牛が肉牛にもなる、「役肉兼用期」といえる。この時期の飼養戸数・頭数のピークは1956年（231万戸272万頭）である。

両者のバランスが崩れる時期と、動力耕耘機の普及期は一致しており、グラフ上では見事な交差が示されている。そして1960年代後半からは、飼養戸数と飼養頭数の動きは反比例しはじめる。これは、規模の大きい畜産専業の経営体が増えたことを示しており、飼養される牛ははじめから肉用として育てられる「肉専用牛期」ということができる。

その後、飼養戸数は一貫して減少傾向にある。

他方で、飼養頭数は1994年（297万頭）をピークに減少・横ばい傾向にある。これは、牛肉輸入自由化（1991年）の影響と考えられる。

4－6　乳用牛飼養戸・頭数

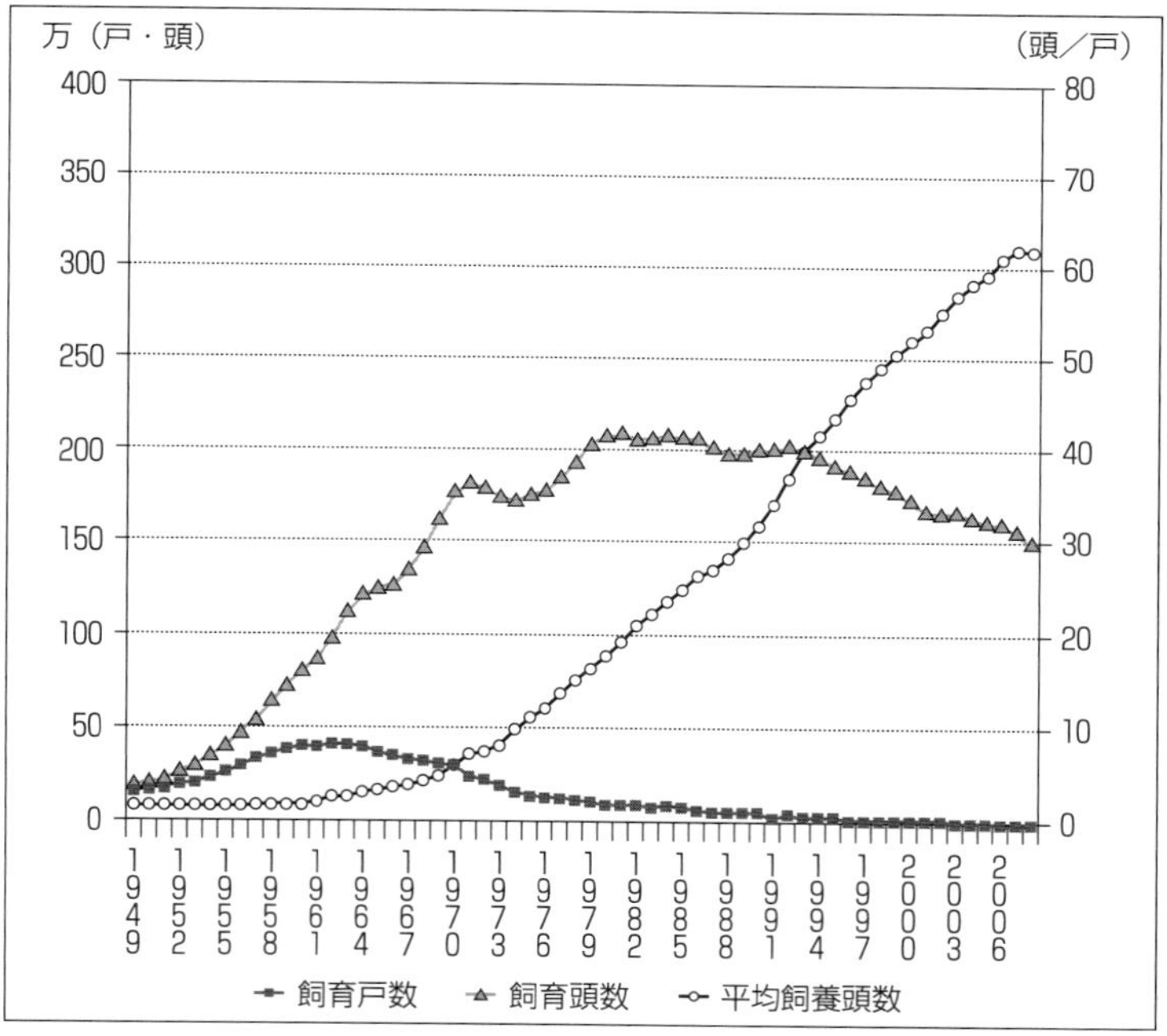

出所）『改訂日本農業基礎統計』、『農林省統計表』、『畜産統計』より作成。

【解説】

乳用牛の飼養頭数は 1949～1970 年ごろまで一貫して増加している。そして 1970 年代に入って頭打ちとなり、1985 年（211 万頭）をピークに減少傾向に転じている。

飼養戸数のピークは 1962 年であり、翌年からは減少を続けている。頭数増加と戸数減少が同時に起こるということは、つまりは経営の大規模化が進んだことを意味している。3 － 5 と比較すると、乳牛飼養の経営大規模化は、肉用牛より早くはじまったことがわかる。なお、グラフからはわかりにくいが、平均飼養頭数が 2.0 頭に達したのは、肉用牛で 1960 年、乳用牛で 1970 年であり、その後はいずれも急速に増えている。

今日でも、経営の大規模化は、肉用牛より乳用牛で進んでいる。2008 年現在、平均飼養頭数は肉用牛 36 頭に対し乳用牛は 68 頭である。

資料作成＝中山大将、芦田裕介、野間万里子、原山浩介

中山大将（なかやま・たいしょう）
京都大学大学院文学研究科 GCOE 研究員
1980年生まれ。京都大学大学院農学研究科博士後期課程修了。歴史社会学・北東アジア移民社会史専攻。
〔担当〕資料１、2-1、2-5、3-1、3-3

芦田裕介（あしだ・ゆうすけ）
京都大学大学院農学研究科博士後期課程
1984年生まれ。慶應義塾大学大学院社会学研究科修士課程修了。農村社会学専攻。
〔担当〕資料2-2、2-5、3-2、3-4、3-5

野間万里子（のま・まりこ）
京都大学大学院農学研究科博士後期課程
1979年生まれ。京都大学大学院農学研究科修士課程修了。食生活史・畜産史専攻。
〔担当〕資料2-3、2-4、4-2、4-3、4-4、4-5、4-6

de la vente directe (dir. PUR, 2007)、ほか。
〔担当〕**13**、コラム④⑤⑥⑦⑱

矢野晋吾（やの・しんご）
青山学院大学総合文化政策学部准教授
1964年生まれ。早稲田大学大学院人間科学研究科後期博士課程修了。村落社会学・環境社会学専攻。『村落社会と「出稼ぎ」労働の社会学』（御茶の水書房、2004年）、ほか。
〔担当〕**14**

岩崎正弥（いわさき・まさや）
愛知大学地域政策学部教授
1961年生まれ。京都大学大学院農学研究科博士課程修了。農業経済学専攻。『場の教育』（共著、農文協、2010年）、『食の共同体』（共著、ナカニシヤ出版、2008年）、『農本思想の社会史』（京都大学学術出版会、1997年）、ほか。
〔担当〕コラム⑧

高増　明（たかます・あきら）
関西大学社会学部教授
1954年生まれ。京都大学大学院経済学研究科博士課程修了。理論経済学・国際経済学専攻。『経済学者に騙されないための経済学入門』（共編著、ナカニシヤ出版、2004年）、『国際経済学』（共著、ナカニシヤ出版、1997年）、ほか。
〔担当〕コラム⑨

飯田悠哉（いいだ・ゆうや）
京都大学大学院農学研究科修士課程
1986年生まれ。京都大学農学部卒業。生物資源経済学専攻。
〔担当〕コラム⑰

やまざきようこ
NPO 法人田舎のヒロインわくわくネットワーク理事長
1948年生まれ。早稲田大学教育学部卒業。『田舎のヒロインが時代を変える』（家の光協会、2004年）、『雪印100株運動』（共著、創森社、2004年）、ほか。
〔担当〕コラム⑲

斗書房、2009年)、『開発と協同組合』(多賀出版、1999年)、ほか。
〔担当〕 **6**

張　玉林(ちょう・ぎょくりん)
南京大学社会学院教授
1965年生まれ。京都大学大学院農学研究科博士課程修了。農村社会学・環境社会学専攻。『転換期の中国国家と農民 1978-1998』(日本農林統計協会、2001年)、ほか。
〔担当〕 **7**

*原山浩介(はらやま・こうすけ)
国立歴史民俗博物館准教授
1972年生まれ。京都大学大学院農学研究科博士課程修了。日本現代史・農業経済学専攻。『消費者の戦後史』(日本経済評論社、2011年)、『食の共同体』(共著、ナカニシヤ出版、2008年)、ほか。
〔担当〕 **8**、**12**、コラム⑯、資料4-1

須田文明(すだ・ふみあき)
農林水産政策研究所上席主任研究官
1960年生まれ。京都大学大学院農学研究科博士課程中途退学。社会経済学・比較公共政策学専攻。バルビエ&テレ『フランスの社会保障システム』(共訳、ナカニシヤ出版、2006年)、ほか。
〔担当〕 **9**

古沢広祐(ふるさわ・こうゆう)
國學院大學経済学部教授
1950年生まれ。京都大学大学院農学研究科博士課程修了。環境社会経済学専攻。『カーボン・レジーム』(共著、オルタナ、2010年)、『農業と環境』(共編著、農林統計協会、2005年)、『地球文明ビジョン』(NHK ブックス、1995年)、ほか。
〔担当〕**10**、コラム②⑫

アンベール－雨宮裕子(あんべーる・あめみや・ひろこ)
レンヌ第2大学准教授・レンヌ日本文化研究センター所長
1951年生まれ。パリ第7大学文学部博士号取得。人類学・比較文化学専攻。*Du Teikei aux AMAP-le renouveau de la vente directe de produits fermiers locaux* (dir. PUR, 2011), *L'agriculture participative-dynamiques bretonnes*

〈執筆者紹介〉（＊は編者）

＊池上甲一（いけがみ・こういち）

近畿大学農学部教授

1952年生まれ。京都大学大学院農学研究科博士課程修了。農業経済学・環境政策学専攻。『食の共同体』（共著、ナカニシヤ出版、2008年）、『むらの資源を研究する』（編著、農文協、2007年）、『日本の水と農業』（学陽書房、1991年）、ほか。

〔担当〕**序**、**2**、**11**、コラム①③⑩⑬

藤原辰史（ふじはら・たつし）

京都大学人文科学研究所准教授

1976年生まれ。京都大学大学院人間・環境学研究科博士課程中途退学。農業思想史・農業技術史専攻。『カブラの冬』（人文書院、2011年）、『食の共同体』（共著、ナカニシヤ出版、2008年）、『ナチス・ドイツの有機農業』（柏書房、2005年）、ほか。

〔担当〕**1**

久野秀二（ひさの・しゅうじ）

京都大学大学院経済学研究科教授

1968年生まれ。京都大学大学院経済学研究科博士後期課程中途退学。農業経済学・国際政治経済学専攻。『グローバル資本主義と農業』（分担執筆、筑波書房、2008年）、『アグリビジネスと遺伝子組換え作物』（日本経済評論社、2002年）、ほか。

〔担当〕**3**、**4**、コラム⑪⑭

稲泉博己（いないずみ・ひろき）

東京農業大学国際食料情報学部准教授

1962年生まれ。東京農業大学大学院農学研究科博士課程修了。農業経済学専攻。『アフリカのイモ類』（分担執筆、JAICAF、2006年）、『農学・農業教育・農業普及』（分担執筆、農林統計協会、2003年）、ほか。

〔担当〕**5**、コラム⑮

山尾政博（やまお・まさひろ）

広島大学大学院生物圏科学研究科教授

1953年生まれ。北海道大学大学院農学研究科博士課程修了。食料資源管理学・食料生産管理学専攻。『日本の漁村・水産業の多面的機能』（共編著、北

食と農のいま

2011年6月2日　初版第1刷発行
2018年2月15日　初版第4刷発行

（定価はカヴァーに表示してあります）

編　者　池上甲一
　　　　原山浩介
発行者　中西健夫
発行所　株式会社ナカニシヤ出版

〒606-8161 京都市左京区一乗寺木ノ本町15番地
TEL 075-723-0111
FAX 075-723-0095
http://www.nakanishiya.co.jp/

装幀＝白沢正
印刷・製本＝創栄図書印刷

ISBN978-4-7795-0561-4　C1061

食の共同体
――動員から連帯へ――
池上甲一・岩崎正弥・原山浩介・藤原辰史

近代日本やナチによる食を通じた動員、有機農業運動の夢と挫折、食育基本法による「食育運動」の展開の分析などを通じて、資本と国家による食の管理に対抗する「食の連帯」の可能性を探る。

二五〇〇円

交響する社会
――「自律と調和」の政治経済学――
井手英策・菊地登志子・半田正樹 編

「経済」「政治」「社会」はいかにして調和しうるのか――市場の暴走を防ぎ、市場と国家と共同体が調和した社会のあり方を、マルチエージェント・シミュレーションと実証研究をもとに考察する。

三六〇〇円

成長なき時代の「国家」を構想する
――経済政策のオルタナティヴ・ヴィジョン――
中野剛志 編

低成長時代を生き抜くための国家と社会、経済、そして政策のあり方をめぐり、新進気鋭の若手思想家たちが縦横無尽に論じる。危機の時代の新たなる国家ヴィジョンの提言。

二六〇〇円

ワークショップ社会経済史
現代人のための歴史ナビゲーション
川越 修・脇村孝平・友部謙一・花島誠人

統計や地図などの資料をもとに、世界と日本の社会と経済の歴史を読み解いてみよう。社会経済史の最新の成果を、視覚データをもとにビギナー向けにわかりやすく紹介する。

二四〇〇円

表示は本体価格です。